REINALDO JOSÉ LOPES
HOMO

Rio de Janeiro, 2021

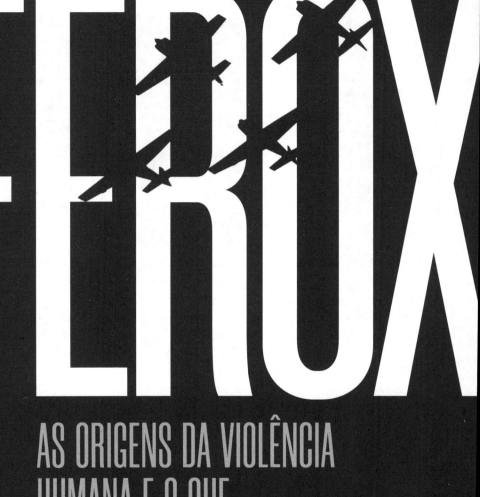

AS ORIGENS DA VIOLÊNCIA
HUMANA E O QUE
FAZER PARA DERROTÁ-LA

Copyright © 2021 por Reinaldo José Lopes
Todos os direitos desta publicação são reservados à Casa dos Livros Editora LTDA. Nenhuma parte desta obra pode ser apropriada e estocada em sistema de banco de dados ou processo similar, em qualquer forma ou meio, seja eletrônico, de fotocópia, gravação etc., sem a permissão dos detentores do copyright.

Diretora editorial: Raquel Cozer
Coordenadora editorial: Malu Poleti
Editora: Diana Szylit
Assistente editorial: Chiara Provenza
Copidesque: Bonie Santos
Revisão técnica: Marco Antonio Corrêa Varella
Revisão: Laila Guilherme e Mel Ribeiro
Capa, projeto gráfico, diagramação e infográficos: Anderson Junqueira

Imagens da capa: Metralhadora: SolidMaks/Shutterstock.com. Bomba: NikolayN/Shutterstock.com. Chimpanzé: photomaru/iStock.com. Gladiador: oscar_killo/iStock.com. Aviões: Travel_Master/Shutterstock.com. Cavaleiro: heywoody/iStock.com. Barco viking: rimglow/iStock.com. DNA: AltoClassic/iStock.com. Jato: VanderWolf Images/Shutterstock.com. Tanque: RandomMomentsPhotography/Shutterstock.com.

Imagens do miolo: P. 28: grib_nick/Shutterstock.com. P. 109: Jolygon/Shutterstock.com. P. 187: WAYHOME studio/Shutterstock.com

Dados Internacionais de Catalogação na Publicação (CIP)
Angélica Ilacqua CRB-8/7057

L853h
Lopes, Reinaldo José
    Homo ferox : as origens da violência humana e o que fazer para derrotá-la / Reinaldo José Lopes. — Rio de Janeiro : HarperCollins, 2021.

    320 p.
    ISBN 978-85-9508-703-3

    1. Violência - Aspectos sociais 2. Violência - História I. Título

21-1400
CDD 303.62
CDU 316.624

Os pontos de vista desta obra são de responsabilidade de seus autores, não refletindo necessariamente a posição da HarperCollins Brasil, da HarperCollins Publishers ou de sua equipe editorial.
Rua da Quitanda, 86, sala 218 — Centro
Rio de Janeiro, RJ — CEP 20091-005
Tel.: (21) 3175-1030 www.harpercollins.com.br

Para o amigo que me ensinou a lutar com as palavras, e apenas com elas.

SUMÁRIO

INTRODUÇÃO: A ENCHENTE DA FORÇA BRUTA
10

1. ANTES DA HUMANIDADE
36

2. ANTES DA HISTÓRIA
66

3. GENES, HORMÔNIOS, NEURÔNIOS
96

4. GÊNERO
124

5. TRIBO
160

6. FÉ
196

7. CORDIAIS?
236

8. RAZÕES PARA TER ESPERANÇA
276

AGRADECIMENTOS
314

INTRODUÇÃO: A ENCHENTE DA FORÇA BRUTA

> *Devo dizer que qualquer um que tenha passado por aqueles anos sem perceber que o homem produz o mal como uma abelha produz mel devia estar cego ou com problema na cabeça.*
> William Golding, *The Hot Gates and Other Occasional Pieces*[1]

Nossa história começa exatamente do mesmo jeito que inumeráveis outras histórias contadas por uma boca humana começaram nos últimos milênios: "Era uma vez um rei." O que vem depois, porém, é bem mais esquisito. Não é exatamente uma história de espadas mágicas, tronos e princesas a conquistar, gigantes ou anéis de poder. Ouça: "Era uma vez um rei que achou que poderia deter a violência humana."

Admito que talvez tenha flexibilizado um pouco meu compromisso com os fatos ao dizer que nossa história não é exatamente uma de espadas mágicas — afinal, o soberano de que estamos falando é o rei Arthur, o monarca da Távola Redonda, aquele que brandia a invencível Excalibur em combate. Poucas coisas são mais despropositadas, à primeira vista, do que imaginá-lo como pacifista. Mas tempos desesperados exigem medidas desesperadas. A versão da saga de Arthur de onde tirei o título deste livro foi escrita durante os momentos mais sombrios da Segunda Guerra Mundial por um inglês que se enfurnou na Irlanda rural (na época, um país neutro), no começo de

---

[1] Todas as traduções que se encontram ao longo do livro são minhas, salvo quando a edição brasileira estiver indicada nas referências.

1939, porque se recusava a participar de mais uma carnificina de proporções globais.

Foi assim que nasceram os cinco livros que compõem *The Once and Future King* (*O único e eterno rei*, na tradução algo imprecisa das edições brasileiras que saíram até agora). Assim como *O Senhor dos Anéis*, é uma obra escrita por um autor que gostava de iniciais na capa dos livros — T. H. (Terence Hanbury) White —, uma narrativa que nasce com sabor infantojuvenil e se transforma de modo inexorável conforme progride, atraída pela força gravitacional do sublime e do horrendo. Nessa versão da história, cujos primeiros momentos foram adaptados pela Disney na animação *A espada era a lei*, de 1963, o mentor de Arthur é o mago Merlyn, como em tantas outras variantes da lenda, mas seus verdadeiros professores são os bichos. Transformado pelas artes do feiticeiro em animal, vivendo entre animais, o menino Arthur descobre que a única espécie capaz de assassinato, guerra e tortura é a nossa (com a possível exceção das formigas, que guerreiam, embora não cometam o resto da lista de atrocidades). *Homo sapiens*, "homem sábio", é uma ironia cruel de nomenclatura latina, sentencia Merlyn — o nome científico correto deveria ser *Homo ferox* ("feroz, selvagem"):

> *"Homo ferox", continuou Merlyn sacudindo a cabeça, "aquela raridade da natureza, um animal que mata por prazer! Não há um só bicho nesta sala que não desdenharia matar outro, a não ser que seja para se alimentar [...] Homo ferox, o Inventor da Crueldade Contra os Animais, que cria faisões a um custo enorme pelo prazer de matá-los; que se dá ao trabalho de treinar outros animais para matar; que mata ratos vivos, como vi fazerem em Eriu, para que os gritos deles intimidem os roedores locais [...]; que se volta contra sua própria espécie na guerra, e mata 19 milhões a cada cem anos; que mata publicamente seus próximos quando julga que eles são criminosos; e que inventou uma maneira de torturar seus próprios filhos com um bastão, ou de exportá-los para campos de concentração chamados Escolas, onde a tortura pode ser aplicada por outrem... Sim, você tem razão em perguntar se é correto descrever o homem como ferox, pois certamente a palavra em seu sentido natural*

de vida selvagem entre animais decentes nunca deveria ser aplicada a tal criatura."

Merlyn chega a aplicar mais adjetivos latinos pouco elogiosos aos atuais membros do gênero *Homo* — para ele, outros nomes científicos possíveis para nós seriam *stultus*, "estúpido", ou *impoliticus*, "não político", um trocadilho com a clássica definição grega do ser humano como o "animal político" por excelência. O mago aceitou ser o mentor de Arthur, no fundo, como forma de apostar que era possível mudar isso — em parte porque, na obra de T. H. White, Merlyn viveu sua longa vida "às avessas", experimentando primeiro o futuro distante do século XX e só depois a época pseudomedieval do livro, o que lhe permitiu conhecer de antemão, portanto, o tamanho das atrocidades que a tecnologia, o fanatismo e a sede de poder trariam. A nobreza da cavalaria e a honra da corte, escreve o romancista, foram projetadas por Arthur para canalizar as águas aparentemente indomáveis do que ele chama de, em letra maiúscula, *Might*, ou "Força Bruta": ele acreditava que seus cavaleiros, especialistas em violência, podiam usar dessa força como instrumento em favor da justiça (a palavra no livro é *Right*, "direito", "o que é certo"; infelizmente, não consegui pensar numa tradução que mantivesse a rima; se alguém por aí tiver alguma boa sacada que me permita isso, agradeço pela dica). Ao criar leis iguais e justas para todos, o rei sonhava com o dia no qual nenhuma disputa precisaria ser resolvida pelo recurso à violência.

É meio estranho avisar sobre *spoilers* quando a gente está falando de uma história de mil anos de idade, mas vamos lá: está na hora de contar o fim da saga, e ela não acaba nada bem. Já com idade avançada, o monarca tem de enfrentar uma rebelião liderada por Mordred, seu filho-sobrinho (fruto de uma relação incestuosa involuntária entre Arthur e Morgause, uma das irmãs do rei — criados separados, os dois não sabiam que eram irmãos). Disposto a evitar derramamento de sangue, o soberano idoso quase consegue fechar um acordo com os rebeldes, dividindo seu reino com Mordred, mas a paz é rompida no último momento porque "o homem é um matador por instinto", constata White com amargura. Enquanto as negociações de paz acontecem, uma serpente desliza pela relva e passa perto dos pés de um dos oficiais de Mordred. Sem pensar no que está fazendo, o soldado desembainha sua espada para matar a cobra — um movimento que o outro lado interpreta como traição, uma tentativa de ataque-surpresa. A partir daí, não há mais como parar o massacre:

> E, enquanto o rei Arthur corria na direção de seu próprio exército, um velho de cabelos brancos tentando deter a maré interminável, estendendo as mãos nodosas num gesto de quem deseja empurrá-la para trás, lutando até o fim contra a enchente da Força Bruta que tinha arrebentado a barragem num lugar diferente sempre que ele a represara, ergueu-se um tumulto, o grito de guerra soou, e as águas se encontraram acima da cabeça dele.

É preciso um coração de granito, digno de Mordred, para não sentir vontade de chorar diante dessa lógica horrenda e inescapável, do fim de todas as esperanças do rei. Para sorte de todos nós, no entanto, a equação está errada — ou, no mínimo, não está totalmente correta. Daí o livro que você tem em mãos agora.

BOAS E MÁS NOTÍCIAS

Você quer ouvir as boas notícias ou a má notícia primeiro? Bem, quando me fazem esse tipo de pergunta, tendo a preferir a má notícia logo de cara, então vou assumir que temos preferências parecidas e tratar o leitor como eu gostaria de ser tratado. A má notícia é, em certo sentido, o óbvio: como indivíduos e como espécie, estamos muito longe de ser anjinhos. Guerras, homicídios, estupros e atrocidades várias não são perversões recentes de uma natureza humana essencialmente gentil: pelo contrário, os tentáculos de trevas de tais fenômenos se estendem pela história e pela Pré-História, nos lugares mais distantes no espaço e no tempo que conseguimos observar. O único jeito honesto de enxergar o que somos e o que podemos ser é não desviar o olhar e lidar com esse legado de uma vez por todas. O primeiro passo para tentar modificar um cenário ruim, afinal de contas, é entendê-lo.

Mas vamos às boas notícias — ou, bem, às notícias não tão ruins assim. A crença de T. H. White de que os seres humanos são uma aberração em meio a milhões de espécies de seres vivos que "só matam para comer" baseia-se em conhecimento científico datado, da época em que se acreditava que os animais fazem essa ou aquela coisa "pelo bem da espécie", supostamente evitando confrontos excessivamente sangrentos com competidores e optando apenas por combates ritualizados, sacrificando-se voluntariamente, quando idosos, para salvar os demais membros do bando — entre outras lendas caridosas. De meados dos anos 1960 para cá, entretanto, a ciência do comportamento animal, a etologia (bem como outros ramos de pesquisa), mostrou que muitas das tendências sombrias da humanidade têm antecedentes no passado remoto de nossa linhagem, e que coisas parecidas estão presentes em diversos galhos vizinhos da Árvore da Vida à qual pertencemos — e não estou falando apenas das guerras escravagistas das formigas (sim, algumas delas escravizam formigas de outras espécies).

Já ouviu falar de soberanos que acabam de subir ao trono e matam os herdeiros do antecessor? Foi o que fizeram os generais de Alexandre, o Grande, depois que o rei da Macedônia morreu, em 323 a.C. Leões adotam essa estratégia o tempo todo na savana. E de membros do sexo masculino que não conseguem uma parceira por bem e forçam suas companheiras a copular? Patos e orangotangos — entre muitos outros — estão no banco dos réus. E de guerras de extermínio que ajudam um grupo a aumentar seu "espaço vital"?[2] Nazistas e chimpanzés têm mais essa coisa em comum, embora isso não signifique, nem de longe, que genocídios poderiam ser uma boa ideia porque favoreceriam "a sobrevivência dos mais aptos" (tire qualquer sombra dessa falácia do século XIX da cabeça, pelo amor de Deus). Se somos *feroces* (plural de *ferox*), como diz White, estamos em boa (má?) companhia.

Uma estimativa recente feita por pesquisadores espanhóis indica que a proporção esperada de mortes causadas por violência entre membros da nossa espécie, em torno de 2%, é mais ou menos a mes-

---

2 O termo "espaço vital" vem do alemão *Lebensraum* e, como você talvez tenha imaginado, um sujeito chamado Adolf adorava usá-lo.

ma que se vê entre os demais primatas, de gorilas a macacos-prego e lêmures, e também é a registrada em grupos de caçadores-coletores, nos quais o sustento vem primordialmente da caça de animais e da coleta de plantas silvestres — o "modelo básico" da vida coletiva da humanidade, que existe desde antes do *Homo sapiens* e ainda é praticado por algumas populações. Essa taxa é bem mais alta do que a calculada pelos mesmos cientistas para todas as espécies de mamíferos juntas, de apenas 0,3%, indicando que o velho Merlyn talvez tivesse alguma razão. Ainda assim, é algo que parece ter raízes profundas na história evolutiva dos primatas, que começou há cerca de 80 milhões de anos, quando nossos ancestrais ainda viviam à sombra dos dinossauros. Não tem nada de exclusivamente humano nem de recente nisso.

Outro ponto crucial, que complica ainda mais a divisão que tracei entre boas e más notícias, é que existe uma conexão, nem sempre clara à primeira vista, entre o nosso lado horroroso e as nossas facetas benfazejas. O potencial destrutivo sem precedentes da violência humana nos últimos séculos tem muito a ver com o fato de que somos capazes de trabalhar em equipe com uma eficiência que nenhuma outra espécie, nem em seus sonhos mais desvairados, seria capaz de alcançar.[3] E isso vale principalmente se a tal cooperação, essa linda união de indivíduos caminhando de mãos dadas rumo a um objetivo comum, tiver como meta derrotar outro grupo. Pense na aliança entre muitos dos cérebros científicos mais brilhantes do planeta, de um lado, e o poderio militar-industrial-financeiro dos Estados Unidos, de outro, responsável por produzir a primeira bomba atômica da história em poucos anos — um avanço estimulado pelo pacifista Albert Einstein, aliás. Sabe qual a justificativa desse pessoal, que até fazia muito sentido nos anos 1940? "Se a gente não fabricar esse negócio primeiro, os nazistas vão chegar lá antes."

Há inclusive pistas neurobiológicas, ou seja, ligadas ao funcionamento do sistema nervoso e hormonal de humanos e outros ma-

---

[3] Sabemos que abelhas, formigas e outros insetos sociais são tremendamente eficazes quando trabalham juntos, mas nenhum deles conseguiu produzir civilizações (inter)planetárias tecnológicas capazes de transformar até a dinâmica biogeoquímica de seu planeta natal. Nisso, somos realmente únicos.

míferos, de que os mesmos sistemas que produzem emoções ternas em relação a indivíduos que enxergamos como companheiros podem estar por trás, em parte, das reações xenófobas e intolerantes diante dos "outros". Mecanismos neurobiológicos costumam ser construídos a partir de fundações evolutivas bastante antigas, o que significa que herdamos de nossos ancestrais remotos tanto as bases da agressividade quanto as de comportamentos que consideramos moralmente aceitáveis ou mesmo gentis; de fato, é o que outros estudos comparativos do comportamento animal têm indicado. Dá para ter uma coisa (nossa incrível capacidade de cooperação e conexão) sem a outra (o uso desse potencial contra competidores)? Ainda não sabemos.

Não sabemos, mas temos visto algumas indicações, ainda tímidas diante da conta gigantesca do Sofrimento Interno Bruto do planeta, de que sim, talvez seja possível. O peso desse legado nas costas coletivas da humanidade é avassalador, mas o império da Força Bruta não é mais tão soberano em diversos aspectos da vida e em muitos lugares da Terra. Algumas coisas têm mudado para melhor já faz décadas ou mesmo séculos (a primeira boa notícia!), e a questão é saber: 1) até que ponto a mudança é só um pontinho efêmero no radar da história ou veio para ficar; e 2) o que fazer para que ela continue.

DEFINIÇÕES E ABORDAGENS

O leitor deve ter notado que ainda não defini "violência". Como não quero ganhar fama de escritor escorregadio, está na hora de explicitar do que estou falando quando uso a palavra, ao menos para os propósitos deste livro. O tipo de violência que analisaremos juntos é principalmente aquele cometido, sob as mais variadas circunstâncias, por pessoas ditas "normais", que dão beijos de boa-noite nos filhos e amam seus cônjuges, genitores e bichos de estimação. Acredite: gente como eu e você, em determinadas condições, é perfeitamente capaz de coisas que fariam Gengis Khan sorrir de orelha a orelha em seja lá qual for o círculo do inferno reservado a tiranos mongóis onde ele foi confortavelmente acomodado por Satanás nos últimos séculos. Sir William Gerald Golding (1911-1993), o britânico que escreveu *O senhor das moscas*, que citei na epígrafe desta introdução, colocou as coisas da maneira mais clara possível em um de seus ensaios, refletindo sobre as atrocidades da Segunda Guerra Mundial: "Essas coisas [...] foram cometidas de forma habilidosa, fria, por homens educados, médicos, advogados, homens com uma tradição de civilização por trás deles, contra seres de sua própria estirpe". Esse ponto é indiscutível.

Assim, dado que o foco é em pessoas "normais", não trataremos aqui da violência *patológica*, que resulta de defeitos no sistema natural de empatia e controle de emoções "instalado" no cérebro de quase todas as pessoas vivas hoje ou que viveram nas últimas centenas de milhares de anos. Os *psicopatas*, como chamamos os sujeitos afetados por esse tipo de problema severo no funcionamento cerebral e na estrutura da personalidade, pelo que sabemos, são incapazes de reagir emocionalmente com empatia diante do medo e da dor de outras pessoas, o que lhes permite que as usem como instrumentos de seus interesses sem dor na consciência. Embora a violência cometida por psicopatas seja a que mais costuma chamar a nossa atenção (e renda excelentes narrativas, ficcionais ou de não ficção), não vamos abordá-la porque, no quadro geral da história da nossa espécie, o impacto dos atos de violência cometidos por não psicopatas, por pessoas normais em situações de confronto com outros seres humanos, é muitíssimo maior. É verdade que a frequência de líderes políticos com traços de psicopatia parece superar a de pessoas com essas caraterísticas na população geral, e líderes assim tiveram considerável impacto histórico, mas mesmo esse fator não explica o padrão global da Força Bruta na nossa espécie. Por fim, nem sempre a linha que separa psicopatas de pessoas normais pode ser traçada claramente com caneta vermelha. Alguns tipos de comportamento violento "normal" estão associados a condições biológicas e sociais que também concorrem para criar a psicopatia "clássica" e, portanto, não poderão ser ignorados de todo por aqui.

Dito isso, a violência que encararemos nestas páginas é a *letal* cometida por um ser humano contra outro ser humano (guerras, óbvio, estão no topo da lista, assim como vendetas familiares, homicídios e execuções por ordem judicial) ou a que seja *altamente incapacitante do ponto de vista físico e/ou emocional* (tortura, estupro ou discriminação sistemática e constante por motivos étnicos, raciais, religiosos ou de comportamento sexual/de gênero). É preciso circunscrever um pouco nosso campo de visão, ou todos vamos ficar doidos. Discriminação racial, religiosa e de gênero ou orientação sexual não é violência física em sentido estrito, mas é um tipo de *violência simbólica ou psicológica* que costuma ser um correlato bastante consistente da violência física. Vale dizer: as coisas costumam vir juntas, e, o que é mais importante, a violência simbólica é um *facilitador* da violência física, dessensibilizando possíveis agressores diante das consequências de seus atos e minando a capacidade de resistência das vítimas (um mecanismo psicológico básico que vamos analisar em detalhes nos capítulos vindouros). Portanto, faz todo o sentido que ambas as coisas sejam pensadas juntas.

Escolhi as principais dimensões da violência simbólica citadas aqui porque elas provavelmente são as que tiveram papel mais relevante no padrão geral da história humana dos últimos milênios, em especial como fatores multiplicadores da violência física em larga escala, de legislações draconianas contra escravizados e minorias a guerras de extermínio contra supostos inimigos raciais ou religiosos. É por adotar essa visão macroscópica que não dedicarei capítulos inteiros a temas como o *bullying* nas escolas do século XXI ou do passado ou a maneira patentemente desumana como muitos de nossos ancestrais tratavam seus filhos pequenos — temas importantíssimos, mas que, por não terem o efeito sísmico dos demais, serão abordados pontualmente ao longo do livro, já que muitas vezes estão ligados à gênese individual dos comportamentos violentos. Do mesmo modo, a violência e a crueldade humanas praticadas *contra outras espécies* não será esmiuçada. Em parte, essa escolha vem do fato de que capturar e matar membros de outras espécies é algo que normalmente integra comportamentos de predação, os quais nem sempre estão relacionados com a violência intraespecífica — a não ser que você seja um psicopata que acha sumamente divertido enfiar agulhas de crochê nos olhos de golfinhos, algo que tem tudo para ser patológico.

Andei mencionando chimpanzés, leões e neurobiologia alguns parágrafos atrás, o que deve ter valido como uma pista sobre a abordagem geral deste livro. Em poucas palavras: acredito (e nisso, creio que estou em boa companhia) que só vamos conseguir entender os elementos básicos do comportamento humano ao longo da história se adotarmos a perspectiva da biologia evolutiva e a mesclarmos, da forma mais harmoniosa possível, com os aspectos empíricos das ciências humanas. A pesquisa histórica, a sociologia e a antropologia, entre outras disciplinas, realizaram avanços notáveis na tentativa de explicar por que sociedades e indivíduos se comportam desta ou daquela maneira. Filósofos como Thomas Hobbes (1588-1679) e Jean-Jacques Rousseau (1712-1778) — só para citar os suspeitos de sempre — fizeram observações argutas sobre as raízes e as operações básicas da violência humana, embora muitos aspectos da visão de ambos não tenham envelhecido bem nos últimos séculos. Mas nenhuma explicação fará sentido nem será capaz de iluminar o conjunto da experiência humana se ignorarmos o fato de que somos *animais bioculturais* (é, eu sei que é uma expressão desgraçada de esquisita; dedicarei alguns parágrafos a explicá-la melhor em breve). Ou seja: a interação não linear, complicada e constante entre biologia e cultura é o que precisa ser compreendido.

Para alcançar essa meta, não podemos nos dar ao luxo de desprezar nenhuma ajuda. Embora a biologia evolutiva seja basilar, a arqueologia faz o serviço essencial de trazer pistas sobre como as sociedades lidavam com comportamentos violentos em tempos dos quais temos poucos registros escritos ou nenhum — o que significa, veja só, uns 295 mil anos do total de 300 mil e lá vai pedrada da existência da nossa espécie, ou mais ainda, dependendo da região da Terra. É nesse passado remoto que estão as raízes dos Estados e impérios do mundo que nos é familiar. A psicologia é capaz não apenas de avaliar o que se passa com um soldado sofrendo de estresse pós-traumático ou com a vítima de uma chacina na periferia do Rio, mas também de simular, em condições controladas de laboratório, o que pode levar pessoas perfeitamente normais a virarem cúmplices de torturadores ou os próprios torturadores (experimentos desse tipo já foram feitos, embora ainda haja muita pancadaria acadêmica sobre o significado exato deles). A neurociência e a endocrinologia investigam o que acontece com o cérebro e os hormônios de quem está espumando de raiva e louco para esbofetear o próximo. A teoria dos jogos tenta criar modelos matemáticos simplificados, mas muito úteis, que permitem quantificar os prós e os contras objetivos de cada comportamento, inclusive os mais sangrentos. E a epidemiologia e a estatística nos ajudam a achar padrões de sentido em todo tipo de maçaroca de dados cuspida pelo IBGE ou por seus correlatos de outros países ou de outras épocas. (Queridos pesquisadores do IBGE que talvez leiam estas linhas, por favor, não se ofendam, é só uma piada.)

A meta aqui, porém, não é ser exaustivo, mas usar judiciosamente os exemplos necessários para ir ao cerne da questão. É claro que alguns temas, alguns lugares e algumas épocas me são bem mais familiares do que outros, e inevitavelmente acabarei me concentrando neles. Sou capaz de descrever minuciosamente o funcionamento da falange (formação de infantaria pesada) na qual lutavam os guerreiros de Esparta no começo do século V a.C. ou de examinar os detalhes do nexo lógico entre sistemas de acasalamento e violência masculina em grupos de gorilas ou elefantes-marinhos, mas precisaria estudar muito antes de dizer que entendo a fundo o *bushido*, o código de honra dos samurais, por exemplo. Ainda que apenas uma fração das culturas e épocas da história humana seja examinada nestas páginas, o importante, ao menos do ponto de vista dos nossos objetivos aqui, é garantir uma perspectiva comparativa suficientemente transcultural (e interespecífica) para que padrões recorrentes, e provavelmente cruciais, de comportamento sejam compreendidos.

Para conseguir cumprir o objetivo apresentado no parágrafo anterior, nossa história caminhará de maneira mais temática que cronológica, levando em conta grandes linhas gerais que moldaram as características da Força Bruta entre os seres humanos, como a relação entre gêneros, entre grupos diferentes e entre religiões.

LISTA (NÃO TÃO) BREVE DE MAL-ENTENDIDOS A EVITAR

Mal-entendidos costumam rondar os temas deste livro feito corvos sobrevoando campos de batalha. Este é o momento de desembainhar a espada e tentar decapitá-los, cabeça por cabeça (ou de engaiolar os bichos, pelo menos).

1) Seres humanos também são animais

Veja só que surpreendente: eu e você também somos animais. Isso indica que, apesar de todas as coisas incríveis e contraditórias de que os seres humanos são capazes, ainda estamos sujeitos a influências poderosas forjadas ao longo de uns 4 bilhões de anos de história da vida na Terra.

A mais importante dessas influências — embora nem de longe a única — é a chamada seleção natural, principal ideia proposta pelo naturalista britânico Charles Darwin (1809-1882) em seu clássico de 1859, *Sobre a origem das espécies por meio da seleção natural, ou a preservação das raças favorecidas na luta pela vida* (tem como não amar a falta de concisão dos títulos do século xix?). Do ponto de vista dos desenvolvimentos da teoria da evolução que aconteceram depois e estão firmes e fortes até hoje, Darwin foi bem mais feliz na parte do nome do livro que vem *antes* da vírgula. Embora a "luta pela sobrevivência" tenha capturado a imaginação popular quando falamos de seleção natural, vale ressaltar que ela é apenas o meio, e não o fim, do processo todo.

No jogo da seleção natural, ganha quem deixa mais descendentes viáveis no mundo — e não importa muito se isso acontece por meio de uma luta literal pela vida (derrotando adversários em combate mortal), com a ajuda de ardis e trapaças (devorando as uvas do seu colega de bando enquanto ele está cuidando dos filhotes), com métodos moralmente louváveis ou por uma combinação de todas essas estratégias e muitas outras. Repito: não importa — ao menos para o processo natural, ainda que seja obviamente importante para nós. Só importam três coisas: a) que exista uma variação natural de indivíduo para indivíduo no emprego dessas estratégias, que podem ser tanto fisiológicas quanto comportamentais; b) que ao menos parte dessa variabilidade tenha um componente hereditário ou genético, no sentido de que as tendências comportamentais (e, claro, também as características físicas) de filhas e filhos espelhem, ao menos em parte, as dos pais; e c) que algumas formas dessa variabilidade hereditária levem à produção de mais descendentes que outras — de maneira que elas fiquem cada vez mais comuns na população conforme transcorrem as gerações. Pronto: se você ainda não a conhecia, acaba de ficar sabendo o essencial sobre a ideia mais importante da biologia moderna. Se ela vale para todos os demais animais e seres vivos, muito provavelmente também vale para nós. Esse fato não deveria ser tão misterioso; afinal, é reconhecido como parte do senso comum ao menos desde a época de Aristóteles — o filósofo que, no século IV a.c., classificou o ser humano como *politikôn dzóon*, "animal político"[4] — ou desde a composição do livro bíblico do Eclesiastes, talvez um século antes. Você não acredita que o Antigo Testamento enxergava os seres humanos como animais? Confira: "Quanto aos homens, penso assim: Deus os põe à prova para mostrar-lhes que são animais. Pois a sorte do homem e a do animal são idênticas: como morre um, assim morre o outro, e ambos têm o mesmo alento" (Ecl 3, 18-19). Palavra do Senhor, pessoal — ou, pelo menos, do autor anônimo do Eclesiastes, uma das figuras literárias mais interessantes da Bíblia.

Muita gente ainda me olha torto quando chamo a atenção para esse fato básico da existência — o de que homens são animais —, mas não vejo por que ele deveria provocar esse tipo de reação. Afinal, todo mundo nasce, cresce e morre, precisa comer e ir ao banheiro; as mulheres amamentam seus bebês, os homens tendem a ter mais pelos no peito, temos sangue, ossos, músculos, cérebro. Compartilhamos essas e incontáveis outras características com os demais moradores dos galhos da Árvore da Vida, o álbum de família da evolução. Uma prova disso é a maneira como, digamos, ansiolíticos e antidepressivos projetados para tratar pacientes humanos funcionam que é uma beleza em roedores e até crustáceos. Esse último dado deixa evidente o seguinte: seria improvável que outras características também típicas de animais — instintos, pendores, tendências naturais de entender o mundo — não influenciassem igualmente a maneira como nos comportamos, sentimos emoções e pensamos.

---
4 Ou, numa tradução mais literal do grego, "animal da *pólis*, ou cidade-Estado".

Note: usei o verbo *influenciar*, não o verbo *determinar* (explico a diferença mais adiante). O que expus agora significa que o ser humano é "só" um animal? Bem, defina "só". Não conheço animal, por mais simples que seja, cuja complexidade possa ser desprezada por essa palavrinha. Nossa natureza inclui coisas bem distintas da de outros animais? Sem dúvida — a começar pela ferramenta inigualável chamada *linguagem*, que estou usando aqui. Mas, ainda que não sejamos "só" animais, nós *também* somos animais, e isso é importante.

2) Humanos são animais bioculturais

Em primeiro lugar, temos boas razões para acreditar que essa coisa chamada *cultura* não é exclusividade humana, principalmente em seu aspecto material. Chimpanzés de diferentes lugares da África constroem — sim, a palavra é essa mesma — kits distintos de ferramentas (em geral, de folhas e madeira) para capturar cupins, obter mel de abelhas silvestres, e por aí vai. Apesar de viverem em ambientes bastante similares, cada grupo de símios desenvolveu suas próprias "modas" de cultura material, transmitidas de geração em geração. Chimpanzés, aliás, deixam registro *arqueológico* das pedras que empregam para quebrar castanhas na Costa do Marfim, numa profundidade temporal que chega a alguns milhares de anos. Vemos coisas parecidas entre diversos primatas e outros suspeitos de sempre no reino animal, ou seja, os bichos de vida social complexa e cérebro avantajado, como golfinhos e membros da família dos corvos.

"Ah, mas essas tradições de cultura material não são equivalentes às da cultura humana porque não possuem dimensão simbólica, não têm significados ou representações mentais para os bichos", objetam antropólogos que conheço. Pode ser, mas dá para imaginar algum jeito de testar isso diretamente e não simplesmente *afirmar* que não há dimensão simbólica por puro preconceito contra os bichos? De mais a mais, há alguns relatos intrigantes sobre estilos de comunicação ou coisas semelhantes a rituais — mordiscar certas folhas antes de cortejar uma fêmea, digamos — que variam de grupo para grupo entre primatas ou mesmo aves. Está cedo para considerar encerrado o debate sobre o tema.

Esse primeiro esclarecimento é importante, mas o fato é que a complexidade da cultura humana realmente supera em muito o que vemos em outras espécies, se não qualitativamente, ao menos quantitativamente. Tamanha complexidade cultural não nasceu do nada: ela depende, para operar, das características únicas do nosso cérebro, como a elevada densidade de neurônios no córtex, o pedaço evolutivamente mais recente do órgão. Entretanto, a cultura pode adquirir uma dinâmica evolutiva própria, uma vez que a complexidade cultural se torna cumulativa, principalmente graças à transmissão de informações de uma geração para outra e entre indivíduos e grupos na mesma geração, por meio da linguagem oral e de suas "descendentes", como a escrita. Isso equivale a dizer que a cultura se torna sujeita a regras de espalhamento ou desaparecimento que são, em essência, muito similares às da seleção natural biológica. Além do mais, os elementos culturais frequentemente "se reproduzem entre si": duas culturas diferentes que se encontram muitas vezes se recombinam, e cada uma delas passa a se desenvolver carregando consigo elementos da outra.

Talvez isso tenha soado um tanto abstrato, então tentemos colocar as coisas em termos concretos e bastante próximos de nós. Até mais ou menos o ano 200 a.C., o território que acabaria recebendo o nome de Portugal era habitado por tribos que falavam idiomas celtas — aparentados, portanto, à língua original dos gauleses celebrizados por Asterix ou à dos irlandeses modernos que não falam só inglês. Exércitos romanos conquistaram o território dessas tribos e iniciaram o processo que daria origem à língua portuguesa a partir do latim vulgar. Se o latim fosse uma espécie de ser vivo que, no século II a.C., começou a competir por espaço e recursos com outras espécies, as línguas celtas de Portugal, poderíamos pensar que o "sucesso reprodutivo" do latim teria sido imensamente superior nos últimos milênios, tanto que perto de 1 bilhão de pessoas hoje se comunicam usando idiomas que são basicamente latim mal falado, contra rigorosamente zero falantes nativos modernos dos idiomas celtas portugueses. *Mutatis mutandis*, o mesmo vale para muitos outros aspectos da cultura romana, como o direito, os poemas de Virgílio e aquela estranha fusão de seita judaica apocalíptica e cultura imperial dos Césares chamada Igreja Católica Apostólica Romana. Podemos pensar em cada elemento do pacote cultural do Lácio (a região italiana onde surgiu Roma) como um gene — um fragmento funcional de DNA, para simplificar — que, embora sofrendo significativas mutações da época de Cristo até os dias de hoje, multiplicou-se com muito mais sucesso do que o "gene celta" equivalente.

Eis, agora, o pulo do gato, que explica por que falei há pouco em "dinâmica evolutiva própria": a "seleção natural cultural" *não precisa* estar acoplada à seleção natural em seu aspecto biológico. É muito provável que os antigos romanos tenham contribuído relativamente pouco para o DNA dos portugueses modernos. Biologicamente, os lusos de hoje e seus descendentes brasileiros ainda são muito "celtas" (e também visigodos, árabes, ameríndios, africanos e outros temperos do caldeirão étnico no qual temos sido cozidos nos últimos quinhentos anos). Mas — e esse é o "mas" que faz toda a diferença — seu "DNA cultural" foi muito romanizado. E ambas as coisas, genes de verdade e "genes" culturais, podem interagir das formas mais complicadas e malucas que você seria capaz de imaginar.

No que diz respeito aos temas deste livro, por exemplo, há bons indícios de que a sua cultura possa influenciar o funcionamento dos hormônios que circulam no seu corpo numa situação violenta. É sério. Vou guardar os detalhes sórdidos para os próximos capítulos, mas por ora basta exemplificar brevemente com uma situação já estudada há décadas. Ocorre que a produção de hormônios do estresse no organismo de um homem americano da região norte do país (um nativo de Boston, digamos) submetido a um insulto é bem diferente da que acontece no organismo de outro americano, só que do sul dos Estados Unidos (alguém de Atlanta ou do Texas, por exemplo), que receba o mesmo insulto.

Como pode? Afinal, estamos falando de brancos, predominantemente descendentes de gente vinda mais ou menos das mesmas regiões da Europa, com ancestrais espalhados por Inglaterra, Escócia e Irlanda (embora essa composição étnica tenha ficado bem mais complicada com a chegada de novas levas de imigrantes europeus ao país a partir do século XIX). Do ponto de vista biológico, não faz muito sentido que as variantes de genes que americanos do norte e do sul carregam sejam suficientemente diferentes a ponto de gerar respostas hormonais distintas diante de uma grosseria: todo mundo ali originalmente descendia de uma mistura mais ou menos similar de grupos celtas, saxões e escandinavos, entre outros. Faltou levar um detalhe em consideração, porém. Enquanto a colonização original do norte dos Estados Unidos foi dominada por grupos de agricultores e artesãos oriundos do sudeste da Inglaterra, muitas regiões do sul receberam mais imigrantes de locais montanhosos e relativamente isolados da Escócia e da Irlanda, onde predominava o pastoreio. Acontece que pastores só são gente pacífica e bucólica nos poemas meio bregas produzidos pelos literatos de Minas Gerais no século XVIII. Rebanhos são riqueza móvel facilmente furtada, e culturas pastoris mundo afora são famosas pelo vigor com que se dispõem a retaliar ameaças. Os americanos do sul trouxeram consigo essa cultura "olho por olho" — o que inclui reagir de forma bem mais incisiva a um xingamento, daí os hormônios do estresse mais elevados neles.

Uma última e crucial ressalva antes de partir para o próximo item: não há nenhum julgamento de valor quando dizemos que certas "adaptações culturais" (ou mesmo biológicas) se saíram melhor que outras diante da peneira da seleção natural. O único critério do sucesso nesse sentido muito estrito é a *capacidade de produzir mais cópias de si mesmo*. Nada disso tem necessariamente algo a ver, portanto, com sofisticação intelectual, capacidade de produzir seres humanos mais felizes e equilibrados, retidão moral etc. Não equivale a "superioridade" em qualquer sentido usual. Quem acha que culturas ocidentais, basicamente de matriz europeia, dominaram a maior parte da Terra nos últimos quinhentos anos simplesmente porque são "as melhores" precisa ter isso em mente. E, mais uma vez, sucesso "reprodutivo" cultural não necessariamente está acoplado a um sucesso reprodutivo biológico. Mencionei o catolicismo, por exemplo — uma fé que, há mais de um milênio, quase sempre restringe o acesso à hierarquia religiosa aos homens celibatários. Culturalmente, sacerdotes católicos "se reproduzem" toda vez que um bispo ordena um novo padre, ainda que isso não tenha nada a ver com reprodução biológica

CULTURAS DIFERENTES AFETAM ATÉ OS HORMÔNIOS

Experimento clássico mostrou diferenças no organismo de homens do norte e do sul dos Estados Unidos

1) Pesquisadores americanos recrutaram voluntários do sexo masculino criados em duas regiões bem diferentes dos EUA, o norte (digamos, perto de Boston) e o sul (por exemplo, em Atlanta). Uma das principais diferenças culturais entre essas regiões é o predomínio, no sul, de uma "cultura da honra", na qual é considerado correto reagir violentamente a insultos - algo que não existe no norte

2) No estudo, os homens faziam um exame de sangue e depois tinham de preencher um questionário (sobre um tema que não tinha a ver com a pesquisa). Quando terminavam, tinham de entregar o questionário em outra sala

3) Aqui vinha a pegadinha: quando passavam pelo corredor para entregar o questionário, aparecia outro sujeito (na verdade, um dos pesquisadores) no caminho. Ele esbarrava nos voluntários, dizia "Asshole!" ("Cuzão!") e ia embora

4) Depois do encontro com o sujeito grosseiro, o organismo dos voluntários mostrou diferenças marcantes (após um novo exame de sangue). Nos participantes do sul, os níveis de cortisol (hormônio do estresse) e testosterona (hormônia da masculinidade) dispararam após o entrevero; nos do norte, praticamente não houve mudanças

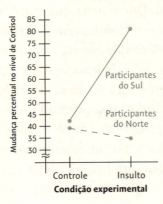
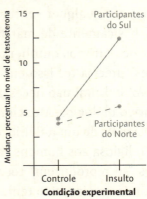

HOMO FEROX

(apesar do hábito de alguns papas do Renascimento de transformar seus filhos bastardos em cardeais).

3) Pessoas são pessoas, ou seja, indivíduos — não médias estatísticas

Feito são João Batista clamando no deserto, essa frase eu vivo bradando por aí, mas muita gente não escuta.

Pode ser, por exemplo, que *em média* — atenção ao itálico, por gentileza — homens sejam um pouco melhores que mulheres no que diz respeito ao raciocínio espacial, enquanto as moças são, *em média*, um tiquinho melhores que os rapazes na capacidade de interpretar as emoções de outrem. (Essas hipóteses até que têm bastante apoio empírico, mas podem ser derrubadas no futuro — é assim que a ciência funciona.)

Digamos que essas afirmações sejam verdadeiras. Isso significa que deveríamos desencorajar as garotas que querem virar engenheiras civis ou os moços que gostariam de se formar em psicologia? É óbvio que não! O termo *em média* implica variabilidade — e muitas vezes variabilidade grande. Há inúmeras mulheres por aí que conseguiriam projetar uma estação de metrô melhor que muitos homens, assim como muitos homens que choram assistindo à animação *Divertida mente*, da Pixar (feito eu).[5] As tendências estatísticas podem ser interessantes e importantes em vários aspectos, mas elas nunca deveriam ser usadas como julgamentos pétreos para decidir quem uma pessoa é ou o que ela seria capaz ou não de fazer.

A dicotomia entre os sexos que acabei de mencionar parece ter uma relação muito estreita com a violência humana. Não estou falando só do fato de que, por motivos históricos e culturais, quase todas as guerras desde que o mundo é mundo tenham sido planejadas, comandadas e colocadas em prática por homens. Homicídios comuns, brigas de faca ou com as mãos nuas, violência sexual e pura e simples idiotice capaz de colocar em risco a própria vida ou a dos outros — tudo isso também sempre foi e ainda é basicamente algo que os homens (e não

---

[5] Quê? Não assistiu ao desenho ainda? Tá esperando o quê? (Não, esta nota de rodapé não foi patrocinada pela Disney/Pixar.)

as mulheres) fazem. Entretanto, isso não significa que os homens, em sua maioria, sejam monstros de iniquidade, nem que não haja muitas mulheres com as mãos sujas de sangue. As tendências coletivas nos ajudam a entender os motivos macroscópicos (de grande escala) de um fenômeno, mas jamais deveriam servir para rotular indivíduos.

4) Natural não significa bom ou moralmente correto
Fuja da chamada *falácia naturalista* — a ideia de que só as coisas "naturais" são boas ou a de que, se algo é bom, é porque é natural.

Como alguém já disse, a natureza é aquela senhora bondosa que inventou a tuberculose, o mosquito da dengue e os terremotos. É totalmente natural a fêmea de louva-deus mastigar avidamente a cabeça do macho enquanto este copula com ela, e nada mais típico da Mamãe Natureza que a morte maciça de filhotes de tartaruga-marinha logo depois do nascimento, engolidos pela primeira gaivota que aparece assim que começam a se arrastar pela areia em busca do oceano. Somos capazes de estabelecer critérios racionais para tentar estipular o que é certo e o que é errado, assim como somos capazes de usar uma espécie de bússola moral *emocional* também, que pode ser tão importante quanto a razão ou até mais sólida do que ela, embora nossas emoções estejam repletas de pontos cegos.

5) Explicar não significa justificar
Um ponto implícito no item anterior é que, quando analisamos um comportamento comum na natureza e tentamos entender a lógica por trás dele, isso está longe de justificar o comportamento; não é uma defesa de que ele seja correto. Médicos tentam entender a dinâmica das doenças não para dar uma forcinha a vírus, bactérias e companhia, mas para achar maneiras de detê-los sempre que possível. O homicídio e o estupro podem ser explicados, em parte, pelo prisma da biologia? Sim, claro. Mas isso não significa que eles sejam coisas que deveríamos continuar a fazer.

6) Influenciar é muito diferente de determinar
Muita gente vive com medo de um tal "determinismo biológico" (ou "determinismo genético", para quem é mais específico) — a ideia de

que aceitar o peso da biologia no nosso desenvolvimento equivaleria a abraçar uma versão pós-moderna do Destino com D maiúsculo. Faz sentido temer isso?

Não, não faz. Em muitos casos, influências biológicas não são mais poderosas do que os alimentos que você consome, os livros que lê ou os amigos com quem convive. Basta pensar na diferença que faz, para a altura, o peso e a inteligência de um adulto, se ele viveu num lar amoroso com comida adequada quando era criança ou se passava fome e era maltratado desde bebê. Eis algo que todo míope deveria saber, e que me foi didaticamente demonstrado pela psicóloga evolucionista americana Leda Cosmides quando a entrevistei em São Paulo, anos atrás. "Eu, por exemplo, sou míope", disse-me Leda, tirando os óculos do rosto, "uma característica que tem um componente genético e também depende de um 'gatilho' ambiental, como forçar a vista lendo muito ou assistindo televisão. Agora, se eu coloco meus óculos de novo", continuou ela, devolvendo o aparato a seu lugar em cima do nariz, "outro componente ambiental elimina a influência da miopia sobre minhas chances de sobrevivência e reprodução."

Moral da história: tem muito mais lógica pensar num sistema de interações entre potencial biológico/genético e condições ambientais. Um sistema de interações, ressaltemos, que é complicado, difícil de elucidar completamente e varia também de característica para característica: algumas mais permeáveis a influências externas, mais plásticas, outras mais "robustas" do ponto de vista do desenvolvimento — mais inflexíveis, se você quiser. Um dos jeitos de pensar esse tipo de variação contextual é por meio do que os biólogos chamam de *normas de reação*, um termo que significa exatamente o que parece: *regras* para *reagir* a diferentes contextos ambientais. Você, portador do alelo (variante de um gene) do tipo X, vai ficar com 1,90 m quando adulto se crescer no ambiente Y, mas o mesmo alelo, o mesmo número da loteria genética, fará com que você fique com 1,70 m no ambiente Z e 2,10 m no ambiente W (repare que ainda estou simplificando; há centenas de variantes genéticas conhecidas que influenciam a sua altura).

Voltando à questão do verbo "determinar": seres humanos, e seres vivos de modo geral, tendem a ser entidades *probabilísticas*, não *deter-*

minísticas — no sentido de que uma causa A *determinaria*, isto é, *sempre* levaria ao resultado B de maneira linear e unívoca. O primatologista e neurobiólogo Robert Sapolsky, da Universidade Stanford (EUA), um de meus heróis científicos, resume tudo isso de forma poética e elegante neste parágrafo de seu mais recente livro, chamado *Comporte-se*, publicado em 2017:

> *Em vez de funcionar com base em causas simples, a biologia funciona o tempo todo com base em propensões, potenciais, vulnerabilidades, predisposições, inclinações, interações, modulações, contingências, cláusulas do tipo "se… então", dependências de contexto, exacerbação ou diminuição de tendências preexistentes. Círculos e voltas e espirais e fitas de Möbius.*

Cá entre nós, eu assino embaixo.

7) Evolução NÃO significa progresso

Esse último ponto talvez já esteja implícito no que andei falando antes; entretanto, em temas tão delicados quanto os deste livro, às vezes vale a pena pecar pelo excesso. A equação "evolução = progresso" é um dos capítulos mais lamentáveis da história do pensamento ocidental. No fundo, a evolução biológica significa apenas mudança nas características de uma população de seres vivos ao longo do tempo, sem qualquer juízo de valor sobre até que ponto tais mudanças são desejáveis. Quando a seleção natural começa a favorecer os parasitas sem órgãos dos sentidos, ou até sem a maior parte do cérebro, que passam a viver no interior do corpo de seus hospedeiros basicamente porque é custoso produzir esses penduricalhos no novo ambiente, ou quando bagres que colonizam rios subterrâneos tendem a apresentar olhos atrofiados ao longo de gerações, isso *também é evolução*. Portanto, mais uma vez, a conclusão é que estudar a violência a partir da evolução não equivale de modo algum a um elogio dos potenciais violentos da nossa espécie como uma grande marcha rumo ao progresso. Trata-se apenas de um jeito de tentar entender como e por que ela se tornou o que é hoje.

A lista de mal-entendidos se encerra com o cabalístico número 7. Para concluir esta introdução, resta-me, então, contar ao leitor um pouco do que me levou a investigar os temas deste livro.

Do ponto de vista estritamente pessoal, nunca tive o desprazer de encontrar o *Homo ferox* face a face, ao menos em suas versões mais cruentas. Sou homem, branco, heterossexual, católico, de classe média — uma lista de qualificativos que, no contexto brasileiro, pode ser resumida de um jeito muito simples: jamais sofri discriminação sistemática por ser quem eu sou. Cresci num canto particularmente pacato do interior de São Paulo (hoje, a taxa de homicídios por 100 mil habitantes na minha cidade é mais ou menos um terço da média brasileira). Ninguém da minha família lutou em guerras, foi policial ou precisou apontar uma arma para outro ser humano nas últimas quatro gerações, no mínimo. Eu tinha oito anos na última vez em que tentei socar outra pessoa para valer; levei uma quantidade até que substanciosa de palmadas e chineladas dos meus pais quando era criança (era praxe nos anos 1980 por aqui, sabe como é), mas nada que fosse suficiente para deixar rancor ou trauma. Quando era estudante universitário em São Paulo, tive a minha única experiência com o crime na vida — um rapaz que se dizia recém-saído da prisão se sentou ao meu lado no ônibus rumo à USP, anunciou um sequestro-relâmpago e me fez sacar duzentos reais no caixa eletrônico do campus, que era o que tinha na minha conta. O sujeito disse que estava armado, embora não tenha mostrado o tal revólver em nenhum momento. Eu, meio banana, achei que não valia a pena pagar para ver. Nada muito épico, portanto, acontecendo deste lado do livro — ou melhor, da tela do computador.

No entanto, a "energia escura" da Força Bruta já me tocou. Ainda me toca. Foi também quando eu estava na faculdade que me contaram o que tinha acabado de acontecer com um primo distante, neto da irmã do meu avô materno, meu colega de classe na pré-escola. Envolvido com drogas, já pai de uma filhinha, ele estava correndo da polícia quando, encurralado, matou-se com um tiro na própria boca, a poucos quarteirões de distância de onde nossas avós (a minha e a dele) moravam. Mal nos conhecíamos, mas de vez em quando ainda me pego pensando na confluência de circunstâncias e escolhas que o colocou nessa situação impensável para mim, e o que me vem à cabeça é um ditado em inglês: *There but for the grace of God go I* ("Se não for pela graça de Deus, é para lá que eu também vou", numa tradução livre). Você não precisa acreditar em Deus para entender o que quero dizer com isso: a natureza humana e o mundo à nossa volta funcionam de maneira tão alheia ao nosso controle, muitas vezes, que nunca será óbvio saber quem escapa das garras da Força Bruta e quem é devorado por ela.

A experiência de ser pai, por mais que seja estranho dizer isso, também me faz refletir com frequência sobre os buracos nos quais às vezes nos enfiamos como espécie. Certa vez, numa feira de livros, outra família com crianças apareceu. Um dos meninos, aparentemente um rapazinho meio encapetado, foi pegando um dos livros e abrindo a embalagem plástica de um jeito estabanado. O pai, que segurava um sorvete numa das mãos, fez menção de tirar o livro do moleque, que reagiu empurrando a mão do pai e derrubando o sorvete na camisa dele. O homem, rosto tisnado de raiva, pôs-se a estapear o menino na frente de todo mundo. Eu já tinha me decidido a não bater nos meus filhos antes, mas a maneira como o sujeito reagiu, como se alguma coisa tivesse tomado conta dele naquela hora, fez com que eu abjurasse de vez a ideia de usar o chinelo ou as palmadas. *Eu não quero ser isso, essa coisa que a raiva cavalga como se fosse um cavalo*, pensei. Tem algum jeito de não cruzar esse Rubicão de fúria? Em parte, é o que quero tentar responder aqui.

De mais a mais, eu escrevo sobre ciência faz dezenove anos e sei que, se a experiência pessoal é importante, a luz que o trabalho científico é capaz de lançar sobre qualquer fenômeno tem um poder tremendo. Sabemos hoje muito mais do que T. H. White ou mesmo Darwin sabiam sobre as raízes da humanidade. Minha aposta é que é possível explicar essas descobertas de um jeito que todos compreendam – para que todos possam agir com consciência a partir dessa compreensão.

E com isso encerramos esta introdução, partindo para analisar a proto-história da violência do *Homo ferox*, quando ainda não existiam seres humanos propriamente ditos, mas já existia guerra.

REFERÊNCIAS

A obra que inspirou o título deste livro, em volume único
WHITE, Terence H. *The Once and Future King*. Londres: HarperVoyager, 2010.

A fonte da epígrafe do capítulo
GOLDING, William. *The Hot Gates and Other Occasional Pieces*. Londres: Faber & Faber, 2013.

Grande análise das tendências filogenéticas (ou seja, compartilhadas ao longo da evolução) da violência letal em humanos e outros mamíferos
GÓMEZ, José María et al. The phylogenetic roots of human lethal violence. *Nature*, v. 538, p. 233-237, 2016.

Argumentação sólida, ainda que não isenta de problemas (e gigantesca em número de páginas) em favor de um declínio importante da violência humana nos últimos séculos
PINKER, Steven. *Os anjos bons de nossa natureza*: por que a violência diminuiu. São Paulo: Companhia das Letras, 2013.

O melhor guia sobre a biologia do comportamento humano para o público leigo feito até hoje. Para o livro, consultei a edição original, americana. Mas hoje já existe uma edição em português, *Comporte-se: a biologia humana em nosso melhor e pior* (Companhia das Letras, 2021)
SAPOLSKY, Robert M. *Behave*: the Biology of Humans at Our Best and Worst. Nova York: Penguin Press, 2017.

Todos os livros do primatologista holandês Frans de Waal são recomendadíssimos, mas este ajuda a entender o ponto de vista sobre comportamento animal adotado aqui
DE WAAL, Frans. *Are We Smart Enough to Know How Smart Animals Are?* Nova York: Granta, 2017.

O grande clássico sobre a lógica do pensamento evolutivo ainda é este
DAWKINS, Richard. *O gene egoísta*. Trad. de Rejane Rubino. São Paulo: Companhia das Letras, 2007.

Sobre as diferentes culturas dos chimpanzés
BOESCH, Christophe. *Wild Cultures*: a Comparison Between Chimpanzee And Human Cultures. Cambridge: Cambridge University Press, 2012.

Importante livro sobre os mal-entendidos que envolvem as origens biológicas dos comportamentos humanos
PINKER, S. *Tábula rasa*: a negação contemporânea da natureza humana. São Paulo: Companhia das Letras, 2002.

A edição da Bíblia da qual retirei a citação de Eclesiastes
Bíblia de Jerusalém: nova edição revista e ampliada. São Paulo: Paulus Editora, 2013.

INTRODUÇÃO: A ENCHENTE DA FORÇA BRUTA

1

ANTES DA HUMANIDADE

A dinâmica da violência em animais não humanos e nos ancestrais remotos da humanidade moderna

A mensagem é simples. Os chimpanzés matam uns aos outros, matam seus vizinhos. Até agora, não sabíamos por quê. Nossas observações indicam que fazem isso para expandir seus territórios às custas dos vizinhos.
John Mitani, primatólogo da Universidade de Michigan

S egundo os mitos e a iconografia religiosa da antiga Roma, Jano, deus que emprestou seu nome ao nosso mês de janeiro, tinha dois rostos: um voltado para a frente e o outro para trás. Essa configuração facial *sui generis* era bastante adequada ao seu papel de divindade dos começos e dos finais, das transições e da dualidade. Assim como Jano, este capítulo tem duas faces — que, no caso, olham para o presente e para o passado. De um lado, nossa meta é comparativa: tentar entender como funciona o fenômeno da violência coletiva em outras espécies sociais de mamíferos — e, em particular, de primatas como nós — no mundo atual. De outro, a ideia é usar a paleoantropologia (basicamente, o estudo dos ossos fossilizados de ancestrais e parentes extintos dos seres humanos) como janela para investigar quando começamos a derramar o sangue de nossos semelhantes.

Antes de encarar ambos os desafios, creio que é importante deixar mais algumas questões metodológicas em pratos limpos. Montamos há pouco uma lista de mal-entendidos que devem ser evitados quando tentamos pensar segundo a lógica da biologia evolutiva, e há mais um erro conceitual que diz respeito diretamente aos temas que vamos abordar nas páginas deste capítulo. É o seguinte: outras espécies são *modelos*, não máquinas do tempo. Isso quer dizer que elas não ficaram paradas no tempo enquanto só os ancestrais do *Homo sapiens* tiraram o bumbum da cadeira, ou do galho, e iniciaram a Inexorável Marcha do Progresso Evolutivo. Em parte, justamente por incorrer nessa falha de raciocínio é que algumas pessoas tendem a perguntar "Mas, se evoluímos dos macacos, por que ainda existem macacos?" cinco minutos depois que a gente começa a falar de evolução humana.

Na Escada Rolante de Darwin, não há espécie que fique realmente parada. Estou usando a metáfora com toda a bagagem que ela carrega. Em escadas rolantes, mesmo que você não seja do tipo apressado que gosta de usar o lado esquerdo livre para subir ainda mais rápido, os degraus inevitavelmente carregam você para cima ou para baixo. Assim é com a evolução. Os mecanismos das células responsáveis por copiar o DNA são, ainda que muito bons, inerentemente imperfeitos, o que significa que mutações — falhas de cópia no material genético — inevitavelmente vão aparecer e ser transmitidas para as gerações seguintes. Tais mutações, peneiradas pela seleção natural e por outros processos mais obscuros, vão alterar as características daquela população das mais variadas maneiras, e isso nada mais é do que a evolução acontecendo. Para ficarmos apenas no caso da locomoção, já mencionado, há um debate grande entre os pesquisadores a respeito do modo de andar dos chimpanzés e dos gorilas, nossos outros parentes próximos africanos. Sim, eles "ainda" são quadrúpedes, mas é possível que seu jeito peculiar de usar os membros quando estão no chão — o chamado *knuckle-walking* ou a nodopedalia, na qual tais primatas se apoiam nos nós dos dedos, e não na palma das mãos, para caminhar — seja tão "inovador", à sua maneira, quanto o bipedalismo característico da humanidade. Nesse caso, o *knuckle-walking* teria evoluído separadamente duas vezes, nos tataravôs de chimpanzés e bonobos, de um lado, e nos dos gorilas, de outro.

Isso quer dizer que chimpanzés jamais serão equivalentes exatos, ou mesmo uma aproximação 70% precisa, do que eram os ancestrais da humanidade uns 7 milhões de anos atrás, quando nos separamos da linhagem que deu origem aos membros atuais do gênero *Pan*, que engloba os chimpanzés e os bonobos. No entanto, podem ser bons *modelos* de aspectos relevantes de nossa história evolutiva. O cérebro deles tem mais ou menos o mesmo tamanho que esse órgão tinha no caso dos nossos ancestrais mais remotos; eles também dominam formas rudimentares do uso de ferramentas e dependem da caça (sim, chimpanzés caçam) e da coleta de vegetais e de invertebrados para sobreviver; também são habitantes dos trópicos africanos, nosso lar primevo; têm de lidar rotineiramente com os desafios de uma estrutura social complicada, repleta de maquiavelismo e alianças cambiantes, do tipo que faria até as raposas mais matreiras do Congresso brasileiro perderem o sono de vez em quando; seus bebês levam mais ou menos uma década para alcançar a maturidade sexual e comportamental, uma escala de tempo não muito diferente da que vale para os nossos filhotes. Finalmente, não podemos nos esquecer do básico: nesses bichos, neurotransmissores (moléculas que são as mensageiras químicas do sistema nervoso), hormônios masculinos e femininos, bem como o DNA que contém a receita para a produção desses componentes basilares do comportamento são muito semelhantes aos nossos — ainda que, de novo, não funcionem de modo idêntico.[6]

Pelo fato de essas espécies serem modelos, e não máquinas do tempo, certos detalhes da estrutura social e do comportamento da espécie X provavelmente vão lançar mais luz sobre a característica humana Y, enquanto outra criatura, por vezes totalmente distinta, será útil para entender um aspecto diferente da nossa natureza. Aí vai mais um exemplo banal: as orcas, ou baleias-assassinas, costumam entrar na menopausa assim como as fêmeas humanas, mas essa perda da capacidade reprodutiva na maturidade não costuma afetar chimpanzés do sexo feminino, o que significa que estudar cetáceos pode ser insuspeitamente interessante se você quiser entender por que as mulheres param de se reproduzir depois de um tempo. É por isso que, nas próximas páginas, embora o ponto forte sejam os estudos sobre grandes símios do presente e do passado remoto, também veremos como outros primatas e demais mamíferos lidam com os dilemas da Força Bruta.

---

[6] Há diferentes maneiras de medir a semelhança genética entre nós e os chimpanzés, mas, grosso modo, pode-se dizer sem medo de errar que ela é superior a 95%.

MORTE NA FLORESTA

Em 2014, na primeira vez em que li um artigo na revista científica *Nature* descrevendo uma pesquisa liderada pelo primatólogo Michael L. Wilson, do Departamento de Antropologia da Universidade de Minnesota, acabei não prestando a atenção devida a um dos apêndices do texto, singelamente denominado "Tabela 1: Mortes intercomunitárias de vítimas desmamadas". O descuido se aproxima muito do indesculpável, porque olhar para aquela lista era como estar diante do memorial de um massacre: dezenas de vítimas, cada qual citada pelo nome — Charlie, Fifi, Humphrey, Julian, ao menos quando era possível determinar sua identidade —, com as idades no momento da morte, a comunidade a que pertenciam, a origem de seus algozes. Eram baixas de guerra, sim, só que de uma espécie de primata que não era a nossa.

O estudo de Wilson e seus colegas encerrou, para todos os efeitos, um debate que se arrastava desde os anos 1970, quando a grande matriarca dos primatologistas, a britânica Jane Goodall, foi testemunha ocular de outra guerra, a chamada Guerra dos Chimpanzés de Gombe, na Tanzânia. Durante quatro anos, dois bandos de chimpanzés que antes tinham feito parte do mesmo grande grupo, batizados de Kasakela e Kahama, enfrentaram-se em escaramuças sangrentas de fronteira (ou "reides", se você quiser usar o termo técnico).[7] No fim das contas, todos os machos adultos do grupo Kahama foram eliminados por seus rivais do Kasakela. Algumas fêmeas do bando derrotado sofreram o mesmo destino, enquanto outras foram incorporadas ao grupo vitorioso, o qual, por fim, ampliou seu território anexando o dos vencidos.

Goodall, talvez a principal responsável por mostrar ao mundo a impressionante semelhança entre chimpanzés e humanos, ficou compreensivelmente horrorizada com a história toda. Outros primatólogos também, lógico, e não demorou a surgir a tese de que algo "antinatural" tinha acontecido com os grandes símios de Gombe para que eles

---

[7] O termo vem do inglês *raid*, originalmente usado para designar escaramuças e banditismo de fronteira, a cavalo, entre ingleses e escoceses no finalzinho da Idade Média (a forma da palavra originalmente é em *scots*, um dialeto falado na Escócia).

agissem daquele jeito. A suspeita recaiu sobre uma das estratégias de trabalho de campo da britânica e de seus colegas, que era oferecer "provisões" (cachos de banana, basicamente) para os bichos como forma de facilitar a aproximação e a observação de seu comportamento — como você talvez imagine, não é exatamente fácil ganhar a confiança desses animais. A lógica por trás dessa hipótese é a seguinte: ao darem aos chimpanzés acesso a uma nova, rica e prática fonte de alimento, Goodall e companhia teriam inadvertidamente chacoalhado o equilíbrio de poder entre os bichos. Uma disputa feroz teria se armado por conta da possibilidade de monopolizar esses novos recursos, culminando com a matança da Guerra de Gombe.

A discussão, porém, não parou ali. De lá para cá, diversos outros grupos de cientistas americanos, europeus e japoneses se puseram a estudar outros bandos de chimpanzés (e bonobos) espalhados por vários países da África, num esforço que, em muitos lugares, já dura décadas. No estudo de Wilson na *Nature*, dados obtidos durante todo esse tempo foram reunidos e comparados detalhadamente. É muita informação: dezoito grupos de chimpanzés e quatro grupos de bonobos acompanhados, em média, por pouco mais de duas décadas cada, embora haja casos de observações contínuas por mais de cinquenta anos. A área abrangida pela análise também é gigante, num arco que se estende do Senegal, praticamente no extremo ocidental do continente africano, até Uganda, no leste, passando pelo Congo; e a equipe também teve o cuidado de registrar, para cada localidade, variáveis como a presença ou a ausência de "provisionamento" e o nível de perturbação ambiental causada por seres humanos de modo mais amplo. É difícil imaginar uma amostragem mais representativa da espécie do que essa, do ponto de vista estatístico.

E eis que os resultados mostram, com pouquíssima margem para dúvida, que não faz sentido atribuir as mortes de Gombe a supostas decisões desastradas de Goodall no começo da carreira. Na ponta do lápis, teria havido um total de pelo menos 152 mortes de chimpanzés pelas mãos de outros chimpanzés nos grupos estudados desde os anos 1960, em um total de 807 indivíduos. A conta é um pouco complicada, porque esses números se dividem em 58 ataques letais diretamente observados por primatólogos, 41 "inferidos" (sem observação direta da briga, mas com a descoberta de cadáveres dos grandes símios com marcas de mordidas e outros ferimentos claramente provocados por outros macacos) e 53 casos "suspeitos": desaparecimento de chimpanzés que antes pareciam saudáveis ou mortes mais lentas causadas por feridas que podiam ter sido provocadas por companheiros de espécie; fêmeas jovens não entram na conta dos sumiços suspeitos porque o normal é que elas mudem de grupo quando alcançam a maturidade sexual, como explicaremos adiante.

Das dezoito comunidades de chimpanzés estudadas, quinze registraram mortes violentas, e a relação entre provisionamento, perturbações trazidas por humanos e índices de violência letal... na verdade não existe. A correlação pode até ser inversa. A maior proporção de mortes violentas entre os bichos foi registrada na comunidade de Ngogo, em Uganda, numa área relativamente protegida de impactos humanos e na qual nunca houve provisionamento; por outro lado, a área menos preservada de todas, Bossou, na Guiné, não foi palco de nenhum "assassinato".

Se não há elo estatístico entre a interação com pessoas e a mortandade, quais variáveis teriam correlação com o fenômeno? A primeira e mais importante será uma constante deste livro e já foi mencionada na introdução: de modo geral, quanto mais machos adultos num bando, maior a taxa de mortes violentas. Os machos são, de longe, os principais agressores (em 92% dos casos, número que se aproxima assustadoramente do que vemos em seres humanos) e as principais vítimas (73% dos mortos são do sexo masculino). Outra variável importantíssima é a densidade populacional em cada local — hábitats lotados de chimpanzés também tendem a ser palco de mais violência letal. E 66%, quase dois terços, dos "assassinatos" estão ligados a confrontos entre duas comunidades diferentes de chimpanzés, exatamente como vimos que aconteceu em Gombe, ou seja, o que chamaríamos de reides, ou simplesmente de guerra.

Vamos explorar com mais detalhes em capítulo vindouro o que significa a preponderância avassaladora dos chimpanzés machos em tais combates. Por ora, porém, vale a pena ter em mente a pedra fundamental da vida social, política e sexual desses bichos: os machos são os que ficam no bando a vida toda, ou seja, os grupos de chimpanzés são *patrilocais*, para usar o termo preferido pelos especialistas. Como mencionei há pouco, as fêmeas deixam seu grupo de nascença e partem para outro quando estão sexualmente maduras, enquanto seus pais, irmãos e primos permanecem por ali. Como os acasalamentos da espécie tendem à promiscuidade generalizada (embora os machos de status elevado tenham um tipo de acesso vagamente preferencial às fêmeas mais cobiçadas), um filhote nunca sabe quem é seu pai nem os pais sabem quem são seus filhos, mas todos sabem quem são seus irmãos — e, muitas vezes, aliam-se a eles, é claro. Bandos vizinhos, portanto, tendem a ser vistos de três maneiras complementares. Eles são: 1) conjuntos de machos rivais com os quais não faria sentido firmar "acordos de paz", já que machos não podem passar de um grupo para outro, por definição; 2) uma fonte potencial de fêmeas; 3) territórios que podem abrigar recursos alimentares valiosos. Levando tudo isso em consideração, não é difícil perceber por que, infelizmente, existem incentivos poderosos para que os bichos decidam cobrir de pancada o primeiro macho estranho que aparecer na frente deles.

O contexto mais comum para esse tipo de confronto são as chamadas patrulhas de fronteira, quando machos adultos costumam se reunir e avançar, numa atmosfera de silêncio e tensão, rumo às "terras de ninguém" que existem entre os territórios centrais de cada bando. Os invasores, com os pelos eriçados que fazem a compleição musculosa dos chimpanzés machos parecer ainda mais formidável, ficam imóveis repetidas vezes durante a jornada, atentos ao menor sinal do inimigo. Feito mateiros experientes, apuram os ouvidos e põem-se a cheirar folhas e a examinar fezes de outros macacos pelo chão, tentando estimar a que distância estarão seus adversários. Não consigo deixar de ver certa semelhança assustadora entre essas investidas e o comportamento dos membros de uma "célula" terrorista ou de uma gangue de criminosos enviada, na calada da noite, para eliminar um líder político ou um chefão rival.

Há uma diferença importante, porém: pelo que sabemos, as patrulhas de fronteira dos chimpanzés nunca tentam atacar indivíduos escolhidos a dedo, mas atuam de modo altamente oportunista. Vale dizer: pegam quem estiver no caminho — desde que a luta não seja nem um pouco justa e favoreça quem está na ofensiva de forma avassaladora.

Ocorre que os grupos de atacantes costumam ser formados por uma média de uma dezena de machos, via de regra, com uma vantagem numérica de *oito contra um*, o que significa que, como bons valentões, eles se juntam para espancar um ou dois membros de grupos rivais, que podem ser outros machos ou fêmeas com filhotes. No segundo caso, a mãe às vezes consegue escapar com alguma facilidade, mas o filhote (em geral, ainda não desmamado) acaba sendo morto — e, ocasionalmente, em parte comido pelos agressores, como se fossem os macaquinhos de outras espécies que os chimpanzés às vezes capturam e devoram avidamente. Esse último detalhe se encaixa, em parte, com a ideia de que uma das motivações do combate entre grupos é incorporar novas fêmeas ao bando, já que, privadas de seus bebês, elas podem engravidar de novo — enquanto amamentam, normalmente o ciclo da ovulação fica interrompido. O grande desequilíbrio numérico também acaba tendo extrema relevância por um fator simples: chimpanzés não usam lanças em combate,[8] não inventaram armas capazes de ferir a distância. Todo ataque letal precisa ser feito "no braço" e às dentadas (os caninos dos bichos são muito maiores que os dos humanos, mas também não funcionam muito bem como instrumentos de execução). Ou seja, é necessário um tempo considerável de agressão contínua — mordidas, socos, pancadas de todos os tipos, até mesmo símios saltando, enraivecidos, sobre o peito da vítima ou segurando a coitada para que outros ataquem — até que o adversário encurralado acabe morrendo. A força literalmente sobre-humana dos animais, talvez duas vezes superior à média de um homem adulto, dependendo de como se mede isso, também é um dos elementos que permitem que eles se matem apenas com as mãos. Não é difícil ver como esses mecanismos podem levar à conquista do território de um bando por outro. Se a superiori-

---

[8] Friso o "em combate". Os chimpanzés de Fongoli, no Senegal, aprenderam a usar galhos pontudos para empalar gálagos, pequenos primatas africanos, dentro de troncos ocos. Não gosto de pensar no que aconteceria se eles achassem um meio de adaptar a tecnologia para resolver conflitos interpessoais.

dade numérica é tão importante, isso significa que os grupos com uma quantidade significativamente maior de machos tendem a "comer pelas beiradas", eliminando os machos menos numerosos do bando adversário um a um, até que não sobre mais ninguém.

O que tudo isso significa, em termos comparativos? Em primeiro lugar, que é possível que os chimpanzés sejam bons modelos para o estudo da gênese da guerra entre seres humanos. "Fizemos algumas tentativas de comparar diretamente as taxas de morte violenta entre grupos de chimpanzés com as taxas de morte por guerras entre caçadores-coletores humanos e outras sociedades de pequena escala", contou-me o primatólogo Michael Wilson em conversa por e-mail:

> *A qualidade dos dados a respeito dos caçadores-coletores não é tão boa quanto gostaríamos, já que os estudos mais detalhados tiveram como foco povos que já tinham sido pacificados e/ou tinham sido profundamente afetados de outras maneiras por sociedades vizinhas mais poderosas. Mas, com base nos dados disponíveis, parece que chimpanzés e caçadores-coletores têm taxas de morte por agressão entre grupos, grosso modo, similares.*

Convém acrescentar que a disparidade deliberada de forças e os ataques-surpresa também são elementos que batem. Guerras "primitivas" entre seres humanos, pelo que sabemos, raramente envolviam confrontos heroicos, de peito aberto, entre dois pequenos exércitos com igualdade numérica em plena luz do dia. O mais comum era que fossem incursões na surdina, de madrugada, na qual só um ou outro inimigo mais incauto era morto à traição e os atacantes logo recuavam para a segurança de sua própria aldeia.

É claro que os confrontos letais entre diferentes comunidades, por maior relevância que tenham para justificar as taxas de morte entre os grandes símios, correspondem apenas a uma parte da história. Ainda precisamos computar um terço das mortes violentas (as que acontecem *dentro* de cada bando), isso sem falar nos momentos de violência que não chegam a produzir mortos. De maneira geral, os conflitos entre os membros de uma mesma comunidade envolvem, de novo, muito mais machos que fêmeas, e com frequência estão ligados a disputas pelo que chamaríamos de poder político, ou melhor, status. Chimpanzés jovens e ambiciosos (em geral, com cerca de 20 anos de idade), por exemplo, aplicam judiciosamente sua grande força física para adquirir prestígio — do tipo "comigo não se brinca" — e para desafiar, com a ajuda de outros membros do grupo, o alfa, o "rei" do bando naquele momento.

É relativamente raro que um macho alfa seja deposto e morto ao mesmo tempo, mas há alguns casos pungentes de antigos monarcas destronados que chegaram a passar longos períodos quase isolados, na periferia do bando, e acabaram sendo assassinados ao fazer uma tentativa corajosa — ou tola — de se reintegrar ao dia a dia normal do grupo. Foi o que aconteceu com Foudouko, que reinou como alfa durante dois anos na comunidade de Fongoli. Foudouko e o macho que era seu braço direito, o "beta" do grupo, foram derrubados por um "golpe de Estado" que os deixou completamente estropiados. Ele passou cinco anos levando uma vida de ermitão, interagindo apenas com seu antigo vice e com alguns parentes dele. Certo dia, depois de alguns episódios misteriosos nos quais os primatólogos observaram vários machos do bando correndo juntos em determinada direção e emitindo todo tipo de vocalização agressiva, com indícios de luta que os cientistas não conseguiram observar diretamente, Foudouko apareceu morto, coberto de ferimentos. Como se não bastasse terem matado o antigo monarca, vários outros adultos do bando passaram a agredir o cadáver, chegando a consumir pedacinhos da carne dele.

É quase impossível saber o que se passa na cabeça dos bichos para que um ex-alfa seja tratado dessa maneira — vingança por antigos abusos de poder, talvez? —, mas machos de status baixo às vezes também são alvo desse tipo de agressão. Alguns casos parecem ser desencadeados pelo que poderíamos chamar de gafes especialmente sérias. A hierarquia de dominância que existe entre os bichos muitas vezes exige que, quando um macho encontra um companheiro de bando com status superior ao seu, ele emita um som especial, o chamado *pant-grunt* (algo como "grunhido ofegante"), em sinal de submissão. Essa é uma das marcas formais do status de um alfa: todos fazem *pant-grunt* para ele, enquanto o chefão não precisa retribuir o favor para ninguém. Adolescentes ambiciosos que estão tentando escalar a pirâmide social do bando às vezes deixam de emitir o *pant--grunt* apropriado para superiores mais velhos que desejam desafiar, ou se recusam a catar piolhos deles, outra marca tradicional de submissão — e acabam pagando por isso.

Finalmente, não se pode esquecer que dezenas de ataques letais, tanto entre grupos quanto dentro de bandos individuais, têm filhotes não desmamados como alvos. Há alguns indícios de que bebês machos são mais visados que fêmeas nesses ataques, e os agressores, sem surpresa nenhuma, também tendem a ser do sexo masculino. Mas as fêmeas da espécie não estão com as mãos totalmente limpas de sangue nesses casos. Um exemplo assustador é o protagonizado pela fêmea adulta Passion e sua filha adolescente Pom, em Gombe. As duas conseguiram capturar, matar e comer pelo menos três — e talvez até dez — filhotes de outras fêmeas nos anos 1970. De fato, o consumo de ao menos parte da carne dos filhotes mortos parece ser outro elemento comum desses conflitos, embora nenhum símio ou símia, pelo que sabemos, tenha chegado perto da sanha devoradora de Passion e Pom desde então. Não há como saber se as duas sofriam de equivalentes símios da psicopatia humana ou se seu desejo de comer carne de filhotes da própria espécie estava ligado a algum tipo de deficiência nutricional severa.

Os números absolutos de mortes violentas de membros da espécie podem não parecer muito impressionantes — mesmo nas comunidades mais violentas, a taxa não ultrapassa duas vítimas por ano, e em geral é metade ou um quarto disso. Mas não se pode esquecer de que estamos falando de bandos que, do nosso ponto de vista, são minúsculos, com apenas algumas dezenas de indivíduos. Imagine como você reagiria se, todos os anos, de um grupo de trinta ou quarenta parentes ou amigos seus, uma pessoa morresse assassinada. Na verdade, portanto, é muita coisa: a *taxa* de mortes violentas é muito superior à que vemos na imensa maioria das sociedades humanas modernas.

Desconfio que este seja o momento apropriado para mostrar que o quadro é mais complexo do que parece à primeira vista. Chimpanzés, mesmo se considerarmos apenas os do sexo masculino, estão muito longe de ser uma massa indistinta de maníacos sanguinolentos. Há, por exemplo, diferenças importantes na frequência dos episódios de "assassinato" quando os pesquisadores comparam os dois extremos da distribuição geográfica da espécie. Chimpanzés da África Ocidental parecem correr riscos significativamente mais baixos de morrer em confrontos contra outros macacos do que seus parentes da África Oriental. E não se esqueça dos bonobos. Apesar do parentesco estreito com os chimpanzés-comuns, essa espécie confinada à África Central teve apenas um caso (da categoria "suspeito") de morte violenta registrado nas quatro comunidades estudadas.

"A principal razão parece estar ligada aos padrões de disponibilidade de comida, principalmente frutas maduras", analisa Michael Wilson. "Entre os chimpanzés orientais, os indivíduos muitas vezes são forçados a se deslocar sozinhos ou em pequenos subgrupos, a que chamamos de companhias, porque não há comida suficiente para que muitos indivíduos se desloquem juntos em grandes companhias. Já entre os chimpanzés ocidentais, e ainda mais entre os bonobos, parece que a comida é mais abundante, ou está presente de forma mais previsível e/ou fica distribuída de tal maneira que é viável o deslocamento em companhias maiores e mais estáveis. Isso significa que os indivíduos ficam menos tempo sozinhos e, assim, são menos vulneráveis à agressão letal por parte dos grupos vizinhos. Mas ainda precisamos de muito mais pesquisas para testar totalmente essas hipóteses."

No caso dos bonobos, há outro fator potencialmente importante em jogo: alianças políticas entre fêmeas são muito mais comuns, de modo que os machos não desfrutam da superioridade política que vale para suas contrapartes entre os chimpanzés-comuns. Os bonobos do sexo masculino que querem desfrutar de boa posição social necessitam do apoio de companheiros de ambos os sexos. Por isso, embora ocorram escaramuças de fronteira entre grupos diferentes de bonobos, as alianças "militares" entre machos, que são a principal causa de morte entre os chimpanzés, se tornam, na prática, inviáveis. Em outras palavras, o contexto ambiental e social importa.

Será que tanto sangue, suor e lágrimas "valem a pena" do ponto de vista da seleção natural? Como quase tudo que diz respeito a esse tema, a resposta correta é "depende". Voltemos a frisar que os conflitos entre chimpanzés quase sempre envolvem um cálculo — provavelmente inconsciente, é verdade, mas lembre-se de como os bichos são espertos — de custo-benefício. Tais símios só partem para a agressão aberta quando a sorte, na forma da superioridade numérica, lhes sorri. Está demonstrado que a expansão territorial, que implica a aquisição de mais recursos alimentares (principalmente o acesso a árvores frutíferas) e mais parceiras em potencial, costuma ser o prêmio dos bandos que têm sucesso em eliminar competidores um a um. Segundo uma pesquisa recente assinada por John Mitani, primatólogo da Universidade de Michigan, a participação em patrulhas de fronteira é especialmente atraente para os chimpanzés de status elevado e excelente condição física — não por acaso, os sujeitos que mais teriam a ganhar com o acesso ampliado a esses recursos e, ao mesmo tempo, que correm relativamente menos riscos durante um confronto. Há, inclusive, algumas pistas de que os machos de status elevado que participam de ataques a grupos rivais às vezes atacam também fêmeas "estrangeiras", já que suas opções reprodutivas já estão mais ou menos garantidas com as macacas de sua própria comunidade, enquanto os machos de condição política menos privilegiada tendem a ser mais indulgentes com fêmeas de fora.

Além das considerações que dizem respeito ao conflito entre grupos, o emprego calculado da violência é uma das armas, ainda que nem de longe a única, para conquistar respeito e poder dentro do próprio bando e para que, uma vez conquistado esse status, ele seja mantido pelo maior tempo possível.[9] E status, em especial o de monarca do bando, reflete-se na medida número 1 de êxito darwiniano: sucesso reprodutivo. Mesmo não gozando de um monopólio sobre as fêmeas férteis, os alfas costumam ser os pais de algo entre um terço e metade dos bebês chimpanzés concebidos durante seu período no topo da hierarquia, dependendo de fatores como a quantidade total de machos adultos no bando e o grau de parentesco entre eles. Não é pouca coisa.

---

[9] O reinado mais longo registrado para um chimpanzé alfa foi de dezesseis anos, embora a média esteja mais próxima de apenas uns dois anos.

MATRIARCAS DESTRONADAS, LOBOS COOPERATIVOS

Apesar de todos os senões que apontei no começo do capítulo, a atenção especial dada aos chimpanzés até aqui é justificada, levando-se em conta a enorme semelhança genética e comportamental entre nós e eles. Mas é claro que esses grandes símios não contam a história toda. Vale a pena analisar brevemente o que outros primatas e um carnívoro de grande porte têm a nos ensinar a esse respeito.

A primeira coisa a ter em mente é que não há nada de muito aberrante no infanticídio praticado por chimpanzés e bonobos, infelizmente. Segundo um estudo recente, ao menos 35 espécies de primatas também registram esse comportamento, incluindo animais que são velhos conhecidos dos brasileiros, como macacos-aranha e macacos-prego (no caso de ambos os bichos, que na verdade correspondem a várias espécies diferentes de parentesco próximo entre si, há registros de adultos matando outros adultos). Diversos aspectos dos padrões comportamentais que levam a essas mortes são bastante similares ao que vimos entre chimpanzés, como a tendência desagradável de machos adultos atacarem mães que carregam bebês pertencentes ao sexo masculino, talvez como parte da eterna briga por status e parceiras que caracteriza muitos desses bichos. Nada de novo no *front*.

Se o patriarcado primata tem as mãos sujas de sangue, há alguns indícios de que o matriarcado também pode cometer atrocidades, a despeito da situação mais amena que prevalece entre os bonobos. É o que sugerem algumas pesquisas com lêmures, os bichos de aparência mais arcaica entre todos os primatas vivos hoje, encontrados apenas na ilha de Madagascar, na África Oriental. Em diversas espécies do grupo, as fêmeas são dominantes, inclusive no que diz respeito ao tamanho dos indivíduos — elas são as grandalhonas, em geral. Isso não implica, porém, a ausência de conflitos entre diferentes bandos ou de infanticídios (esses últimos praticados pelas próprias fêmeas). Uma contenda entre esses bichos registrada por pesquisadores alemães tem tons ainda mais shakespearianos do que os da queda do chimpanzé alfa Foudouko.

À primeira vista, as protagonistas desse drama seriam bem improváveis: fêmeas de lêmure-do-rabo-anelado (*Lemur catta*), a espécie à qual pertence o amalucado *bon-vivant* rei Julien, aquele que canta "Eu me remexo muito" na animação *Madagascar*. Um grupo desses animais vive em estado de semiliberdade, ocupando uma área de 3,5 hectares de floresta, no parque ecológico de Affenwald, na região alemã da Turíngia. Na primavera de 2014, quando nossa história começa, as líderes de um dos bandos de lêmures do lugar pertenciam à mesma linhagem materna: Casey, a fêmea alfa, e sua irmã gêmea e segunda da hierarquia, Ceres.

Naquela época, quase todas as fêmeas adultas de Affenwald tinham acabado de dar à luz, incluindo Casey. A alfa, porém, passou a maltratar e deixar de lado seu bebê de poucos dias de vida. O filhote sumiu da vista dos pesquisadores, tendo provavelmente morrido logo depois (seu cadáver nunca foi encontrado). Na semana seguinte, tanto a líder quanto Ceres se puseram a atacar de modo cada vez mais vigoroso outra lêmure que carregava um recém-nascido, apelidada de Ifaty pelos cientistas. No fim das contas, o filhote de Ifaty, encurralado no meio da briga entre as adultas, foi mordido várias vezes no abdômen e na parte superior das coxas por Casey, morrendo logo em seguida.

A brutalidade do ataque acabou se revelando desastrosa para as irmãs dominantes. Todo o grupo se voltou contra elas. Tanto que, no mesmo dia da morte do filhote, Casey e Ceres foram expulsas do bando e passaram a levar vida de párias, apesar de terem tentado voltar ao convívio da comunidade diversas vezes. No começo da manhã do dia 1º de abril, cerca de um mês depois da expulsão, os cientistas acharam o cadáver de Casey, coberto de mordidas na garganta e nas pernas, e Ceres ainda viva, mas tão machucada que nem os veterinários do parque conseguiram impedir que morresse um dia depois. A maioria das fêmeas e dois machos do grupo também estavam bastante feridos, sinal da luta contra as antigas "rainhas", e as marcas mais graves de combate cobriam o corpo de Ifaty, o de sua irmã, Beza, e os das duas filhas mais velhas de ambas. Os pesquisadores que registraram essa sucessão de tragédias especulam que seu pano de fundo pode ter sido a disputa por status entre as duas principais linhagens maternas do bando, a de Casey e a de Ifaty.

Tudo o que vimos até agora em espécies de primatas é bastante próximo do que se vê entre lobos. "Quando as neves caem e os ventos brancos sopram, o lobo solitário morre, mas a alcateia sobrevive", explica lorde Eddard "Ned" Stark à sua filha rebelde Arya na série *Game of Thrones* (um lobo gigante é o brasão da família Stark no mundo criado por George R. R. Martin). E é exatamente isso que revela o estudo da espécie no Parque Nacional de Yellowstone, nos Estados Unidos. Pesquisadores que acompanharam as interações entre mais de quinhentos lobos do parque da década de 1990 à de 2010 verificaram que, assim como os chimpanzés, os bichos tendem a perseguir membros de grupos rivais quando estão em superioridade numérica. A agressão na espécie também é "sexualmente dimórfica", com o predomínio, ainda que não a exclusividade, da atuação dos machos nos confrontos entre diferentes comunidades. O mais interessante é que não apenas a quantidade de membros do sexo masculino no grupo, mas também a proporção de machos *mais velhos* (com idade superior a três anos, considerada o pico do vigor físico entre os bichos) têm forte correlação com o sucesso em combate.

E não é propriamente porque esses sujeitos usam sua longa experiência para atuar como sábios generais lupinos, mas porque tendem a ser *mais ferozes* que seus companheiros de grupo. Uma possível explicação para isso é que os lobos machos — diferentemente dos chimpanzés do mesmo sexo — também fazem um "investimento" substancial na criação da prole (guarde na cabeça essa metáfora econômica, que nos há de ser útil em capítulos vindouros), levando boa parte do que caçam para as parceiras que estão cuidando dos filhotes. Conforme a idade vai chegando, a chance de produzir novas ninhadas fica mais baixa; mas, com alguma sorte, cada lobo terá conseguido acumular uma boa quantidade de filhos e até netos adultos numa dada comunidade. Proteger esse acúmulo de descendentes da ameaça representada por grupos adversários, portanto, torna-se cada vez mais crucial para o sucesso reprodutivo de longo prazo dos bichos, levando-os a dar tudo de si nos confrontos com outras alcateias. Ned Stark ficaria orgulhoso.

A PRIMEIRA GUERRA DA EUROPA?

É chegada a hora de examinar a outra face de Jano do capítulo, aquela que pode ser esboçada com a ajuda dos fósseis. Como costumam dizer os paleontólogos, comportamentos não se fossilizam, o que significa que, por definição, não temos um material tão rico quanto o das observações de primatas e lobos atuais à nossa disposição, mas algumas indicações sobre confrontos antes da aurora da humanidade podem, ainda assim, ser decifradas. Fósseis analisados com calma e criatividade muitas vezes se tornam "fósseis de comportamentos". Por enquanto, vamos nos concentrar nas pistas que temos sobre os chamados "hominínios arcaicos", que viveram antes que o *Homo sapiens* aparecesse e/ou se espalhasse pelo planeta.

(Não, você não leu errado – é "hominínios" mesmo. Sei que o termo consagrado e ainda muito utilizado em português é "hominídeos"; trata-se, porém, de uma nomenclatura desatualizada. "Hominídeos" é um termo da época em que se achava que os seres humanos modernos e seus ancestrais podiam ser classificados numa família taxonômica exclusiva deles, mas hoje todos os grandes símios são considerados membros da família também. Atualmente, nós e nossos ancestrais e parentes extintos somos classificados num nível mais restrito, o da *subtribo* dos hominínios – ou *Hominina*, em latim. Para complicar ainda mais esse rolo, há quem defenda que os chimpanzés modernos deveriam ser classificados como *Hominina* também, mas essa posição ainda não é consensual.)

Primeiro, é forçoso admitir que há um tremendo buraco nos dados justamente no começo da nossa trajetória evolutiva como uma linhagem separada da dos demais grandes símios. Os herdeiros dessa separação, que viveram entre 3,5 milhões e 7 milhões de anos atrás, são representados por um punhadinho de fósseis, muitas vezes tão raros e fragmentados que os paleoantropólogos quase nunca se entendem a respeito de quem seria um hominínio de verdade, qual seria o parentesco (se é que havia algum) entre os diferentes donos de sonoros nomes científicos, como *Sahelanthropus* e *Ardipithecus*, quanto tempo eles teriam passado no alto das árvores ou no chão etc. Tentar concluir qualquer coisa sobre o comportamento social e a propensão à pancadaria dessas criaturas exigiria uma bola de cristal, dada a atual escassez de evidências.

A coisa melhora um pouco, mas não muito, quando entram em cena as diferentes espécies de australopitecos (pertencentes ao gênero *Australopithecus*), como os *A. afarensis*, celebrizados por sua estrela, a mulher-macaca etíope Lucy, de 3,2 milhões de anos de idade.[10] Com

---

[10] Lucy ganhou esse nome por causa de outros astros, os Beatles – o hino psicodélico "Lucy In the Sky With Diamonds", de autoria da maior banda de rock da história, não parava de tocar no acampamento dos paleoantropólogos que encontraram o fóssil nos anos 1970, reza a lenda.

uma quantidade bem maior de indivíduos descobertos até agora, os australopitecos são uma fonte relativamente mais rica de informações sobre como era a vida dos hominínios africanos.

Eram criaturas que claramente se viravam bem, como bípedes, no chão, embora a configuração de seus quadris não fosse tão eficiente para caminhadas e corridas quanto é a dos membros do gênero *Homo*; seus braços longos e seus dedos relativamente curvos, por outro lado, ainda lhes permitiam escalar árvores com alguma facilidade. Em tamanho corporal e cerebral, aproximavam-se dos chimpanzés e dos bonobos modernos. Se usavam ferramentas de pedra, como alguns pesquisadores propõem hoje, faziam isso com parcimônia. Alguns fósseis têm marcas sugerindo que eram devorados — talvez com alguma frequência — por leopardos e até por águias.[11] Quanto a possíveis embates entre eles, no entanto, o registro fóssil é muito mais reticente. Por enquanto, ninguém encontrou indícios diretos de "violência interpessoal", como dizem os especialistas, envolvendo essas criaturas. Há quem tente usar detalhes da anatomia dos australopitecos, no entanto, para especular a respeito da probabilidade desses confrontos. Duas pistas são mencionadas com alguma frequência pelos paleoantropólogos: o tamanho relativo dos caninos e as proporções corporais de machos e fêmeas. De novo, a comparação com os grandes símios atuais pode ser instrutiva. Os caninos avantajados e afiados dos chimpanzés modernos são importantes como arma nos combates entre membros da mesma espécie; já entre os australopitecos (e talvez em alguns hominínios ainda mais arcaicos), há uma redução marcante do tamanho relativo e das capacidades "bélicas" desses dentes, o que indicaria comportamentos menos agressivos e competitivos, de modo geral, do que os que vemos entre os *Pan troglodytes* de hoje. Por outro lado, o tamanho relativo dos sexos é de interpretação mais incerta. Dependendo dos critérios utilizados para classificar cada indivíduo encontrado, temos quem aposte que os australopitecos tinham elevado dimorfismo sexual, mais ou menos como

---

[11] Uma dessas aves de rapina teria descarnado o crânio da "criança de Taung", um filhote de *Australopithecus africanus* de 3 ou 4 anos de idade achado na África do Sul, o primeiro do gênero a ser descoberto nos anos 1920.

os gorilas atuais, cujos machos são 50% maiores que as fêmeas, ou que neles era relativamente pequena a diferença entre rapazes e moças, como vemos entre os humanos modernos. Se a primeira hipótese for a correta, haveria potencial para disputas violentas entre os machos pelo monopólio de um grande grupo de parceiras; do contrário, a coisa seria mais pacífica e igualitária dentro e fora de cada sexo. Ao menos em tese, vale lembrar, porque confrontos duríssimos também ocorrem entre chimpanzés, uma espécie com *pouco* dimorfismo sexual. Resumo da ópera: é preciso levantar muito mais dados sobre o tema antes de afirmar qualquer coisa com bom grau de certeza.

Seja como for, o cenário começa a ficar mais claro — e decididamente mais assustador — conforme os membros arcaicos do gênero humano se põem a colonizar os outros continentes do Velho Mundo, um processo que começou há 1,8 milhão de anos. Dessa época, há registros da presença de indivíduos que lembram o *Homo ergaster*, uma espécie de origem africana, na Geórgia, país do Cáucaso. Descendentes dessa criatura provavelmente foram tanto para o leste, onde passaram a ser designados com um nome latino bem mais conhecido, o de *Homo erectus*, quanto para o oeste, fixando-se em locais como a serra de Atapuerca, no norte da Espanha, onde foram classificados por pesquisadores como *Homo antecessor*. O fato de essas espécies serem bípedes "plenas", com membros tão eficientes para caminhar ou correr quanto os do *Homo sapiens*, deve ter facilitado essa dispersão geográfica ampla, assim como o uso e a fabricação bem documentados de ferramentas de pedra para processar carne e outros alimentos e, possivelmente, a manipulação do fogo, embora evidências diretas do uso de fogueiras tenham, no máximo, 1 milhão de anos.

Mencionei Atapuerca por um motivo simples: as cavernas da serra espanhola, como a Gran Dolina, abrigam indícios do que algumas pessoas já chamaram de "mais antigas evidências de guerra entre ancestrais da humanidade". "Não, não há nada anterior ao que descobrimos", contou-me a paleoantropóloga Palmira Saladié, do Instituto Catalão de Paleoecologia Humana e Evolução Social. Em 2012, ao analisarem detalhadamente as marcas presentes nos fósseis, a especialista e seus colegas concluíram que o *Homo antecessor*, cujo cérebro era apenas ligeiramente menor do que o dos seres humanos modernos,[12] devorava seus semelhantes. "Nós acreditamos que o canibalismo que aconteceu ali foi de caráter violento e intergrupal", afirma Palmira. "Grupos que ocuparam a serra possivelmente entraram em conflito pelos recursos do território. Em princípio, portanto, uma estratégia econômica está incluída nesse contexto concreto."

A luzinha do ceticismo se acendeu na sua cabeça depois de uma afirmação tão forte? Bem, a investigação da equipe espanhola se baseia num conjunto de pistas que precisa ser remontado passo a passo para que se entenda a lógica por trás da hipótese levantada. O primeiro ponto diz respeito à prática do canibalismo em si. Pesquisas sobre práticas pré--históricas de antropofagia[13] explodiram dos anos 1990 para cá, com o desenvolvimento de uma metodologia bastante estrita para determinar se o que aconteceu num sítio arqueológico foi mesmo gente comendo gente ou apenas alguma prática funerária muito criativa (do nosso ponto de vista), com modificações complexas da anatomia do cadáver — processos desse tipo, afinal, são bem mais comuns do que a maioria das pessoas imagina em sociedades tradicionais do passado e do presente.

Detalhes à parte — já chegaremos a eles —, a lógica unificadora por trás dos critérios de identificação arqueológica do canibalismo é simples: se elementos da anatomia humana foram tratados por outras pessoas de modo indistinguível ou muito similar ao de pedaços de carne (e osso) *de outros animais*, é alta a probabilidade de que estejamos diante de um episódio de antropofagia. O método, portanto, tem raízes comparativas — o ideal é achar um sítio arqueológico onde haja tanto restos humanos quanto de outros mamíferos e verificar se as marcas identificadas em ossos de gente se aproximam das vistas em ossos de bicho, e se faz sentido imaginar que elas tenham sido produzidas por instrumentos de pedra, osso etc. (e não por carnívoros de quatro patas, uma possibilidade não desprezível para o destino post mortem de hominínios, como vimos no

---

[12] Para ser exato, o cérebro deles tinha volume de uns 1.000 cm³, enquanto a média do *Homo sapiens* de hoje é de 1.300 cm³.

[13] Estou usando "canibalismo" e "antropofagia" como termos mais ou menos intercambiáveis porque o contexto do capítulo o permite, mas, para ser exato, canibalismo = membros da mesma espécie devorando-se uns aos outros, enquanto antropofagia = comer seres humanos, em grego.

caso dos australopitecos). Sinais de que aquele material foi modificado pelo fogo, sendo assado ou cozido, também ajudam como evidência circunstancial, embora práticas funerárias que envolvam o "tratamento" do cadáver com chamas, sem consumo do corpo, possam ser uma explicação alternativa. Estando presentes todos esses indícios, o argumento em favor de práticas antropofágicas fica bastante fortalecido. Para ter mais certeza do que isso, só usando as ferramentas da biologia molecular em casos muito específicos — identificando, por exemplo, a presença de proteínas exclusivas da carne humana nas fezes de gente achada num sítio arqueológico. E isso já foi feito, no estudo de um vilarejo, abandonado por volta do ano 1150 d.C., por membros da cultura Anasazi, do sudoeste dos atuais Estados Unidos. Fezes achadas lá continham mioglobina humana — e essa proteína estava presente também em vasilhas usadas para cozinhar, sem contar os ossos humanos com marcas de queima.

Claro que a conjunção de pistas dessa natureza talvez não diga muita coisa sobre o *tipo* de canibalismo adotado por um grupo pré-histórico. Exemplos mais recentes dessa prática, registrados por viajantes, missionários e antropólogos desde a Era das Navegações até o século xx, mostram que há uma variabilidade gigantesca no que diz respeito às motivações de quem se dispõe a comer carne humana. Há o *endo*canibalismo, quando as pessoas ingerem os restos de membros de seu próprio grupo, em geral como demonstração de respeito e afeto, literalmente incorporando o defunto ao seu próprio ser; há o *exo*canibalismo, no qual os devorados são membros de um grupo externo, um tipo de prática que invariavelmente envolve atos de guerra ritualísticos, combinando ódio extremo ao inimigo e o desejo de adquirir as virtudes guerreiras do adversário capturado (é o que se vê em alguns grupos Tupi do litoral brasileiro do século xvi); há, enfim, o *canibalismo de sobrevivência*, autoexplicativo e talvez familiar para quem conhece as histórias de baleeiros perdidos no Pacífico ou de sobreviventes de acidentes de avião isolados nos Andes.

O trabalho de Palmira e seus colegas em Gran Dolina deixa pouquíssima margem para dúvidas: foi antropofagia o que aconteceu no sítio espanhol. Em meio à "assembleia" de restos fósseis (ou seja, o conjunto de ossos escavados ali), os 164 fragmentos de *Homo antecessor* correspondem à segunda espécie mais comum, superada em quantidade apenas pelos restos de cervo ou veado-vermelho (*Cervus elaphus*).[14] Com base na quantidade de pedaços de maxilares, mandíbulas e dentes, os paleoantropólogos conseguiram estimar o chamado MNI (sigla inglesa para *minimum number of individuals*, número mínimo de indivíduos) de hominínios correspondentes a esses fragmentos: onze, dos quais quatro eram crianças com menos de 5 anos de idade, dois morreram com idade entre 5 e 9 anos, três tinham entre 10 e 15 anos e só dois eram adultos jovens. A comparação com os ossos de cervos e outros animais é reveladora. Enquanto 23% dos fósseis de veado-vermelho apresentam marcas feitas com instrumentos de pedra, ou de quebra deliberada para acessar o tutano do osso (uma rica fonte de nutrientes), danos similares estão presentes em 41% dos ossos de *H. antecessor*.

A lista de danos é grande: são marcas de corte e de raspagem, associadas a "retirada da pele, desmembramento, descarnamento e evisceração", escrevem os cientistas em um dos relatos da pesquisa. Nos ossos da face, há indícios específicos da remoção dos músculos da bochecha e dos lábios, pancadas perto das órbitas dos olhos, retirada do couro cabeludo. Nas clavículas, há cortes associados à tentativa de separar braços do tronco e de remover os músculos peitorais. Nos membros inferiores, o tendão de Aquiles foi cortado — ou no processo de descarnamento ou para desmembrar a parte inferior da perna. As presas animais foram tratadas basicamente da mesma forma que os restos humanos. Portanto, entre 1 milhão e 800 mil anos atrás, hominínios espanhóis estavam comendo membros da própria espécie.

Tais dados, se vistos de forma isolada, não são suficientes para saber o que se passava na cabeça dos *Homo antecessor* responsáveis por essa aparente cena de filme de terror. Será que os restos fariam sentido num contexto de consumo pacífico de parentes mortos por causas naturais, ou talvez de gente que foi morta por seus companheiros durante algum momento de escassez catastrófica de comida, como último recurso? De cara, dá para descartar a segunda hipótese

---

[14] Os hominínios de Gran Dolina também caçavam uma série de outros bichos: outros tipos de veado, bisões, rinocerontes, ursos, macacos e raposas.

porque a estratigrafia de Gran Dolina — ou seja, o padrão de formação das camadas arqueológicas — indica que não se trata de um episódio isolado, mas de uma prática recorrente ao longo de anos e anos, ou talvez séculos.

Outro ponto significativo é a própria distribuição estatística de *idades* dos hominínios devorados. Os pesquisadores compararam esse conjunto, de um lado, com outros casos prováveis de canibalismo em massa identificados por arqueólogos (que incluem tanto neandertais quanto seres humanos anatomicamente modernos pré-históricos) e, de outro, com um evento que já examinamos em algum detalhe neste capítulo: o canibalismo entre chimpanzés. Talvez uma luzinha já tenha se acendido na sua cabeça ao tomar conhecimento dessa última informação: o padrão de corpos de hominínios consumidos em Gran Dolina se aproxima do que vemos entre chimpanzés, com o predomínio de "filhotes" — crianças — entre os indivíduos devorados. Lembre-se do que costuma acontecer entre os grandes símios modernos: em escaramuças de fronteira, filhotes pequenos que estão em companhia das mães frequentemente são o alvo. As fêmeas às vezes escapam com vida, mas seus filhotes são agarrados, mortos e comidos. Em suma, defendem os paleoantropólogos espanhóis, os habitantes de Atapuerca estavam fazendo algo muito parecido. Em vez de atacarem frontalmente seus vizinhos e rivais num combate envolvendo homens adultos, escolhiam emboscar os mais vulneráveis de outros grupos e devorá-los, minando lentamente seu potencial demográfico por meio dessa tática.

Será que os *Homo antecessor* ainda eram tão pouco "humanos" em suas capacidades mentais que enxergavam essas crianças apenas como presas, sem ter na cabeça nenhum dos aspectos simbólicos que caracterizavam o exocanibalismo em épocas mais recentes? "Não sabemos, não há nenhuma evidência sobre esse lado, nem no canibalismo em si, nem em outros possíveis entornos da vida cotidiana deles", explica Palmira. "Mas o canibalismo, ao menos do nosso ponto de vista, é uma conduta das mais complexas, que pode se desenrolar em grande número de contextos sociais, econômicos e religiosos. Algumas das evidências que poderiam trazer luz a essas questões não se fossilizam: os sentimentos e as intenções."

Quando avançamos mais algumas centenas de milhares de anos, outro fóssil da mesmíssima serra de Atapuerca traz mais pistas sobre a violência interpessoal envolvendo hominínios arcaicos. Trata-se do chamado Crânio 17, do sítio arqueológico de Sima de Los Huesos, descrito em detalhes em 2015 numa pesquisa liderada por Nohemi Sala, paleoantropóloga da Universidade de Alcalá. Nohemi e companhia remontaram o crânio de pouco menos de meio milhão de anos, que estava em cacos quando foi achado em Sima de Los Huesos, e identificaram nele duas fraturas produzidas *perimortem*, ou seja, por volta do momento da morte (é possível saber isso porque as marcas que ficam no osso danificado *perimortem* diferem bastante do que se vê em quebras de ossos acontecidas depois da decomposição dos tecidos moles do organismo). As fraturas, localizadas no osso frontal (o da testa, basicamente), têm todas as características que esperaríamos ver se o desafortunado hominínio tivesse levado duas pancadas sucessivas na cabeça com um objeto rombudo, como um porrete. O dano teria sido mais que suficiente para matar o sujeito. Seria o primeiro assassinato de todos os tempos, há aproximadamente 430 mil anos — se descontarmos, é claro, a alta probabilidade de que os indivíduos devorados em Gran Dolina também tenham sido mortos intencionalmente antes de serem tratados como comida.

Mencionei de passagem os estudos sobre as práticas antropofágicas de ao menos alguns neandertais (*Homo neanderthalensis*, os primos de primeiro grau da humanidade moderna, que se extinguiram há apenas 30 mil anos). Os dados obtidos até agora indicam que isso chegou a acontecer em diferentes locais da Espanha, da França e da Bélgica, bem como em alguns sítios de outros países onde ainda há dúvidas sobre a presença de canibalismo. Há, inclusive, sinais de uso de ossos de neandertais devorados para retocar ferramentas de pedra. Valem aqui os mesmos cuidados mencionados para o caso de Gran Dolina: a rigor, é impossível saber com certeza que intenção havia por trás desses atos de antropofagia, embora muitos pesquisadores defendam a hipótese do exocanibalismo agressivo. De qualquer modo, também já foram identificadas fraturas aparentemente provocadas por armas em neandertais.

BATALHA SEM FIM?

Não é muito fácil juntar todos os fios soltos das histórias que vimos até aqui num todo coerente. Por sorte, alguém já fez o trabalho duro por nós, numa pesquisa que citei muito brevemente na introdução. José María Gómez Reyes, um ecólogo que trabalha na Estação Experimental de Zonas Áridas de Almeria, coordenou, em 2016, um estudo que mapeou as taxas de agressão letal em 1.024 espécies de mamíferos, pertencentes a 137 famílias diferentes.[15] Estamos falando, como de costume, das mortes causadas por conflitos *intraespecíficos* — entre companheiros de espécie, e não pela ação de predadores.

O objetivo de Gómez Reyes e seus colegas ibéricos era identificar a possível presença do que chamam de "sinal filogenético" da violência letal. "Filogenia" nada mais é que a genealogia das espécies, que une todas as formas da vida; é possível, por exemplo, mapear o parentesco dos seres humanos com os demais grandes símios e primatas montando uma árvore filogenética na qual cada uma das espécies ocupa um galho que se bifurca a partir de um mesmo tronco. O sinal filogenético, portanto, seria a presença de comportamentos ligados à violência letal, que fazem parte dos padrões evolutivos de diferentes espécies e grupos de mamíferos — uma medida de quanto esse tipo de comportamento foi herdado por essas criaturas ao longo de dezenas de milhões de anos, muito provavelmente porque acabou sendo favorecido pela seleção natural.

É preciso um esforço hercúleo para mapear dados sobre essa grande quantidade de espécies, por meio de um intenso "garimpo" da literatura científica publicada até hoje. Também é necessário aplicar uma série de controles estatísticos para ter algum grau de confiança no significado dos dados. Afinal, uma coisa são espécies conhecidíssimas e estudadas há séculos, como os leões, outra são pequenos roedores ou morcegos recém-descobertos: a quantidade de registros varia imensamente de um bicho a outro, e isso pode afetar as conclusões. Depois

---

[15] Famílias são agrupamentos relativamente abrangentes de espécies aparentadas entre si, como a dos canídeos, formada por cães, lobos, raposas e companhia, ou a dos felídeos, como gatos, jaguatiricas, leões e onças, entre outros.

que todos esses cuidados foram tomados, qual foi o veredicto? Bem, as informações disponíveis hoje sugerem que a violência letal é algo que os pesquisadores chamam de fenômeno "infrequente, mas bastante disseminado" entre os mamíferos. Há registros dessa causa de morte em 40% das espécies estudadas, correspondendo a 0,3% do total de mortes dos bichos. Esses números provavelmente são uma subestimativa, porque, como acabei de ressaltar, nem todas as espécies foram estudadas com a mesma intensidade.

Tendo esses dados básicos na cabeça, a busca pelo tal sinal filogenético começou a esquentar, porque os cientistas casaram as informações brutas com as estimativas mais atualizadas sobre o parentesco entre milhares de espécies de mamíferos atuais e extintas. Com isso, é possível ver até que ponto os padrões de violência letal acompanharam a provável bifurcação da árvore genealógica dos bichos ao longo de milhões de anos. E a resposta curta é que sim, as coisas tendem a caminhar juntas. Conforme certos grupos se diversificam e produzem novas espécies, eles desenvolvem padrões típicos de frequência de confrontos letais, que tendem a se manter em níveis similares por bastante tempo.

Eis, portanto, a má notícia que já havíamos citado na introdução: enquanto esse sinal filogenético pende para o lado menos sanguinolento em certos subgrupos de mamíferos — no caso de baleias, morcegos e lagomorfos (coelhos e lebres, basicamente), por exemplo —, a violência letal é bem mais comum entre primatas. A correlação entre os dados sobre mortes e a árvore filogenética dos mamíferos sugere que, com o surgimento do grupo de animais ao qual pertencemos, o nível "padrão" de violência letal da nossa linhagem tenha subido para 2,3% — número que mede, vale lembrar, a porcentagem do total de mortes com essa causa — e decrescido só um pouquinho quando da origem dos chamados hominoides, ou macacos sem rabo do Velho Mundo (gibões, siamangos, orangotangos, gorilas, chimpanzés e nós), ficando em 1,8%. Levando em conta esses dados, bem como o que sabemos sobre violência letal em parentes extintos da humanidade — os exemplos relevantes aqui são, como vimos, criaturas como os neandertais e os *Homo antecessor* europeus —, os pesquisadores estimam o que

AS 10 ESPÉCIES DE MAMÍFEROS COM VIOLÊNCIA LETAL MAIS ELEVADA

A lista abrange principalmente primatas e carnívoros e indica, em %, a proporção de membros de cada espécie mortos por companheiros

1) Suricato *(Suricata suricatta)*
19,36%

2) Lêmure-mangusto *(Eulemur mongoz)*
16,67%

3) Lêmure-preto *(Eulemur macaco)*
15,38%

4) Leão-marinho-da-nova--zelândia *(Phocarctos hookeri)*
15,31%

5) Leão *(Panthera leo)*
13,27%

6) Lobo *(Canis lupus)*
12,81%

7) Babuíno-do-cabo *(Papio ursinus)*
12,30%

8) Chinchila *(Chinchilla lanigera)* e sifaka diademado *(Propithecus diadema)*
12%

9) Esquilo-terrícola--da-califórnia *(Spermophilus beecheyi)*
11,87%

10) Onça-parda *(Puma concolor)*
11,73%

ANTES DA HUMANIDADE

seria o número "filogeneticamente esperado" no caso dos seres humanos: previsivelmente, algo em torno de 2%. Nós e os demais primatas, portanto, seríamos umas seis ou sete vezes mais violentos (ou, pelo menos, letalmente violentos) que a média de todos os mamíferos juntos — uma média que nós mesmos já ajudamos a jogar para cima, aliás.

Análises estatísticas indicam que alguns fatores têm forte correlação com o índice de conflitos mortais. Os principais não têm nada de surpreendente: primeiro, a vida em grupos sociais, já que bichos solitários têm, por definição, menos probabilidade de encontrar companheiros de espécie todo dia e, portanto, menos oportunidades para tentar arrancar a cabeça do próximo; depois, a territorialidade, ou seja, a tentativa de garantir a posse exclusiva de um território. Considerando esses dois fatores, então, estamos longe de ser os mamíferos que mais matam seus companheiros de espécie. Os números obtidos até hoje para espécies de carnívoros sociais são muito piores. Veja o caso de leões e lobos (13%), ou até o de bichos que, do nosso ponto de vista, parecem pequenos e inofensivos, como as suricatas (incríveis 19% de mortes violentas) e os mangustos-listrados (também 13%). Mesmo entre os primatas, há diversas espécies acima da média no mau sentido, como os gorilas-orientais (5%). Características anatômicas também devem influenciar esses resultados, uma vez que carnívoros costumam ter "armas naturais" (dentes e garras afiadas, musculatura poderosa etc.) mais sofisticadas e mortais do que as de outros animais, levando, em tese, a uma maior frequência de mortes quando entram em confronto.

Outro ponto que não pode ser esquecido nem minimizado é o fato de que o tal sinal filogenético não é uma cláusula pétrea — em outras palavras, embora seja importante, ele admite um nível considerável de variação. Seu impacto, calculam os pesquisadores espanhóis, explicaria entre 60% e 78% da violência letal dentro de cada grupo de mamíferos, mas há aí um espaço considerável para que cada espécie siga o seu próprio caminho. A esse respeito, eles citam o relativo abismo que existe entre chimpanzés e bonobos, que também vale para a diferença entre chimpanzés e humanos do século XXI. Filogenia é importante, mas não é destino.

Como essa história complicada influenciou o *Homo sapiens* pré-histórico? É essa pergunta que vamos tentar responder no próximo capítulo.

REFERÊNCIAS

Eis uma excelente síntese sobre o comportamento dos chimpanzés, incluindo capítulos sobre guerra e disputas "políticas"
STANFORD, Craig. The new chimpanzee: a twenty-first-century portrait of our closest kin. Boston: Harvard University Press, 2018.

O estudo já clássico sobre mortes violentas entre os membros do gênero Pan
WILSON, Michael L. Lethal aggression in Pan is better explained by adaptive strategies than human impacts. *Nature*, v. 513, p. 414-417, 2014.

Infanticídio e disputa letal pelo poder entre lêmures-do-rabo-anelado
KITTLER, Klara; DIETZEL, Silvio. Female infanticide and female-directed lethal targeted aggression in a group of ring-tailed lemurs (*Lemur catta*). Primate Biology, v. 3, p. 41-46, 2016.

Lobos de Yellowstone e suas disputas entre grupos
CASSIDY, Kira A. et al. Sexually dimorphic aggression indicates male gray wolves specialize in pack defense against conspecific groups. *Behavioural Processes*, v. 136, p. 64-72, 2017.

Um dos artigos descrevendo as descobertas sobre canibalismo em Gran Dolina
SALADIÉ, Palmira et al. Intergroup cannibalism in the European early Pleistocene: the range expansion and imbalance of power hypotheses. *Journal of Human Evolution*, v. 63, n. 5, p. 682-695, 2012.

Visão geral sobre canibalismo entre neandertais e outros hominínios (incluindo discussão sobre o valor dietético da carne humana)
COLE, James. Assessing the calorific significance of episodes of human cannibalism in the Palaeolithic. *Scientific Reports*, v. 7, 2017. Disponível em: https://doi.org/10.1038/srep44707. Acesso em: 23 maio 2021.

A pancada na cabeça do hominínio de Sima de Los Huesos
SALA, Nohemi et al. Lethal interpersonal violence in the Middle Pleistocene. *PLoS One*, v. 10, n. 5, 2015. Disponível em: https://doi.org/10.1371/journal.pone.0126589. Acesso em: 23 maio 2021.

Mais uma vez, citamos aqui a grande análise das tendências filogenéticas (ou seja, compartilhadas ao longo da evolução) da violência letal em humanos e outros mamíferos
GÓMEZ, José María et al. The phylogenetic roots of human lethal violence. *Nature*, v. 538, n. 7624, p. 233-237, 2016.

2

ANTES DA HISTÓRIA

Como as origens da agricultura potencializaram a guerra antes mesmo das primeiras civilizações

> *Pegamos o povo todo. Nem um só escapou.*
> *Alguns fugiram de nós, e esses, nós matamos,*
> *e a outros também matamos — mas o que*
> *tem isso? Foi de acordo com o nosso costume.*
>
> Guerreiro maori sobre ataque a uma tribo
> de caçadores-coletores das ilhas Chatham,
> a leste da Nova Zelândia, em 1835

As pontas de flecha eram de obsidiana, ou vidro vulcânico, material que pode adquirir um gume bem mais afiado que o do aço nas mãos de um artífice hábil. Uma lâmina minúscula de obsidiana tinha ficado presa no crânio de uma das vítimas; outra foi achada na cavidade torácica de um dos mortos. Os corpos, entre os quais o de uma moça grávida nos meses finais de gestação (o que restou do feto ainda estava na cavidade abdominal), parecem ter sido jogados sem maiores cerimônias na parte mais rasa da laguna, com o rosto virado para baixo; várias das vítimas, ao que tudo indica, haviam sido amarradas antes da execução.

Isso foi há 10 mil anos, poucos séculos depois do fim do Pleistoceno, a chamada Era do Gelo, às margens do lago Turkana, uma mancha d'água cor de jade gigantesca — hoje com quase trezentos quilômetros de comprimento, na época com diâmetro uns 10% maior — encravada numa fenda tectônica entre o Quênia e a Etiópia. Pelo que sabemos, num único episódio brutal de uma miniguerra, ao menos dez pessoas foram mortas por atacantes bem armados, talvez oriundos de uma região distante. A cena, é ao mesmo tempo, horrenda e familiar: variações dela acontecem até hoje, assim como aconteceram vezes sem conta nos últimos milênios, toda vez que um grupo de seres humanos decidiu tomar o que pertencia a outro.

UMA CHACINA DE DEZ MIL ANOS ATRÁS
Posição dos esqueletos e artefatos revelam mortes violentas na África Oriental

a) Homem, caído com o rosto dentro da lagoa; atingido por pelo menos dois projéteis na cabeça, um dos quais ficou preso no crânio, sofreu também lesão por instrumento rombudo nos joelhos

b) Homem, caído com o rosto por terra; golpe na frente da cabeça causou fratura, e uma arma cortante atingiu a parte inferior de seu pescoço

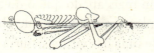

c) Mulher, atingida na testa e na bochecha esquerda (golpe cortou o osso da mandíbula), sofreu fratura na palma da mão direita (provavelmente ao tentar deter sua queda ou aparar um golpe)

d) Mulher no fim da gravidez, com mãos, e talvez os pés, amarrados

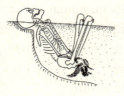

e) Mulher, atingida por um projétil nas costas, com fratura na mão direita

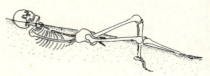

f) Homem, atingido na cabeça por objeto rombudo, caiu na lagoa, provavelmente com o pescoço quebrado

g) Homem, sofreu múltiplos ferimentos por flechadas (artefatos achados nas cavidades pélvica e torácica)

h) Mulher, sofreu um ou mais golpes de instrumento sem ponta no tórax e nos joelhos, que sofreram fraturas; pé esquerdo dobrado de modo que também sugere quebra, mãos talvez estivessem amarradas

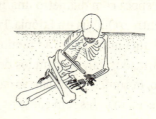

i) Homem, sem sinais de ferimentos, mas as mãos talvez estivessem amarradas

k) Homem, rosto por terra; ferimentos graves na frente e no lado esquerdo da cabeça, afetando vários ossos e provavelmente quebrando o pescoço

j) Homem, rosto por terra; golpe no rosto cortou ou fraturou osso, e pode ter sido atingido por projétil do lado direito da cabeça

l) Mulher, atingida na frente da cabeça com instrumento sem ponta que causou fratura e afundamento do osso (esqueleto mal preservado)

Menciono esse massacre porque ele é um marco: o mais antigo registro de violência intergrupal envolvendo membros da nossa própria espécie, num lugar que é, ele próprio, o berço dos seres humanos de anatomia e comportamento modernos, além do de vários outros hominínios que nos precederam. Será que o Éden não passava de um matadouro?[16] As pistas desencavadas perto do lago Turkana parecem indicar que sim.

No entanto, a história que conduz às execuções sumárias de 10 mil anos atrás, e a coisas ainda piores nos séculos seguintes, não pode ser reduzida a slogans pessimistas. Pode ser que a ferocidade representada pelas flechas de obsidiana seja sintoma de uma transformação significativa no comportamento "básico" do *Homo sapiens*, que fez com que a Força Bruta, nunca ausente de todo entre primatas como nós, ganhasse outra dinâmica e escala. O debate científico a esse respeito ainda está longe de amainar, mas é importante examinar todas as possibilidades.

Depois do capítulo anterior, o leitor provavelmente não quer ver mais as tais "faces de Jano" nem que estejam pintadas de ouro,

---

[16] Tomo essa frase de empréstimo do biólogo americano Edward Osborne Wilson, da Universidade Harvard, um pioneiro na aplicação da teoria da evolução à compreensão do comportamento humano e um escritor talentoso. Wilson se referia, na verdade, ao tremendo impacto ambiental dos primeiros caçadores humanos, mas a expressão pode ser aplicada facilmente ao que vemos aqui.

mas elas farão uma reaparição rápida aqui, e prometo que é a última vez que uso essa metáfora surrada. De novo, nosso objetivo é tentar integrar os dados que nos chegam da pesquisa arqueológica e paleoantropológica com o que observamos no presente ou no passado recente — desta vez, não em outros animais, mas nas chamadas sociedades tradicionais, não afetadas pela mão pesada do Estado nem pela cultura do Ocidente moderno. Nosso objetivo é entender, em pinceladas muito gerais, como o fenômeno da violência funcionava em grupos mais próximos das condições evolutivas "originais" da humanidade e como revoluções econômicas e sociais ocorridas antes que a história humana passasse a ser escrita introduziram elementos perigosamente inesperados nesse jogo. A importância desses fundamentos para o mundo de hoje não pode ser subestimada. Toda vez que as forças armadas de um país desbaratam um grupo rebelde, toda vez que um grupo étnico minoritário é vítima de uma chacina em algum canto obscuro do globo, as tragédias do presente estão, em certo sentido, reencenando passos-chave da história da violência entre a gênese do *Homo sapiens* e a fundação das primeiras cidades-Estado.

Antes que nos ponhamos a examinar em detalhes as evidências arqueológicas, é preciso mencionar uma questão metodológica importantíssima, que talvez já tenha passado pela sua cabeça durante a leitura do capítulo anterior. É claro que nem toda violência, tanto a letal quanto as de tipos menos severos, fica preservada no registro fóssil e/ou arqueológico. Uma facada no coração por entre as costelas, digamos (é sempre bom ser dramático para exemplificar), é perfeitamente capaz de matar, mas talvez só danifique tecidos moles do organismo, pele, músculo e cartilagem, que se decompõem facilmente e, portanto, não poderão ser examinados por aqueles que desencavarem o que restou do morto milênios mais tarde. Decorre de tudo isso que aquilo que veremos em cada escavação citada aqui é, por definição, uma *subestimativa* das taxas verdadeiras de violência letal, e mais ainda das formas menos severas de violência. De qualquer maneira, são dados importantes para estimar proporções gerais desses fenômenos. Dito isso, sigamos em frente.

VIRANDO GENTE

Principiamos na África — não o continente de dez milênios antes do presente, mas o lugar como era há talvez uns 300 mil anos. O coração da história evolutiva da nossa espécie é africano, e a metáfora funciona inclusive em seus detalhes: feito o órgão que pulsa e bombeia sangue para todo o resto do corpo, a África também foi o lugar onde todas as grandes ondas de expansão dos hominínios começaram, com o surgimento de novas espécies-chave repetidas vezes ao longo dos últimos milhões de anos. Não está claro o porquê disso: há os que apostam na grande variabilidade climática do continente durante a Era do Gelo, que teria imposto tamanhos desafios aos hominínios, que adaptações inovadoras entre eles acabaram surgindo; ou pode ser apenas que, uma vez que populações de ancestrais nossos existiram lá por muito mais tempo do que em outros continentes, houvesse um acúmulo maior de diversidade genética na África, que acabou sendo aproveitado com maior eficiência pela seleção natural. Já vimos o caso do *Homo ergaster* (ou *Homo erectus*, dependendo da preferência classificatória dos paleoantropólogos), o primeiro hominínio a deixar o solo natal africano. Do mesmo modo, os primeiros exemplares de seres humanos anatomicamente modernos, os *Homo sapiens* propriamente ditos, foram encontrados em sítios arqueológicos da Etiópia (esses com cerca de 200 mil anos) e do Marrocos (100 mil anos mais antigos e de feições também mais primitivas). Em ambos os casos, o que se encontrou foram crânios, basicamente.

Do ponto de vista comportamental, essa gênese há 300 mil anos significou, de cara... quase nada. Eis outro mistério dos grandes, mas o fato é que as primeiras criaturas classificadas como membros da nossa própria espécie não eram lá muito impressionantes no que se refere a cultura e tecnologia. Durante dezenas de milênios, continuaram a usar uma "caixa de ferramentas" quase indistinguível da que já era empregada por hominínios mais antigos: machados ou lanças simples com ponta de pedra lascada, às vezes lanças inteiriças de madeira, com a ponta endurecida no fogo, além de um ou outro instrumento para raspar ou cortar matéria vegetal e carne. Também não havia muita diferença entre esse "kit" de instrumentos dos primeiros africanos e o dos neandertais da Europa e do Oriente Médio, seus contemporâneos, descendentes de migrantes africanos mais antigos. Na primeira fase de sua existência, os Homo sapiens não produziam arte, não usavam adornos corporais e talvez não enterrassem seus mortos. Também não costuravam suas roupas (isso quando tinham alguma), não costumavam usar matérias-primas que não fossem pedra ou madeira para construir ferramentas e objetos e, o que é mais intrigante considerando o histórico de andanças de seus antepassados, continuaram sendo uma espécie essencialmente africana por dezenas de milhares de anos (aventuraram-se pelo território do atual Israel entre 150 mil e 100 mil anos atrás, é verdade, mas esse primeiro avanço "colonizador", pelo que sabemos, não deu certo).

O mantra que precisamos decorar, portanto, é: modernidade anatômica não necessariamente significou modernidade *comportamental*. Ninguém sabe direito como esse segundo elemento apareceu. Durante muito tempo, alguns antropólogos apelaram para a ideia de alterações genéticas que teriam levado a mudanças enormes no funcionamento do cérebro: o tipo de coisa que é indetectável quando só temos os fósseis, mas que poderia ter grande impacto no comportamento. Decerto não foi o *tamanho* do cérebro o que levou às mudanças no seu funcionamento, já que tanto os primeiros humanos modernos — com sua cultura material nada brilhante — quanto os neandertais contavam com cérebros ligeiramente *maiores* que a média dos de pessoas de hoje. Nos últimos anos, outros pesquisadores têm oferecido uma explicação mais coletiva para o enigma, segundo a qual o potencial para a modernidade comportamental estaria presente desde o início da trajetória do *Homo sapiens*, mas foi necessário o surgimento de uma massa crítica populacional, com interações culturais complexas e de longa distância entre vários grupos, para que a inovação tecnológica começasse a ganhar corpo e colocasse a espécie humana nos trilhos de sua expansão pelo globo. Faz algum sentido quando consideramos que povos pré-industriais que passavam muito tempo (na escala de milênios) isolados do contato com outros grupos humanos tendiam a perder complexidade social e tecnológica.

Essa segunda visão do processo tem o apoio indireto de algumas evidências arqueológicas que sugerem que o comportamento moderno não apareceu como um grande pacote pronto, mas aos pouquinhos, pipocando aqui e ali. Um sítio arqueológico importante para documentar esse processo, por sua recuada antiguidade, é o da caverna de Blombos, na África do Sul. Por lá, a partir de 100 mil anos atrás e ao longo de vários milhares de anos, membros da nossa espécie começaram a usar pigmento ocre para pintar seu corpo, traçaram desenhos geométricos toscos em pedaços de pedra e perfuraram conchinhas de mariscos da espécie *Nassarius kraussianus* para montar algum tipo de colar. Curiosamente, sítios neandertais da Espanha com idade similar também têm revelado indícios dessa tríade: ocre, desenhos geométricos e conchas perfuradas. Ao mesmo tempo, porém, o *kit* de instrumentos de pedra do povo de Blombos era relativamente tosco. Coisas semelhantes vão aparecendo em outros lugares da África (adornos feitos com casca de avestruz, por exemplo) e, a partir de uns 70 mil anos atrás, no Oriente Médio, onde os *Homo sapiens* se fixaram de novo depois de prolongada ausência.

Dessa vez, porém, não se trata de uma expansão seguida de recuo. A nova leva de humanos anatomicamente modernos agora avançava tanto para o leste quanto para o oeste, alcançando a Austrália há 65 mil anos, a Europa por volta de 45 mil anos antes do presente e, bem depois, o nosso continente, entre 20 mil e 15 mil anos atrás. Foi por causa do esplendor da arte europeia da Era do Gelo, aliás, que alguns pesquisadores falaram por tanto tempo numa "explosão cognitiva", ou num "grande salto para a frente", supostamente ligados a mutações genéticas. De fato, as pinturas nas paredes de cavernas da França e da Espanha (leões, cavalos selvagens, mamutes, bisões), as estatuetas em marfim, os instrumentos musicais e até as agulhas de costura dos primeiros *H. sapiens* europeus são de um refinamento surpreendente, ainda que apareçam gradualmente, e não como que por encanto. Uma figura esculpida em marfim de mamute, achada numa caverna da Alemanha, destaca-se mesmo no meio de tantas obras-primas: a estatueta de 40 mil anos tem corpo humano e cabeça de leão. Olhar para ela é como ver o momento em que a mitologia nasceu. O conjunto de dados deixa poucas dúvidas: a mente desses sujeitos era essencialmente como a nossa.

Conforme a expansão dos *H. sapiens* de comportamento moderno avança, os hominínios arcaicos que ainda habitavam a Europa e a Ásia vão perdendo terreno. Os mais importantes são os neandertais, cujo derradeiro refúgio parece ter sido o atual território de Portugal e da Espanha. Mas estudos genéticos feitos com base em caquinhos fósseis minúsculos (uma falange do dedo mínimo, um pedaço de um dos dedos do pé, três dentes) revelaram que a Sibéria era habitada por outra linhagem arcaica, a dos denisovanos, que ganharam esse nome por causa da caverna de Denisova, onde os fragmentos foram achados. Como não sabemos quase nada sobre a anatomia e o comportamento dos denisovanos, eles ainda não receberam nome científico próprio, mas o DNA extraído daqueles parcos restos indica que não eram nem neandertais nem humanos modernos, embora tenham parentesco um pouco mais próximo com os primeiros. De fato, as técnicas mais modernas de análise genética permitiram a obtenção de "rascunhos" (basicamente, versões de baixa qualidade, mas legíveis) da totalidade do genoma dos neandertais e dos denisovanos de 2010 para cá. Dessa façanha tecnológica foi que veio a surpresa: os primeiros *H. sapiens* a deixar a África se miscigenaram com *ambas* as espécies de hominínios.

O significado desse processo já está bastante claro: todos os bilhões de pessoas vivas hoje que não têm ascendência africana recente — ou seja, todos os descendentes de europeus, asiáticos, nativos das Américas e da Oceania — carregam uma fração pequena, mas não desprezível, de DNA neandertal em seu genoma, algo em torno de 2%. Quanto ao sangue denisovano, ele representaria até 6% da herança genética de certos grupos da Oceania (aborígines da Austrália, nativos da Nova Guiné e das ilhas Salomão etc.) e um pouco menos de 1% dos genes de nativos do Extremo Oriente asiático e das Américas (a estimativa pode mudar um pouquinho com novas análises, mas não deve variar muito). Para fechar a conta da mestiçagem interespécies, vale ressaltar que neandertais e denisovanos também cruzaram *entre si*, segundo sugerem os dados do genoma. Esse tipo de mistura genética é possível e até esperado entre espécies proximamente aparentadas que se encontram em algum ponto de suas respectivas distribuições geográficas. É algo que também acontece entre animais modernos cujas linhagens se separaram faz relativamente pouco tempo, como ursos-polares e ursos-pardos.

Era importante montar todo o cenário dos parágrafos anteriores porque ele engloba tanto fundamentos relevantes para o que veremos a seguir quanto uma série de questões em aberto. A evolução humana não parou nos últimos 50 mil anos — há até indícios de que ela possa ter se acelerado, como veremos adiante —, mas faz sentido pensar na fase de expansão do *Homo sapiens* como o momento em que já podemos traçar analogias diretas entre o comportamento (inclusive o do tipo belicoso) de nossos ancestrais e o de pessoas de hoje. O que vale para um caçador da Europa ou da Sibéria do fim da Era do Gelo decerto vale, em linhas gerais, para nós. Já as questões em aberto têm a ver com a própria interação entre humanos de anatomia moderna e hominínios arcaicos.

O fato de que a contribuição deles para o DNA das pessoas vivas hoje tenha sido tão modesta pode ser interpretado de diversas maneiras, nem todas sombrias. Para começar, há alguns indícios de incompatibilidade genômica entre nossos ancestrais e eles, algo que, mais uma vez, acontece naturalmente quando duas linhagens distintas, descendentes do mesmo ancestral comum, passam centenas de milhares de anos evoluindo separadamente (ou seja, com pouca ou nenhuma troca de genes entre elas). O tique-taque das mutações, essencialmente aleatório, ocorre de maneiras e ritmos ligeiramente diferentes em cada ramo da árvore genealógica, e as pressões da seleção natural sobre cada "galho" também nunca são exatamente as mesmas. Quando o reencontro acontece por meio de intercruzamentos, nem sempre tudo funciona direito. No caso da mestiçagem (ou hibridização, para usar o termo preferido pelos geneticistas) entre neandertais e *H. sapiens*, por exemplo, genes de origem neandertal ligados ao funcionamento dos testículos e outros associados à fertilidade masculina praticamente sumiram das pessoas de hoje (as mesmas pessoas que possuem DNA arcaico em outras regiões do genoma), o que indica que um dos possíveis problemas estaria ligado à menor capacidade de gerar filhos dos homens que herdaram esse material genético. Portanto, faz sentido que a contribuição deles para a nossa ancestralidade tenha diminuído cada vez mais com o passar do tempo, sendo constantemente diluída pela relativa falta de sucesso reprodutivo.

Ok, mas será que só isso é suficiente para explicar o predomínio avassalador do legado genético dos *H. sapiens*? Difícil de acreditar, considerando a distribuição geográfica ampla dos hominínios arcaicos, que alcançou talvez quase toda a Eurásia antes da expansão de seus primos africanos. Há alguns sinais de que a vitória dos seres humanos de anatomia moderna poderia estar ligada a diferenças sutis na estrutura social de cada espécie. Os sítios arqueológicos ocupados por neandertais seriam menos adensados e mais distantes entre si, em média, do que os dos primeiros *H. sapiens* europeus, o que significaria uma dificuldade maior da parte dos hominínios arcaicos para usar redes sociais (as de verdade, não essas porcarias que mantêm a gente hipnotizado hoje em dia) como forma de trocar informações e tecnologias, obter parceiros e ajuda na hora do aperto etc. Além disso, não podemos esquecer que estamos falando de duas espécies com "nichos ecológicos" tremendamente similares — ambas eram caçadoras interessadas em capturar mamíferos de grande porte e coletoras — num ambiente glacial que não era dos mais amistosos. Um sucesso só um pouquinho maior da parte dos *H. sapiens* diante desses desafios, conseguido com base em detalhes de estratégia de sobrevivência, poderia ser suficiente para "roubar" uma quantidade significativa de recursos dos neandertais e empurrá-los rumo ao Céu dos Hominínios Arcaicos de forma lenta, segura e gradual.

E o confronto direto? Seria pessimismo demais imaginar que esse pode ter sido o primeiro genocídio deliberado da história dos seres humanos de anatomia moderna? Por um lado, faz sentido imaginar que confrontos letais entre grupos de ambas as espécies tenham acontecido de vez em quando, como ainda ocorrem hoje no caso de caçadores-coletores (o quão comum seria isso é outra história, e vai nos fazer quebrar bastante a cabeça no decorrer do capítulo). Por outro lado, entretanto, evidências diretas desse tipo de processo praticamente inexistem. O mais perto que arqueólogos chegaram de demonstrar a ocorrência de algo assim foi num estudo publicado em 2009, em que analisaram um ferimento na nona costela esquerda de um neandertal encontrado na caverna de Shanidar (nordeste do Iraque, nas montanhas do Zagros) e o compararam com as marcas deixadas por diferentes tipos de armas reconstruídas por eles em experimentos com carcaças de porco (sim, existe arqueologia *experimental* também). Conclusão: as marcas na costela não batem com o que seriam capazes de fazer as lanças seguradas com as mãos, típicas de caçadores neandertais, mas sim com os efeitos de um dardo, uma arma mais leve *arremessada*, lançada de longe como projétil — coisa que vemos apenas na "caixa de ferramentas" dos *H. sapiens*. Logo, o neandertal iraquiano teria sido atacado por um humano moderno, propõem os cientistas. Ele não teria morrido na hora, porque a costela tem sinais de um início de cicatrização — a morte, talvez por infecção, teria demorado algumas semanas. É claro que, por mais interessante que seja essa interpretação, ela também é especulativa e referente a um caso isolado. Não vamos conseguir ir mais longe que isso por enquanto, sem que mais dados venham à tona. Vale ressaltar também que não havia unidade política e cultural de nenhum tipo entre os grupelhos de humanos modernos que passaram a se infiltrar pela Europa e pela Ásia por milênios a fio. Não faria muito sentido, portanto, que eles partissem feito fanáticos racistas para cima de todo santo neandertal que encontrassem — disputas por território e recursos podem ter sido igualmente ferrenhas entre diferentes comunidades dos próprios *H. sapiens*.

    Detalhes do processo à parte, o fato é que, pela primeira vez desde o sucesso evolutivo inicial dos australopitecos na África Oriental, 3 milhões de anos antes, restava uma única espécie de hominínio no planeta todo durante as fases finais (e especialmente rigorosas) da Era do Gelo. Ao longo das dezenas de milênios seguintes, todos os hábitats terrestres do globo, com exceção dos da Antártida, foram colonizados pelos seres humanos de origem africana. Sem nenhum rival sério de outra espécie diante de si, só restava ao vitorioso *H. sapiens* a competição com gente de sua própria estirpe. Durante um longo período, entretanto, houve raros sinais de que algo assim estivesse acontecendo. Os primeiros tempos de domínio planetário da humanidade parecem ter sido relativamente livres de grandes conflitos letais.

Veja que é importante frisar o "relativamente" da frase anterior. Sabemos que há evidências arqueológicas de "violência interpessoal" durante o chamado Paleolítico Superior (a última fase da "Idade da Pedra Lascada", como se dizia antigamente). Em geral, essas evidências são o que chamaríamos de altercações severas ou homicídios, talvez envolvendo apenas membros do mesmo grupo. Em vários locais da Europa, da Alemanha ao Reino Unido e à Espanha, também é possível identificar sobras de refeições antropofágicas, acompanhadas do mesmo problema de sempre: distinguir intenções e significados da prática. Um detalhe que talvez seja significativo nesses casos de canibalismo é a modificação recorrente do crânio para que ele seja mais fácil de usar como... taça ou copo. Em épocas históricas, empregar os ossos da cabeça com esse fim muitas vezes era algo associado ao exocanibalismo guerreiro, com a imagem clássica do chefe que bebe hidromel (ou alguma outra bebida "bárbara") no crânio do inimigo derrotado, mas obviamente não dá para sair afirmando que se trata exatamente da mesma lógica sem avançar o sinal do cuidado arqueológico com a interpretação dos dados. Em resumo, é necessário ter uma tremenda cautela antes de afirmarmos saber com precisão o que estava acontecendo no Paleolítico Superior no que diz respeito aos temas deste livro.

SANGUE À BEIRA DO LAGO

Voltemos à história que abre este capítulo. A bioantropóloga Marta Mirazón Lahr, da Universidade de Cambridge, no Reino Unido, coordenou a equipe de pesquisadores que reconstruiu o massacre à beira do lago Turkana e contou suas conclusões para a comunidade científica num artigo publicado em 2016. Na época, ela respondeu minhas perguntas da beira do próprio lago, torcendo para que a conexão de internet por satélite não despencasse por conta da chuva, que tinha voltado a cair naquela região desértica depois de meses de seca.

"Nada como o que encontramos no sítio arqueológico de Nataruk existe entre hominídeos arcaicos, e também não existe nada assim no registro do *Homo sapiens* anterior a Nataruk", disse-me Marta por e--mail. "O problema é que as chances de se preservarem vários esqueletos de pessoas que morreram ao mesmo tempo sem terem sido enterradas são mínimas. Trata-se de um caso extraordinário por isso."

De uma coisa, há poucas dúvidas: os atacantes chegaram preparados, armados até os dentes. Além das flechas de obsidiana, eles empregaram flechas sem ponta de pedra, simplesmente afiadas (o que faz sentido, considerando que o vidro vulcânico era uma matéria-prima valiosa e cobiçada), porretes ou tacapes de dois tamanhos diferentes e um terceiro tipo de arma que talvez lembrasse as "espadas" usadas por guerreiros astecas no começo do século XVI: um pedaço de madeira no qual tinham sido enfiadas lâminas de pedra, provavelmente responsável por cortes profundos no rosto de duas das vítimas e na mão de outro dos mortos.

"Na minha opinião, o que aconteceu em Nataruk foi um reide, um ataque de um grupo a outro para roubar alguma coisa. Mas, no fundo, reides são uma forma de guerra", afirmou. "A alternativa seria concluir que os achados revelam a reação normal quando dois grupos diferentes se encontravam por acaso, semelhante ao que ocorre com os chimpanzés, entre os quais os encontros casuais de dois grupos são sempre antagonísticos." A lista de características do ataque, entretanto, sugere premeditação, segundo ela. Há, como já vimos, a combinação de diferentes armas — algumas das quais não estariam na lista de artefatos carregados por caçadores-coletores que só estão interessados em apanhar o jantar, como os tais porretes com pontas. A própria presença da obsidiana é suspeita, porque se trata de uma matéria-prima "exótica", ou seja, que não se encontra na região do lago, sugerindo que os responsáveis por trazê-la também poderiam ser forasteiros. Finalmente, outros três achados nas vizinhanças da antiga chacina, dois deles descobertos pela mesma equipe de Cambridge, são casos isolados de mortes parecidas — esqueletos com lesões causadas por pontas de flecha de obsidiana na pelve, nas vértebras, no pé. "Acho que o conjunto das evidências aponta para ataques repetidos levados a cabo por outro grupo, que tinha acesso à obsidiana como matéria-prima."

A combinação da presença de pontas de flecha, das lesões nos esqueletos e da postura dos corpos pode ser usada para traçar um retrato vívido, quase cinematográfico, dos últimos momentos do povo do lago. A tal moça grávida de que falamos no começo do capítulo estava sentada com o pescoço inclinado para trás, de mãos e pés amarrados, pelo que sugere sua posição na hora da morte; outra moça e um rapaz talvez também tenham sido amarrados, ele sem feridas claras, ela com golpes de clava no tórax e nos joelhos quebrados, bem como um pé fraturado que pode ter sofrido a lesão enquanto ela tentava fugir; outro sujeito caiu na água com o pescoço quebrado; uma moça fraturou a mão tentando aparar um golpe ou quando caiu na fuga. Ao menos quatro das vítimas da chacina, por sinal, são mulheres. Digo a Marta que esse detalhe me surpreendeu. "Sim, fiquei surpresa também. Mas, no fundo, depende do objetivo do conflito, e os registros etnográficos mostram que, em guerras de pequena escala, as mulheres podem ser sequestradas, ignoradas ou mortas." Ela chama a atenção para outro detalhe: entre os mortos, há uma menina com idade entre 12 e 14 anos e nenhuma outra criança ou adolescente. "Nunca vamos saber se conseguiram fugir ou se foram levados."

    A história é tão pungente que talvez obscureça o debate complicado que está no cerne deste capítulo. Como vimos, até a época do massacre de Nataruk, há cerca de 10 mil anos, indícios de conflito armado entre grupos de *Homo sapiens* são escassos. Isso pode ser, em parte, como sugere Marta, pelos acasos da preservação arqueológica: marcas de tragédias tão antigas não chegariam com tanta facilidade até nós. Entretanto, a frequência desse tipo de situação parece aumentar significativamente nas fases seguintes da Pré-História humana, como teremos ocasião de ver em breve. Seria o caso de interpretar essas diferenças como indício de uma transição real, uma "virada de página" rumo a um estilo de vida mais perigoso para a nossa espécie?

A HUMANIDADE 1.0
Considerando a relativa escassez dos dados arqueológicos do Paleolítico e a dificuldade de interpretá-los, muita gente aposta que só conseguiremos responder à pergunta do parágrafo anterior se adotarmos, mais uma vez, o enfoque comparativo, estudando com cuidado o pre-

sente do que poderíamos chamar de "humanidade 1.0": as sociedades de caçadores-coletores.

É importante ter em mente o significado exato dessa informação, bem como os limites da metáfora computacional que estou usando aqui. Como em tantos outros momentos no decorrer deste livro, não há juízo de valor algum embutido nessa imagem. Nós *não* somos mais avançados que os povos de caçadores-coletores só porque nos transformamos em parasitas de meia dúzia de cereais, mamíferos e aves domésticos nos últimos milênios. Quando digo "humanidade 1.0", poderia usar também um termo como "humanidade original". Com efeito, se a nossa trajetória como espécie tem mais ou menos 300 mil anos, conforme já vimos, isso significa que passamos pelo menos 97% desse tempo como caçadores-coletores — sem contar os 6 milhões de anos anteriores da pré-história dos hominínios, que fariam a balança pender ainda mais em favor do estilo de vida baseado na coleta e na caça.

Mas por que a proporção de tempo que passamos como caçadores--coletores seria importante? Grosso modo, porque a longa permanência num ambiente e/ou num nicho ecológico tende a moldar as propensões comportamentais de uma espécie. Embora sejamos altamente flexíveis e adaptáveis, e apesar de indícios intrigantes de que a seleção natural já tenha passado os últimos milênios nos "configurando" para a vida em sociedades mais complexas, faz bastante sentido imaginar que o nosso passado em grupos de forrageadores[17] ainda seja uma influência crucial sobre a maneira como nossas mentes funcionam. Segundo essa linha de raciocínio, eu e você ainda teríamos, em grande medida, a cabeça de um forrageador da Era do Gelo.

Mas é preciso ir muito, muito devagar com esse andor. Você deve ter reparado que, ao menos do ponto de vista de primatas de origem africana, a Terra é um planeta imenso, com uma diversidade gigantesca de ecossistemas. Ao longo de dezenas de milhares de anos, conforme tomavam contato com essa pletora de possibilidades, multiplicavam-

---

[17] Sinônimo de "caçadores-coletores". É bom usar de vez em quando, só para variar, ou você vai acabar tendo náuseas de tanto ver a mesma palavra com hífen sendo repetida *ad infinitum*.

-se e enchiam o globo, nossos ancestrais se adaptavam a cada contexto de maneiras diferentes — por vezes, muito diferentes. Jamais devemos imaginar, portanto, que haveria um modelo único e uniforme de vida para todos os caçadores-coletores, no passado ou no presente. A questão é saber se havia ou há similaridades suficientes entre as diferentes adaptações bioculturais adotadas por eles para que consigamos enxergá-los como um bom modelo geral da "humanidade 1.0" — e, por enquanto, parece que podemos responder que sim.

Outro problema metodológico que devemos ter em mente antes de avançar está ligado às características específicas dos caçadores-coletores que "sobraram" no passado recente. Um fio condutor que parece unir praticamente todos esses povos é que, no fundo, eles são sobreviventes: gente que consegue se virar em hábitats considerados inóspitos e complicados demais para grupos acostumados a ganhar a vida com a agricultura e a criação de animais. É o caso das tribos Inuit (popularmente conhecidas como "esquimós") da Groenlândia e do Ártico canadense, dos aborígines dos desertos australianos, dos pigmeus das matas fechadas da África Equatorial e de outros habitantes do deserto, os !Kung[18] do Kalahari, na Namíbia. Tal ponto em comum entre os forrageadores mais representativos do presente levou algumas pessoas a argumentar que eles não podem ser tomados como análogos confiáveis das comunidades humanas da Era do Gelo, que tinham as áreas ecologicamente mais produtivas da Terra (as que mais rendiam caça e vegetais apetitosos, basicamente) a seu dispor antes que a produção de alimentos no modelo agrícola fosse inventada.

Um dos que tentaram rebater esse argumento foi o antropólogo Christopher Boehm. Segundo ele, é preciso levar em conta a imprevisibilidade brutal de muitos ambientes do planeta durante a Era do Gelo, um período que se caracterizou não apenas por fases de frio, como o nome sugere, mas também por um tremendo vaivém de con-

---

18 O ponto de exclamação é uma marca gráfica dos cliques da língua nativa dos !Kung, que contam como consoantes. Há quatro tipos de cliques, e o "!", feito com a língua encostando no céu da boca e se movendo rapidamente para a frente e para baixo, tem de soar como uma rolha saindo de uma garrafa de vinho.

dições climáticas na escala de décadas e séculos, de um jeito que nós, vivendo na situação comparativamente muito mais estável do Holoceno,[19] mal poderíamos conceber. Desse ponto de vista, diz ele, muitos dos primeiros *Homo sapiens* viviam em ambientes que podiam ser tão marginais quanto os desertos ou a tundra (estepe polar) de hoje, o que indicaria que os paralelos com os forrageadores modernos são mais válidos do que imaginam os críticos da ideia. É importante, de qualquer modo, saber que essa objeção existe.

Finalmente, vale ressaltar uma distinção traçada pela maioria dos antropólogos, a que separa os forrageadores nômades (é deles, por enquanto, que estamos falando) dos que se tornam sedentários e desenvolvem estrutura social mais complexa. Caçadores-coletores sedentários costumavam aparecer em locais ecologicamente muito produtivos, com abundância concentrada e previsível de proteína animal — em geral, ambientes costeiros, lacustres ou fluviais, ou uma combinação das três possibilidades. Exemplos famosos são as tribos do Japão pré-histórico, os indígenas da região noroeste do Pacífico, nos Estados Unidos e no Canadá (o pessoal que vivia entre Seattle e Vancouver, mais ou menos), e, aqui perto de nós, os grupos que construíram os morros artificiais ou complexos funerários conhecidos como sambaquis, no litoral sul e sudeste do Brasil, principalmente no atual estado de Santa Catarina.[20] Antecipando-me um pouco ao que vou dizer nos próximos parágrafos, tais forrageadores "complexos" são considerados atípicos porque, além do sedentarismo, caracterizam-se pela densidade populacional relativamente alta e por sociedades com tendência à hierarquização. Em princípio, portanto, não servem como parâmetro para a humanidade 1.0.

Então, o que os dados sobre os CCNS (caçadores-coletores nômades) de hoje podem nos dizer sobre a vida que levavam nossos ancestrais? Acho que, a esta altura, seria interessante fazer uma listinha para ser o mais didático possível:

---

[19] Pelo menos enquanto as mudanças climáticas provocadas pela ação humana ainda não bagunçam muito as coisas, o que talvez aconteça apenas até o fim deste século, infelizmente.
[20] Sobre esse último exemplo, o leitor pode conferir meu livro *1499: o Brasil antes de Cabral*, à venda nas melhores casas do ramo, como se dizia no rádio antigamente.

1) Costumam ser populações móveis, que mudam seu acampamento de lugar em intervalos de poucas semanas, algo que você já deve ter adivinhado com base no contraste com os forrageadores *sedentários*.

2) Tendem ao igualitarismo. CCNs não possuem "caciques" ou chefes formais de espécie alguma. No mínimo, todo membro masculino do bando (o termo técnico é esse) é considerado um igual "politicamente", e muitas vezes as mulheres têm voz tão relevante quanto a dos homens na comunidade.

3) Os bandos costumam ter algumas *dezenas* de indivíduos (arredondando, um número entre trinta e cinquenta pessoas parece uma boa média). Alguns bandos que interagem pacificamente podem formar o chamado "grupo regional", chegando a *centenas* de indivíduos que realizam casamentos entre si, podem se apoiar em situações difíceis etc.

4) Os bandos não são propriamente famílias estendidas, como se imaginou por muito tempo. Na verdade, cerca de 25% dos membros de uma comunidade não costumam ser aparentados em nenhum grau aos demais CCNs daquele grupo, e existem muitos parentes distantes (primos de segundo grau ou ainda mais longínquos) no bolo. E há considerável mobilidade dentro do "grupo regional" — uma família pode deixar um acampamento e se unir a outro sem grandes dramas. Quando um casamento ocorre (em cerca de 90% dos casos, trata-se de uma união monogâmica), tanto o marido quanto a mulher podem trazer parentes para viver consigo, sem uma organização patrilocal, em que mulheres vão morar na casa da família do marido, mudando de comunidade, nem matrilocal, em que os homens é que mudam de comunidade, estrita.

5) Do ponto de vista da subsistência, a coleta, em geral de responsabilidade das mulheres, é o que, de fato, põe comida na mesa (se eles tivessem mesa, o que definitivamente não é o caso), mas a captura de vertebrados de grande porte por caçadores do sexo masculino traz uma contribuição relevante e cobiçada de proteína e gordura que tende a ser dividida de forma mais ou menos igualitária entre os membros do grupo.

6) CCNs às vezes têm de enfrentar períodos sérios de escassez, mas, em geral, não passam fome e não precisam se matar de sol a sol para achar comida. De fato, costumam ter saúde e "qualidade de vida" (horas de lazer versus de trabalho, por exemplo) mais equilibradas do que as de agricultores pré-modernos. A vida deles é de "afluência sem abundância", como diz o título do simpático livro do antropólogo britânico James Suzman sobre os !Kung e outros forrageadores do Kalahari. Outra frase muito repetida sobre os CCNs usa o mesmo termo: eles seriam "a sociedade afluente original" — dinamarqueses ou finlandeses do Paleolítico, com pintura rupestre e vovós e titias que cuidam dos bebês no lugar de saunas e creches de alto nível bancadas pelo governo.

Recordemos agora o capítulo anterior. Imagine por um instante o "chilique" — ou, mais propriamente, o acesso de fúria assassina — que acometeria um chimpanzé que fosse forçado a viver segundo esse estado de coisas. Seja lá o que tenha acontecido entre a origem dos hominínios e a época em que se fixou esse padrão de estrutura social entre os CCNs, de uma coisa não há dúvida: nossos ancestrais recentes tinham uma capacidade muito maior de tolerar a presença de estranhos e de forjar alianças com indivíduos não aparentados do que a existente em qualquer outra espécie de grande símio. Não há "grupo regional" entre chimpanzés ou mesmo entre bonobos — há, na melhor das hipóteses, sujeitos dos quais se foge, ou, na pior, que são mortos. Palmas para nós, portanto.

Depois dessa justa dose de autocongratulação, porém, temos de voltar às dúvidas e aos problemas. Por um lado, se a xenofobia dos humanos modernos em relação a outros bandos é baixa quando comparada à dos demais primatas, isso não significa, de modo algum, que a relação entre comunidades diferentes era de completos "paz e amor" na época em que só havia CCNs no mundo. Tais bandos ainda tinham diante de si muitos pomos da discórdia, como recursos alimentares particularmente cobiçados ou abrigos que interessavam a dois ou mais grupos rivais. E, mais importante, o que talvez seja difícil de imaginar do nosso ponto de vista moderno é o seguinte: no caso de uma disputa, simplesmente não havia árbitros legítimos e imparciais para resolver as coisas sem briga — decerto não no sentido formal. Ok, no caso de dois bandos do mesmo grupo regional, talvez os parentes e amigos dos briguentos de cada lado tivessem influência suficiente para acalmar os ânimos e evitar o pior, mas o que fariam se alguém mais esquentado erguesse sua clava e quebrasse o crânio do adversário mais próximo de repente? Como estamos falando de grupos muito móveis, a opção de simplesmente dar as costas para a briga e mudar de ares estaria disponível em tese, mas as populações crescem, e seria raro um território vizinho aproveitável que estivesse simplesmente vazio depois da fase inicial da expansão do *Homo sapiens*. Além do mais, não se pode fugir para sempre. As frases anteriores resumem o essencial do dilema que é a cooperação entre um número grande de indivíduos pertencentes a grupos que não se conhecem, um tema espinhoso ao qual vamos voltar em capítulos futuros. Mas, para nossos propósitos neste momento, basta dizer o seguinte: ccns *não* estão equipados para resolver direito o dilema de como confiar em completos desconhecidos.

Agora, portanto, cabe-nos examinar os dados etnográficos sobre violência que nos interessam, e a questão é que não há maneira muito simples de interpretá-los. Isso depende um pouco da amostragem de culturas que cada pesquisador usa e de como se define a fronteira entre ccns, forrageadores sedentários e "forrageadores-horticultores" (o pessoal que basicamente coleta e caça, mas também planta um pouquinho de vez em quando), o que acaba influenciando os resultados. Do lado de quem vê mais sangue nos olhos das sociedades tradicionais humanas, há quem fale em guerras frequentes entre ccns e mortalidade violenta em torno de 15% — número altíssimo, como sabe o leitor que se lembra da proporção "basal" típica dos primatas, de 2%, anunciada no capítulo anterior.

Um dos críticos proeminentes dessa estimativa é o antropólogo Douglas Fry, do Departamento de Antropologia da Universidade do Alabama. Junto com seu colega Patrik Söderberg, também antropólogo, Fry tentou montar a amostragem mais confiável possível de verdadeiros ccns, com base em bancos de dados internacionais muito usados na literatura antropológica. Para isso, a dupla de pesquisadores adotou alguns cuidados metodológicos. Em vez de eles mesmos fazerem a seleção dos grupos que incluiriam em sua análise, o que poderia levar a acusações de escolher a dedo, de antemão, as sociedades que poderiam se encaixar na tese que desejavam demonstrar,[21] eles decidiram seguir listas de CCNS "puro-sangue" feitas por *outros* pesquisadores. Eles também buscaram usar como fontes apenas as descrições etnográficas mais antigas e mais detalhadas de cada povo — o que, em tese, minimiza a chance de que as informações provenham de um grupo já muito afetado por influências externas de sociedades mais complexas, como o Estado brasileiro do começo do século XX tentando "pacificar" tribos amazônicas. Depois de tudo isso, os pesquisadores chegaram a uma listinha de 21 CCNS (ou MFBS, como eles preferem, do inglês "bandos de forrageadores móveis"), para a qual compilaram *todos* os casos de agressão letal relatados na literatura antropológica. O leitor talvez se interesse em saber que um desses 21 grupos de CCNS é o dos Botocudos, indígenas do interior de Minas Gerais e do Espírito Santo que foram dizimados nos séculos finais do Brasil Colônia.

Último passo metodológico: identificar, entre esses casos, quantos foram cometidos por *um* agressor e tiveram *uma* vítima; quantos contavam *dois ou mais* atacantes e só *um* morto; e quantos correspondiam a *múltiplos* agressores e *múltiplas* vítimas.

Resultado? Uma média de quatro "eventos letais" por sociedade, embora a variação seja grande, de zero a impressionantes 69 (caso dos Tiwi, um grupo da Austrália; os Botocudos têm três registros). Desses casos, 55% correspondem a brigas letais entre duas pessoas, um agressor e uma vítima; em 23% deles, duas ou mais pessoas mataram uma única vítima; enquanto 22% dos registros são de múltiplos agressores e dois ou mais mortos. Os responsáveis pelas mortes eram homens em 96% dos casos (surpresa nenhuma aí), e, em 85%

---

[21] Essa coisa de manipular uma amostragem para que ela diga exatamente o que você quer ouvir é conhecida como *cherry-picking*, literalmente "escolher cereja". Não me pergunte o porquê – embora a imagem que me venha à mente agora seja a de uma criança gulosa escolhendo para si as melhores cerejas que decoram o bolo de aniversário e deixando para os outros só uma ou outra de pior aparência.

dos registros, tanto matadores quanto assassinados eram membros da mesma cultura, e não de sociedades tradicionais diferentes ou grupos "modernos". Em 36% dos casos, os envolvidos nas mortes eram membros do mesmo bando; lembre-se da diferença entre bando e grupo regional.[22]

E por que as pessoas matam? Entre as causas mais comuns estão disputas entre homens pela mesma mulher e tentativas de vingar um parente assassinado. Cerca de metade dos grupos não registrou agressão letal envolvendo mais de um atacante. Resumo da ópera: homicídio? Relativamente comum, ainda que não em níveis epidêmicos. Guerra? Rara. E isso não é por acaso, argumenta a dupla de antropólogos. Uma série de fatores conspiraria, segundo eles, para criar esse quadro. As populações modestas dos CCNs, bem como sua estrutura de parentesco, não seriam favoráveis ao apetite pelo combate, pois haveria pouca gente para atuar como aliado, além de o "espalhamento" das linhagens paternas por vários grupos dificultar a formação de coalizões de machos como as que vemos entre chimpanzés. O igualitarismo seria outra barreira: não há cadeias de comando capazes de mandar o sujeito para lutar ou morrer numa trincheira. E, claro, sendo tão móveis, eles não são muito "roubáveis", já que contam poucas posses: por que matar e roubar um sujeito que só tem a roupa do corpo e uma machadinha?

Em um de seus livros, *Moral origins* ("As origens da moral"), o antropólogo Christopher Boehm aponta outra face, menos sombria, da violência letal entre CCNs. Justamente pelo caráter ferrenhamente igualitário dessas sociedades, elas desenvolveram mecanismos para lidar com quem sai da linha em casos extremos. Em uma análise que ele conduziu com dados de cinquenta grupos de forrageadores, Boehm concluiu que esses grupos têm suas próprias tradições informais de "execução judicial", usadas de forma bastante comedida — em geral, quando as demais alternativas para enfrentar membros indesejá-

---

[22] Bando: o grupo com o qual a pessoa convive o tempo todo, acampa junto etc.; grupo regional: a coalizão de bandos de uma região que falam a mesma língua, têm encontros pacíficos frequentes etc.

veis do grupo, como sessões públicas de ridicularização, isolamento e ameaça de banir o sujeito do bando, não funcionam mais. A decisão extrema de matar alguém, normalmente tomada por consenso em conversas envolvendo o bando todo, está ligada, com mais frequência, a sujeitos que tentam intimidar e tiranizar os outros membros, colocando-se numa posição supostamente superior à dos demais. É o caso dos que usam abertamente feitiçaria como forma de ameaçar os companheiros, dos que tentam monopolizar a caça capturada, dos que se arrogam uma condição de "grande chefe" e dos que cometem assassinato. Boehm especula que essa forma draconiana de controle social talvez ajude a explicar como emergiu e se manteve a cooperação igualitária e bem azeitada dos bandos de forrageadores móveis: indivíduos incapazes de controlar seus impulsos agressivos e egoístas teriam sido eliminados com frequência considerável, fazendo com que aumentasse, nas populações humanas, a proporção dos que conseguiam levar uma vida mais solidária.

A divisão dos recursos obtidos com a caça de grandes animais estaria intimamente ligada a esse fenômeno, argumenta Boehm. Já que é preciso muita sorte e persistência para capturar um mamífero de porte razoável, faria sentido um caçador compartilhar com o resto do bando a sua presa num dia para que, quando outro caçador tirasse a sorte grande, os demais recebessem sua parte dos despojos, de modo que no geral ninguém passasse fome, desde que todo mundo seguisse as regras de divisão da caça. Não por acaso, entre CCNS, quem reparte a carne não é o sujeito que matou o bicho, mas outro membro do bando.

FIM DA INOCÊNCIA?

O ponto de interrogação neste subtítulo é sincero. Francamente, parece cedo para ter certeza sobre os níveis "naturais" de violência da humanidade 1.0 (que predominariam ao longo do tempo evolutivo do *Homo sapiens*), e os dois lados têm argumentos razoáveis, embora, do meu ponto de vista, haja uma ligeira vantagem para os que acham que os CCNS eram relativamente pacíficos, ainda que nem de longe fossem anjinhos de luz. Seja como for, parece que alguma coisa muda — ao menos de início, para pior — quando as sociedades se tornam mais complexas e populosas.

Esse seria, no fundo, o caso de Nataruk e de outros exemplos semelhantes nos primeiros milênios do Holoceno, quando, após o fim da turbulenta Era do Gelo, as populações humanas estavam se tornando cada vez mais numerosas e densas, adquirindo um apego territorialista mais claro — em especial nas condições que mencionei de alta produtividade ecológica, justamente o caso das imediações do lago Turkana na época do massacre. Do ponto de vista dos atacantes forasteiros, valia o risco adquirir para si uma terra tão cobiçada. "Acredito que o fator determinante das guerras não tenha sido o sedentarismo e a agricultura, mas a densidade das populações. Quando essa densidade aumenta, independentemente de serem populações de agricultores ou caçadores-coletores, se os recursos não forem suficientes, haverá competição e conflito", resume a paleoantropóloga Marta Lahr.

Em essência, parece que estamos diante do que os cientistas chamam de "feedback positivo" (não positivo no sentido de "bom", mas por causa da tendência desse tipo de fenômeno a se realimentar e crescer; "efeito bola de neve" seria um nome igualmente adequado). Populações mais densas tendem tanto a explorar os recursos de um ambiente com mais intensidade quanto a disputar esses recursos de modo mais ferrenho — inclusive por meio do expediente de "sentar em cima" desses recursos para que ninguém ouse colocar as patas neles, o que explica, em grande medida, a gênese do sedentarismo. Na maior parte do mundo, os dados arqueológicos são suficientemente claros para que possamos afirmar que, grosso modo, o sedentarismo vem primeiro na formação das sociedades complexas: elas se tornam grupos numerosos de caçadores-coletores que não saem do lugar ao longo do ano. O passo seguinte — possível, ainda que longe de obrigatório — é intensificar de tal maneira o uso dos recursos alimentares da região habitada por esses grupos, que a agricultura e a criação de animais (conhecidas em conjunto como "produção de alimentos") acabem emergindo.

Existem muitos e bons livros sobre as origens da produção de alimentos — pessoalmente, acho que o clássico irrepetível sobre o tema é

Armas, germes e aço, do brilhante Jared Diamond —, e teríamos de pegar uma rotatória intelectual gigante para contar a história toda. Portanto, vamos nos contentar com o básico e com as implicações para o que nos interessa mais diretamente aqui.

A agricultura e a criação de animais tenderam a aparecer e se consolidar mais rapidamente em locais da Terra onde a matéria-prima biológica e geográfica era a mais adequada. Vale dizer: onde as espécies de plantas e animais eram as mais apropriadas para a convivência constante com os seres humanos. É o caso dos cereais que permitiam a colheita anual de grãos relativamente grandes e nutritivos (trigo e arroz, por exemplo) e dos mamíferos sociais de grande porte que eram herbívoros ou onívoros e "amansáveis" o suficiente para viver lado a lado conosco: bois, ovelhas, cabras, porcos e, bem mais tarde, cavalos. Na história da violência humana, em especial no que diz respeito à interação entre grupos, nada foi mais transformador do que a gênese desses processos a partir de uns 10 mil anos atrás.

Para explicar o porquê disso, vale o mesmo raciocínio que podemos aplicar aos caçadores-coletores sedentários, mas em chave muito ampliada. Como bem disse Marta Lahr, monopolizar locais com abundância de recursos tendia a aumentar a população desses núcleos se comparada com a de regiões vizinhas em que não havia nada parecido. Assim, também aumentava a tentação de "exportar" gente quando os recursos escasseavam ou, por outro lado, de atrair gente que desejava desalojar os donos da área cobiçada naquele momento. Com a produção de alimentos, então, o resultado era ainda mais extremo: calcula-se que a mesma área, se cultivada com os métodos usuais dos agricultores pré-modernos, consegue sustentar entre dez e cem vezes mais gente do que se a sobrevivência dependesse apenas da coleta e da caça. Isso significa, na prática, que agricultores primevos teriam uma vantagem numérica esmagadora em relação a grupos de forrageadores vizinhos, bem como o incentivo perfeito para adquirir novos campos para cultivo e criação de gado, tomando os dos outros: muito mais bocas para alimentar, em média.

Essa, porém, é só a primeira parte da equação. A quantidade extra de comida decorrente dos sistemas de produção de alimentos tende a gerar não apenas mais gente, mas um *excedente* de gente — indivíduos que não precisam mais procurar alimento todo santo dia, como fazem os forrageadores. Em outras palavras, gente que pode começar a se especializar em outros ofícios. É daí que surge a clássica divisão medieval do trabalho, com todas as suas variações, entre trabalhadores (a plebe), rezadores (o clero) e guerreiros (a nobreza). A produção de alimentos é a única coisa que permite o surgimento desses e de muitos outros grupos especializados, de artesãos a mercadores, de pastores a pedreiros.

A especialização, além disso, costuma ser acompanhada da desigualdade, por alguns motivos simples. Em muitos casos, o excedente de alimentos pode ser *monopolizado*. O que acontece, por exemplo, se um grupo de sujeitos parrudos liderados por um brutamontes um pouco mais esperto consegue se apoderar do celeiro onde todo o trigo da vila foi depositado? Eis que nasce uma dinastia, ora. Quanto à criação de animais, ela é especialmente interessante porque, pela primeira vez, proporciona riqueza *móvel*, que também pode ser monopolizada e transportada para lugares consideravelmente distantes, carregando, de quebra, as demais posses dos criadores de gado. Com a domesticação do cavalo, por volta do ano 3500 a.C., surge uma vantagem adicional: os que tinham aprendido a montar os bichos de repente possuíam em suas mãos (ou debaixo de suas pernas) o equivalente pré-histórico de tanques de guerra, capaz de fazer um estrago tremendo nos mais variados tipos de guerreiros a pé. Não foi por acaso que nômades a cavalo criaram império atrás de império durante a Antiguidade e a Idade Média.

Voltando à ideia do feedback positivo: pela sua própria natureza, o processo de aumento da complexidade social impulsionado pela produção de alimentos tendia a colocar comunidades diferentes em confronto e aglutiná-las em unidades maiores, dominadas pelos vencedores dos confrontos. Isso não só ampliava a frequência dos confrontos armados, como também estimulava a inovação tecnológica e a difusão de tecnologias ligadas à guerra. É o que explica alguns fatores, como o surgimento de vilas e, mais tarde, cidades fortificadas, com muralhas e torres, em lugares tão distantes quanto o Oriente Médio, o interior da Inglaterra e a América Central nos milênios seguintes à chegada da produção de alimentos. É bom frisar que isso não aconteceu ao mesmo tempo nessas três regiões: os ritmos são diferentes e dependem de muitos fatores. Outra consequência do aumento da complexidade social foi o espalhamento da metalurgia (primeiro, a do bronze e, mais tarde, a do ferro) e das espadas e armaduras que ela permite criar por quase toda a Eurásia e norte da África durante os últimos milênios antes do nascimento de Cristo.

Muitas dessas transformações tiveram seu ápice na fronteira entre a Pré-História e a História "com H maiúsculo", quando nascem os Estados organizados e a escrita burocrática usada por eles como sustentáculo, e uma coisa em comum em praticamente todos eles é que o processo de centralização do poder nunca é pacífico. Reis ou aristocracias podem ter papel sacerdotal ou sagrado, mas são, antes de mais nada, guerreiros. A chamada paleta de Narmer (datada entre 3200 a.C. e 3000 a.C.), um artefato de pedra de 63 centímetros de comprimento que é um dos registros mais antigos da realeza do Egito, diz tudo. Narmer, o monarca representado na paleta, aparece de pé, erguendo uma clava com a qual está prestes a golpear um prisioneiro ajoelhado. Vitória na guerra é sinônimo — talvez o único sinônimo verdadeiro — de poder.

Para tentar fechar as pontas soltas da história até aqui, voltemos pela última vez ao importante trabalho coordenado pelo ecólogo José María Gómez Reyes, de que tratamos no capítulo 1. Ao analisar dados arqueológicos e estatísticos sobre a nossa própria espécie, a equipe espanhola concluiu que, até o Paleolítico, a taxa de violência letal entre *H. sapiens* permaneceu num nível estatisticamente indistinguível do esperado — o número mágico dos 2%, de acordo com nossas raízes primatas. E parece que, conforme o modo de vida paleolítico foi chegando ao fim, houve uma mudança nesse padrão, com taxas de agressão mortal aumentando aos poucos, com algumas idas e vindas, até chegarem a 6% na Idade do Ferro no Velho Mundo (a partir de 3.200 anos atrás; um aumento muito semelhante aconteceu no Novo Mundo bem mais tarde, a partir de 1.500 anos antes do presente). Os continentes do lado de lá do Atlântico estavam na era dos gregos de Homero, do surgimento das tribos israelitas no Oriente Médio, dos celtas e germanos na Europa Ocidental.

Se os dados estiverem corretos, seu significado é relativamente simples de explicar. Sim, convivemos com algumas formas de violência severa há muito mais tempo do que gostaríamos, mas as variantes mais brutais desse fenômeno talvez sejam fruto de processos mais recentes na história da nossa espécie.

REFERÊNCIAS

A citação da epígrafe do capítulo vem do grande clássico do biogeógrafo Jared Diamond sobre a origem e a evolução das sociedades humanas desde o fim do Pleistoceno
DIAMOND, Jared. *Armas, germes e aço*: os destinos das sociedades humanas. Rio de Janeiro: Record, 2017.

O impressionante relato sobre o massacre de 10 mil anos em Nataruk, no lago Turkana
LAHR, M. Mirazón et al. Inter-group violence among early Holocene hunter-gatherers of West Turkana, Kenya. *Nature*, v. 529, p. 394-398, 2016.

Sobre o suposto confronto entre o neandertal de Shanidar (que levou a pior) e humanos modernos
CHURCHILL, Steven E. et al. Shanidar 3 Neandertal rib puncture wound and paleolithic weaponry. *Journal of Human Evolution*, v. 57, p. 163-178, 2009.

Excelente visão geral sobre a pesquisa com DNA de hominínios extintos e a relação deles com os seres humanos modernos
PÄÄBO, Svante. *Neanderthal Man*: In Search of Lost Genomes. Nova York: Basic Books, 2014.

Visão mais atualizada sobre a contribuição de neandertais e denisovanos para o genoma humano moderno
WALL, Jeffrey D.; BRANDT, Debora Y. C. Archaic admixture in human history. *Current Opinion in Genetics & Development*, v. 41, p. 93-97, 2016.

As desvantagens da hibridização entre hominínios
SANKARARAMAN, Sriram et al. The genomic landscape of Neanderthal ancestry in present-day humans. *Nature*, v. 507, p. 354-357, 2014.

Nossa amiga Palmira (ver o capítulo 1) traz uma visão geral do canibalismo europeu desde o Homo antecessor *até a Idade do Bronze*
SALADIÉ, Palmira; RODRÍGUEZ-HIDALGO, Antonio. Archaeological evidence for cannibalism in prehistoric Western Europe from *Homo antecessor* to the Bronze Age. *Journal of Archaeological Method and Theory*, v. 24, p. 1034-1071, 2017.

Soberbo estudo comparativo de caçadores--coletores, grandes símios e seus métodos para o controle de indivíduos violentos

BOEHM, Christopher. *Moral origins*: the evolution of virtue, altruism, and shame. Nova York: Basic Books, 2012.

Sobre a estrutura social básica subjacente a diferentes etnias de caçadores-coletores nômades
DYBLE, Mark. et al. Sex equality can explain the unique social structure of hunter-gatherer bands. *Science*, v. 348, n. 6236, p. 796-798, 2015.

Análise cuidadosa de grupos de caçadores--coletores atuais mostrando prevalência modesta da guerra
FRY, Douglas; SÖDERBERG, Patrik. Lethal aggression in mobile forager bands and implications for the origins of war. *Science*, v. 341, n. 6143, p. 270-273, 2013.

Um dos trabalhos mais completos sobre a origem e evolução da guerra
GAT, Azar. *War in human civilization*. Oxford: Oxford University Press, 2008.

Obra clássica, importante (e ainda controversa) sobre a "guerra primitiva"
KEELEY, Lawrence H. *A guerra antes da civilização*: o mito do bom selvagem. São Paulo: É Realizações, 2011.

Visão menos pessimista sobre as raízes da violência humana
FRY, Douglas. *War, peace, and human nature*: the convergence of evolutionary and cultural views. Oxford: Oxford University Press, 2013.

Outra visão geral sobre as origens da guerra com uma análise muito clara, ainda que um pouco simplificada, de como ela pode ganhar escala com a complexidade social
MORRIS, Ian. *Guerra*: o horror da guerra e seu legado para a humanidade. São Paulo: Leya, 2015.

3 GENES, HORMÔNIOS, NEURÔNIOS

As bases do comportamento violento no DNA, nos mensageiros químicos do organismo e no cérebro

*Os genes carregam a arma, e o
ambiente puxa o gatilho.*
Ditado popular entre geneticistas

A partir de agora, deixaremos de lado a narrativa mais ou menos cronológica sobre as origens da humanidade para tentar esboçar o que sabemos sobre as manifestações da Força Bruta nos últimos milênios e no presente. A ideia é adotar, daqui em diante, um ponto de vista ligeiramente mais *sincrônico* e menos *diacrônico*, referindo-nos apenas a outras espécies de primatas e ao registro arqueológico mais pontualmente.

O objetivo deste capítulo é apresentar do modo mais claro possível as ideias científicas que serão úteis até o final do livro: o básico de genética, endocrinologia e neurociência, bem como o impacto das influências ambientais sobre essas três variáveis. Essas são ideias relevantes para compreender o fenômeno da violência na nossa espécie, de um jeito complexo e não linear, bem distante da caricatura do "determinismo biológico/genético" que ainda é brandida por quem não deu valor às aulas de ciência do Ensino Médio.

Comecemos, então, com o DNA, esse ilustre desconhecido de quem todo mundo já ouviu falar.

GENES

Há uma biblioteca gigantesca no núcleo de cada uma das suas células (menos em algumas bizarrices, como as hemácias ou glóbulos vermelhos, que não possuem núcleo). São mais ou menos 3 bilhões de pares de "letras" químicas, o que daria cerca de 10 mil livros como este em cada núcleo de célula.

As tais "letras" correspondem a moléculas orgânicas designadas pelas iniciais A (adenina), T (timina), C (citosina) e G (guanina), que formam pares entre si com a regularidade de crianças bem treinadas para dançar quadrilha: A só se liga com T, C só se liga com G, numa sequência que vai formando uma escada em caracol/espiral, ou dupla hélice, como costumam dizer os biólogos. Mantenha a imagem da escada na cabeça: os pares A-T e C-G, as *bases nitrogenadas*, são os degraus, enquanto o corrimão é formado por dois outros tipos de molécula, os *fosfatos* (que contêm átomos do elemento químico fósforo) e os *açúcares*. A parte "açucarada" do DNA é composta por um tipo de molécula de açúcar com cinco átomos de carbono chamada *desoxirribose* — o que explica a sigla famosa: DNA = ácido desoxirribonucleico. Simples, não? Tente dizer isso rápido vinte vezes.

A Grande Enciclopédia da Vida é, à sua maneira, ainda mais preciosa que a afamada Biblioteca de Alexandria da Antiguidade. O que quero dizer é que o acesso aos "volumes" é relativamente controlado. Em criaturas como nós, o material genético fica acondicionado numa embalagem complexa de proteínas e subdividido em estruturas que, ao microscópio, às vezes parecem novelos em forma de X: cromossomos (os volumes da minha metáfora de rato de biblioteca). Eles também vêm em duplas: 23 pares, ou 46 cromossomos, no caso da maioria dos seres humanos. São duplas porque uma das cópias vem da mãe e a outra, do pai, assim como costuma acontecer na maioria dos outros seres vivos que se reproduzem por meio daquele método esquisito conhecido como sexo. Após o evento culminante da reprodução humana — a junção do DNA do óvulo com o do espermatozoide, dando origem ao material genético único de um novo indivíduo —, a biblioteca contida no núcleo da célula original, o zigoto, será copiada literalmente trilhões de vezes, sempre que uma nova célula se formar no organismo.

Esse processo de cópia do DNA, conhecido como *replicação*, é possível, em parte, pela natureza mesma do pareamento específico entre as bases nitrogenadas (o tal do A-T C-G). Feito um zíper, a dupla hélice se abre, e cada metade da molécula serve de "gabarito" para a produção de uma versão nova e idêntica do material genético. Basta colar um A onde há um T, um C onde há um G e pronto, agora temos duas cadeias completas de DNA onde antes só havia uma. Atenção, porém: como o processo não é 100% preciso, às vezes são introduzidas alterações que, caso cheguem à chamada linhagem germinativa (basicamente as células sexuais, espermatozoides e óvulos), podem acabar sendo passadas à geração seguinte.

Ok, mas ainda estamos longe de saber o que o DNA faz. A resposta curta é: nada. Ou, pelo menos, os tais 3 bilhões de pares de letras são incapazes de fazer qualquer coisa sozinhos, assim como livros não leem a si mesmos. Abrigam gigatoneladas de informação, é verdade, mas tantos dados precisam ser lidos por mecanismos especiais da célula antes que tenham algum efeito real. O primeiro passo para isso é a chamada *transcrição*: desta vez, as cadeias de DNA servem de molde não para uma nova cópia de DNA, mas para moléculas equivalentes de RNA (ácido *ribo*nucleico, porque suas moléculas de açúcar são *riboses*, e não desoxirriboses, como no DNA). O RNA lembra bastante seu primo mais famoso, mas há algumas diferenças cruciais: via de regra, ele é formado por uma cadeia simples, sem a dupla hélice do DNA, e há uma diferença nas quatro letras químicas: sai T e entra U (uracila). A informação contida no DNA transcrita em RNA e enviada para fora do núcleo corresponde ao chamado mRNA ou RNA mensageiro.

Mensageiro de quê? Das instruções necessárias para produzir as substâncias essenciais para o funcionamento do organismo, as proteínas. É aqui que a expressão "código genético" começa a fazer sentido, porque, de fato, há um código na sequência de letras do DNA e na equivalente delas no RNA. Cada trio ou trinca de letras, conhecido como *códon*, corresponde a um *aminoácido*, a unidade básica que forma as proteínas. Os códons AAA e AAG equivalem ao aminoácido lisina, por exemplo. É bem comum que dois ou mais códons sirvam como "receita" para o mesmo aminoácido — em parte, isso é consequência do fato de que existem 64 combinações possíveis para trios de quatro letras, enquanto só há cerca de vinte aminoácidos na natureza.

GENES, HORMÔNIOS, NEURÔNIOS

Entre tantos códons, há aqueles de *iniciação* e *terminação* — basicamente, os que sinalizam à maquinaria da célula que ela deve começar a ler o DNA num ponto e parar em outro. Com isso, chegamos ao passo final do mecanismo todo: a *tradução*. A fita de mRNA passa por uma das maravilhas tecnológicas da célula, o *ribossomo*, uma máquina de montar proteínas. Cada códon serve de guia para a entrada de um aminoácido na linha de montagem, até que a proteína inteira (com várias dezenas, centenas ou mesmo milhares de aminoácidos) esteja finalmente pronta.

Agora que repassamos tantos detalhes importantes, você está pronto para, enfim, saber de vez (se é que já não sabe) que diabos é um *gene*. Pois um gene, dileto leitor, nada mais é que a sequência de letras de DNA que contém a receita para uma proteína. Ou seja, um gene = um mRNA = uma proteína, certo? Errado.

A questão é que o genoma é muito mais complicado e flexível do que isso. Para começar, as regiões do DNA a que chamamos de genes possuem trechos consideráveis que são transcritos no formato de RNA e depois são *editados* na hora de produzir as proteínas propriamente ditas. E essa edição não equivale simplesmente a jogar texto fora, como um revisor que melhora o fraseado de um escritor que não é dos mais desenvoltos: ela também produz *versões alternativas* de moléculas a partir do *mesmo gene*, como alguém que tomasse a frase "Eu gosto de estudar e de batata" e produzisse duas frases novas: "Eu gosto de estudar" e "Eu gosto de batata", dependendo do contexto desejado.

Outras sequências *nunca* servem de receita para proteínas, mas o código para a produção de certos RNAs contidos nelas é igualmente relevante, porque esses RNAs, sozinhos, ajudam a regular uma série de aspectos da célula, como o padrão de ativação ou desativação de genes (na verdade, o padrão ligado à quantidade de vezes que certos trechos de DNA são lidos ou ficam lá mofando, largados num canto do cromossomo). Há, ainda, as regiões do genoma consideradas importantes não por codificarem proteínas ou mRNAs, mas por serem "botões" ou "interruptores". Ou seja, esses trechos do DNA não contêm receita nenhuma, mas a sequência de letras neles é reconhecida por moléculas que se ligam a elas, como se fosse alguém apertando um botão. Quando isso acontece, áreas vizinhas ao "botão" de DNA passam a ser lidas, o que desencadeia a produção de proteínas. Podemos pensar nesses trechos de DNA como regiões controladoras do resto do genoma.

E há, pelo que sabemos, bastante tralha no genoma. São cadáveres de vírus que inseriram seu material genético no de nossos ancestrais incontáveis milênios atrás e acabaram sendo desativados,[23] antigos genes que perderam letras no jogo de azar das mutações e agora não servem para nada (pense na frase "A aranha arranha o jarro" virando "arnh rnhjar") e muitas, muitas outras coisinhas mais.

Considere agora as implicações do tijolaço de fatos aqui apresentados para o que nos interessa mais diretamente, que é o comportamento animal (inclusive o do animal humano). As contas variam um pouco, mas é seguro afirmar que existem ao menos uns 20 mil genes humanos. Mesmo considerando o fenômeno das variantes de leitura de cada gene, levando à produção de diversas proteínas a partir da mesma sequência bruta de DNA/mRNA, organismos como o nosso são tão complicados e vários que mutações afetando um único gene raramente são responsáveis por grandes alterações no comportamento.

Lembre-se de que estamos falando de *uma* proteína, ou de *algumas* proteínas, num conjunto de dezenas de milhares da criatura em questão. É verdade que, em algumas doenças ditas *monogênicas* ou *mendelianas* (em homenagem, claro, ao abade agostiniano Gregor Mendel, fundador do estudo moderno da genética no século XIX — aquele das ervilhas), problemas num único gene podem levar a efeitos seríssimos no sistema nervoso, incapacitando uma pessoa para o resto da vida. Mas esse tipo de problema severo acontece, em geral, porque o gene afetado é uma espécie de "chave mestra" de processos cruciais do organismo, daí os efeitos catastróficos de mexer com ele. A imensa maioria dos genes, porém, não tem a mesma natureza de pedra fundamental de um castelo de cartas (ainda bem, ou doenças monogênicas sérias seriam muito mais comuns). Pelo contrário: nos tipos de variabilida-

---

[23] O HIV, vírus da AIDS, ainda costuma realizar esse truque de inserção, ou integração, no genoma do hospedeiro.

de genética que mais comumente têm algum efeito sobre o comportamento, as coisas funcionam de forma altamente *poligênica*, com pequenos efeitos de cada gene individual que se juntam numa gigantesca *rede de interações*.

O significado disso é importantíssimo: de modo geral, não faz sentido nenhum falar em "gene do vício em compras", "gene do gosto por rock/pagode/funk proibidão" e tampouco, pelo amor de Deus, em "gene da homossexualidade". São características complexas demais para serem influenciadas decisivamente por um único trechinho de DNA — tanto que estudos sobre esse tema, por mais que peneirem o genoma de centenas de milhares de pessoas, normalmente acabam achando elos entre as características estudadas e ao menos *centenas* de genes, cada um com efeito *inferior a 1%* da variabilidade humana. Este, aliás, é outro conceito importante que deve ficar na sua memória: quando falamos no impacto relativo dos genes e do ambiente sobre uma característica humana, normalmente estamos falando do impacto deles sobre o quanto a característica *varia* de pessoa para pessoa.

Além disso, o efeito de cada gene individual, ou mesmo o de muitos genes juntos, tende a ser bastante indireto e dependente do contexto genômico — e, claro, ambiental também. Quando falamos de variantes de genes associadas à agressividade, ou mesmo à probabilidade de acabar cometendo crimes violentos, a situação jamais funciona da maneira simplista "variante do gene X faz o sujeito sentir ganas incontroláveis de rachar o crânio do vizinho ao meio". Não, mil vezes não: o que de fato ocorre é que uma variante do gene X exerce ligeiro impacto sobre, por exemplo, a capacidade de controlar impulsos do cidadão (como você deve saber por experiência própria, muita gente sente vontade de degolar o colega de escritório de quando em quando, mas a maioria refreia esse desejo com facilidade); outra forma do gene Y, por sua vez, tem alguma influência sobre a necessidade de estímulos fortes que o sujeito recebe para não se sentir entediado, aumentando, sei lá, em 0,5% a sua propensão a pular de paraquedas ou a desafiar alguém para uma briga; e a variante do gene Z, finalmente, muda um pouco a resposta hormonal do cidadão quando ele se sente desafiado ou encurralado.

As tais variantes de genes são chamadas de *alelos*, termo grego que significa "respectivos", e há frequências diferentes dentro e fora das diversas populações humanas, e até dentro do genoma *da mesma pessoa* — você pode herdar uma versão de certo gene do seu pai, enquanto a vinda da sua mãe é totalmente diferente. Para que a probabilidade de uma pessoa ser agressiva aumente de forma significativa, talvez seja necessário, digamos, que ela tenha ao menos um dos alelos ligados a essa propensão dos genes X e Z, mais o fato de ter sido criada num ambiente violento; ou então duas cópias do mesmo alelo do gene Y mais uma do gene X e ter sido gerada por uma mãe que bebeu além da conta durante a gravidez. E daí para pior, na verdade: "só" três genes mais um tipo de interação ambiental é pouco, muito pouco, para explicar uma característica comportamental dos complicados e contraditórios seres humanos.

É importante, ainda, discutir outra questão interessantíssima que fica na fronteira do conhecimento atual e tem relação direta com o que mencionei há pouco sobre ser criado num ambiente violento ou ser gestado na barriga de uma mãe alcoólatra. Embora o DNA pareça uma biblioteca relativamente estável, bagunçada apenas por mutações ocasionais, a influência do ambiente, pelo que os biólogos andaram descobrindo, é capaz de alterar a chamada *expressão gênica*, ou seja, quando, como e onde os genes são lidos pelo organismo. Assim, ainda que o contexto ambiental normalmente não seja capaz de alterar seu DNA, ele é certamente capaz de mudar quais pedaços do seu genoma estão "ativos", o que, em termos de efeitos práticos, é quase a mesma coisa.

O mecanismo é um pouco complicado, mas podemos, grosso modo, compará-lo àquelas proteções de plástico que as pessoas colocam sobre tomadas para evitar que a criançada leve choque. No caso do genoma, moléculas especiais são dispostas *por cima* de parte da sequência de DNA de um gene, de modo que ele deixa de ser transcrito e, portanto, também de ser traduzido. Isso acontece tanto por fatores internos da célula quanto por fatores externos, ambientais: presença de substâncias tóxicas, excesso de calor ou frio, episódios de escassez prolongada de comida etc.

E eis o que é mais maluco ainda: têm aparecido exemplos de que esse tipo de modulação *epigenética*[24] pode ser transmitido *de geração em geração* — bem, ao menos por algumas poucas gerações; não está claro ainda quão duradouro pode ser o efeito da coisa. Tem gente que chama o fenômeno de *herança neolamarckista*, em homenagem ao maior saco de pancadas da teoria da evolução, o naturalista francês Jean-Baptiste Pierre Antoine de Monet, *chevalier* (cavaleiro) de Lamarck (1744-1829).

Duvido que você não se lembre ao menos um pouquinho da zombaria à qual os professores de ciência submetem o pobre Lamarck até hoje. Nosso pobre *chevalier* supostamente teria sido uma besta quadrada por defender que o pescoço agigantado das girafas seria o resultado de milênios de esforço para alcançar folhas altas nas árvores, de modo que a força dos pais para esticar o pescoço teria levado os filhotes a ficarem cada vez mais pescoçudos.[25] Nesse ponto específico e em muitos outros, Lamarck estava errado. Mas, ao menos em alguns casos, as modificações químicas epigenéticas não são zeradas quando o óvulo é fecundado, mas podem se manter no futuro filhote ou mesmo na prole desse filhote. Inclusive no que diz respeito ao comportamento? Ao menos de vez em quando, sim, com todas as ressalvas que fiz no caso de alterações no próprio DNA.

De qualquer maneira, tenha em mente algo que talvez seja óbvio, mas que vale sublinhar mesmo assim: há outros elementos cruciais para a "construção" do comportamento que estão sob influência dos genes: tanto hormônios quanto neurônios (e as moléculas contidas nele) variam, às vezes de forma considerável, por causa de diferenças genéticas.

HORMÔNIOS

Em essência, hormônios são mensageiros e controladores bioquímicos de longa distância, produzidos e enviados por fábricas especiais, as glândulas, para orquestrar processos importantes para o organismo, seja no curto prazo, seja em escalas de tempo maiores (nesse segundo caso, a trans-

---

[24] Em grego, "epi" é a preposição "sobre", ou seja, *epigenético* é o que está "por cima" dos genes.
[25] Com essa suposição, aliás, Lamarck estava apenas ecoando o que era uma espécie de "biologia popular" da época, aceita por muitos outros naturalistas, inclusive o próprio Charles Darwin.

formação de um organismo imaturo na sua versão adulta e sexualmente madura talvez seja o exemplo mais importante). Esses processos todos têm algo a ver com a agressividade humana? Pode apostar — mas, só para repetir nosso mantra até você ficar nauseado, isso acontece de formas complicadas, não lineares e dependentes de detalhes e contextos.

Há muitas maneiras possíveis de explicar o que quero dizer com isso, mas talvez seja interessante começar falando do hormônio que as pessoas *menos* associam à violência, uma molécula chamada *oxitocina*. Bastou eu escrever o nome da dita-cuja no Google para que aparecesse, no alto da página do meu navegador, o apelido cascateiro que a celebrizou: "hormônio do amor." Meu melhor amigo, o sujeito a quem dedico este livro, às vezes ataca de autor de contos de ficção científica, e certa vez conversamos sobre uma de suas ideias mirabolantes para uma história: diplomatas de dois países se reúnem para uma negociação delicada; um dos lados, para facilitar a conversa, resolve borrifar discretamente, no ar do recinto, nuvens de oxitocina, já que a absorção do hormônio aumenta a confiança e a gentileza nas relações humanas (e inalá-lo faz com que ele atravesse com mais facilidade a barreira que existe entre a circulação sanguínea e o cérebro, levando-o eficientemente ao centro de comando do organismo).

Só que, na história bolada por meu amigo, o tiro sai pela culatra. É que a oxitocina também é uma das substâncias liberadas pelo organismo para facilitar o trabalho de parto, e os responsáveis pelo plano manipulador, que se esqueceram de fazer a lição de casa de neurobiologia, acabam levando uma das diplomatas, que estava no final da gravidez, a começar a ter o bebê ali mesmo. Assim, o estratagema é descoberto, aumentando ainda mais a crise internacional.

Acontece que — embora não soubéssemos na época da nossa discussão literária — o plano maquiavélico dos diplomatas da oxitocina tem um furo do tamanho de Júpiter. Sim, esse hormônio favorece o elo emocional da monogamia em casais de humanos e de roedores;[26]

---

[26] O caso mais famoso é de um bichinho da América do Norte, o arganaz-da-pradaria (*Microtus ochrogaster*), cujos casais costumam ficar juntos a vida toda, com machos e fêmeas dividindo as responsabilidades da criação dos filhotes e cuidando uns dos outros.

sim, ele também é importante para a ligação terna entre mãe e bebê; e sim, ele ajuda as pessoas a sentirem afeto e empatia pelos que estão a seu redor. Mas — e esse é aquele "mas" capaz de quebrar as pernas do roteirista de ficção científica — a oxitocina promove esse caminhão de ternura de forma *seletiva*, voltada para os indivíduos a quem o sujeito ou a sujeita *já* está unido ou unida por laços sociais.

Para usar termos que vão reaparecer o tempo todo em capítulos vindouros, a oxitocina foi forjada pela evolução por facilitar as relações com o grupo interno, ao qual a gente pertence, e não com o grupo externo — todo o resto do mundo, basicamente. Pior ainda, há indícios experimentais de que inalar oxitocina torna as pessoas *mais intolerantes* com membros de um grupo externo. Acho que já ficou claro por que borrifá-la durante uma negociação diplomática seria desastroso, certo? A tendência dos diplomatas seria de se entrincheirar ainda mais em suas posições nacionalistas, e não de buscar um ponto em comum com representantes de outros países.

Resumindo, descrever a oxitocina como a molécula do Sermão da Montanha ou do Amor Universal da Era de Aquário é um erro crasso. Ela está mais para o hormônio "Brasil: Ame-o ou Deixe-o" (ou equivalentes de outras nações, partidos, tribos, culturas, times de futebol) — com todas as possibilidades sombrias que a lealdade cega é capaz de trazer. É isso que quero dizer com a importância do contexto social, e até cultural, para que estimemos os efeitos de qualquer fenômeno biológico — inclusive o de hormônios.

Esta é uma boa hora para ressaltar um fenômeno geral que vale para a oxitocina e para uma série de outras substâncias que influenciam o comportamento, hormonais ou não. É fácil imaginar que variações genéticas que influenciam a intensidade da produção de um hormônio no organismo tenham algum efeito sobre a agressividade humana. Mas tão importante quanto a dose bruta de uma substância no corpo é sua capacidade de influenciar células e tecidos, e isso depende, em grande parte, dos chamados *receptores* (e aí reside outro furo homérico da história do meu amigo).

Para explicar a natureza dos ditos-cujos, é quase impossível não usar a seguinte metáfora desgastada: receptores não passam de *fechaduras químicas* (frequentemente, posicionadas de modo estratégico na superfície das células) nas quais moléculas, como hormônios ou neurotransmissores, se encaixam feito chaves. A comparação é adequada porque estamos, de fato, falando de um encaixe associado ao formato tridimensional de ambas as moléculas — o do receptor e o do seu *ligante* (aquilo que se *liga* ao receptor).

Portanto, numa situação biológica real, não adianta produzir toneladas de oxitocina — ou forçar o sujeito a cheirar grandes quantidades da substância — se as células da pessoa não possuírem uma quantidade de receptores suficiente para receber aquela onda bioquímica. E, como você já deve ter adivinhado, existe considerável variação genética quanto a esse ponto também. Só para complicar ainda mais a situação, uma das diferenças importantes entre receptores e ligantes, de um lado, e fechaduras e chaves de uma porta, do outro, é que nem sempre o organismo necessita de uma completa precisão bioquímica para que as coisas sejam ativadas. Uma chave que seja só parecida com a da porta da minha casa dificilmente será capaz de abri-la, mas muitas vezes acontece de uma substância apenas similar ao ligante "certo" conseguir se encaixar num receptor — esse, aliás, é o princípio por trás da ação de muitas drogas recreativas. Por outro lado, alguém tentando criar um medicamento destinado a bloquear determinado processo bioquímico pode muito bem fabricar substâncias que bloqueiem o receptor, impedindo que a molécula produzida pelo organismo chegue a ele. É o caso dos betabloqueadores, medicamentos usados para tratar arritmias do coração. Eles barram o acesso da adrenalina e da noradrenalina a certos receptores de células do sistema nervoso.

Passemos para o próximo item da lista: nenhuma discussão sobre efeitos hormonais e violência parece estar completa sem mencionarmos a célebre (ou infame) testosterona, hormônio produzido principalmente nos testículos (e, em grau bem menor, nos ovários; a produção da molécula no organismo de homens é vinte vezes maior, em média, que no corpo das mulheres). Ao se conectar a receptores específicos, o hormônio promove coisas como o aumento da massa muscular, durante a puberdade dos meninos, e o aparecimento de *características sexuais secundárias*, ou seja, o lado "cosmético" indicativo do pertencimento ao sexo masculino, como os pelos faciais e a própria formação da genitália dos meninos ainda durante o desenvolvimento fetal.

Os efeitos da testosterona também se estendem ao sistema nervoso, justamente pela presença dos tais receptores em regiões importantes do cérebro, como a amígdala (não aquela da garganta), uma área do órgão que tem relação com comportamentos agressivos (falarei mais sobre ela em breve).

Também não deve surpreender a ninguém o fato de que os *glicocorticoides*, hormônios da resposta ao estresse (o mais famoso é o *cortisol*), sejam importantes quando o assunto é agressividade. De novo, estamos falando de substâncias que atuam de forma sistêmica no organismo, afetando parâmetros tão diferentes quanto, de um lado, os processos de inflamação e a ativação do sistema de defesa do organismo (jogando o funcionamento de ambas as coisas lá pra baixo) e, de outro, a capacidade de atenção, concentração e memória do sujeito estressadinho.

Tudo isso vale para inúmeras espécies além da nossa, é claro, já que as características bioquímicas básicas dos glicocorticoides não mudaram muito nas últimas centenas de milhões de anos. Mas, como diz meu ídolo Robert Sapolsky, zebras normalmente não desenvolvem úlceras[27] por causa de estresse crônico — ao contrário do que acontece com o *Homo sapiens*. A ação dos glicocorticoides evoluiu, ao menos originalmente, para lidar com o estresse agudo físico de quem precisa sair correndo de um leão na savana ou fugir nadando de um tubarão nos oceanos. Nessas circunstâncias, nada melhor que desligar o sistema imune (não há motivos para gastar energia lutando contra uma infecção bacteriana quando você está prestes a ser devorado, por exemplo) e prestar atenção única e exclusivamente na ameaça imediata tentando morder sua canela. Entretanto, quando criaturas com cognição similar à nossa passam a se preocupar com a sua posição subalterna no bando, com a possível dificuldade de conseguir comida para a semana que vem ou com o aumento dos assaltos à mão armada

---

[27] O título do livro mais conhecido de Sapolsky é, não por acaso, *Por que as zebras não têm úlceras?*

ESTE É O SEU CÉREBRO FULO DA VIDA

Regiões e moléculas-chave da neurobiologia da violência

1) ÁREAS CEREBRAIS

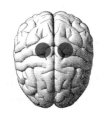

AMÍGDALA
Região associada a reações automáticas do tipo "bater ou correr"; tende a ser ativada inconscientemente diante de pessoas pertencentes a grupos que o dono do cérebro teme ou detesta; situações de estresse fazem com que ela fique hiperativa

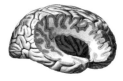

ÍNSULA
Área que participa das reações de nojo diante de alimentos estragados, fezes, entranhas etc., mas também pode ser ativada diante de situações ou pessoas consideradas desprezíveis

CÓRTEX PRÉ-FRONTAL
Uma das últimas regiões do cérebro a amadurecer ao longo da vida (em geral, após os 20 anos), é importante para o autocontrole e a tomada racional de decisões

2) MOLÉCULAS

TESTOSTERONA
Em geral presente de forma mais intensa em indivíduos do sexo masculino, está associado a disputas por dominância e à disposição para correr riscos

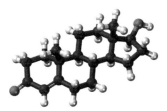

HORMÔNIOS DO ESTRESSE
Liberados mais intensamente em situações nas quais o organismo precisa reagir rápido a uma ameaça (real ou imaginada), podem estimular o excesso de agressividade e comportamentos preconceituosos

OXITOCINA
Mais conhecida como uma molécula que favorece os laços entre pais e filhos e os membros de um casal, ela tem seu lado negativo: pode estimular a solidariedade dentro de um grupo e o desprezo em relação a grupos externos, num efeito "nós contra eles"

GENES, HORMÔNIOS, NEURÔNIOS

no bairro nos últimos meses — bem, aí o caldo engrossa. Nesses casos, os efeitos bioquímicos dos hormônios do estresse, "projetados" para durar apenas alguns minutos de tensão alucinante, acabam por se desdobrar ao longo de semanas, meses, anos a fio, com efeitos catastróficos não só sobre a saúde (que o digam as úlceras), mas também sobre a cognição, as emoções e, portanto, os níveis de agressividade. De certo modo, podemos enxergar isso como um exemplo do que os biólogos chamam de *má adaptação*: uma resposta biológica forjada pela seleção natural, normalmente benéfica no contexto em que evoluiu, sendo aplicada de modo exagerado a um novo contexto no qual ela pode fazer mais mal do que bem.

O que discutimos até agora deixa claro que há uma associação estreita entre o sistema hormonal e o desenvolvimento e o funcionamento do sistema nervoso — tanto que podemos falar da existência de um *eixo neuroendócrino*. Na base do cérebro, por exemplo, neurônios da região conhecida como *hipotálamo* produzem hormônios que vão até a glândula chamada *hipófise*, ou *pituitária*, logo abaixo do hipotálamo; a hipófise, por sua vez, libera seu próprio hormônio, o qual chega às *glândulas suprarrenais* (como o nome diz, localizadas acima dos rins), e elas finalmente produzem nossos amigos glicocorticoides. Nem todo sistema hormonal funciona desse jeito, mas a conexão cérebro-glândulas-cérebro normalmente é importantíssima.

NEURÔNIOS

Nada mais apropriado, portanto, que fazermos um rápido mergulho nas maravilhas do sistema nervoso. Grosso modo, podemos considerar que a "unidade computacional" do cérebro é o neurônio (existe uma grande variedade de outros tipos celulares importantes no órgão, mas este não é um livro sobre neurociência, então podemos cometer a descortesia de deixá-los de lado sem grandes crises de consciência). Ao microscópio, os 86 bilhões de neurônios presentes no cérebro de cada ser humano têm uma aparência gloriosamente complicada, graças à sua pletora de ramificações, mas normalmente obedecem a um padrão estrutural que é fácil de identificar.

Para começar, temos o *corpo celular* neuronal, a única coisa ali que lembra a imagem clássica de uma célula, com um núcleo cheio de material genético e o citoplasma (a gosma interna, simplificando um pouco). Cada neurônio pode ser visto como parte de uma imensa internet biológica e, portanto, precisa de uma conexão de entrada de dados e outra de saída. A entrada são os *dendritos*, termo grego que significa algo como "arvorezinha" (no meu dialeto nativo, "arvinha"); e, de fato, suas ramificações lembram muito os galhos retorcidos de uma árvore.

Sinais que chegam aos dendritos viajam pelo neurônio e chegam ao que chamei de conexão de saída de dados: os *axônios*. É difícil não pensar neles como fios de telefone ou cabos de fibra óptica, em parte porque podem ser incrivelmente compridos, considerando que estamos falando de uma única célula, às vezes com metros e metros de comprimento, dependendo do tamanho do animal e do lugar do sistema nervoso onde estão (os axônios mais compridões "moram", via de regra, na medula espinhal). A pontinha do axônio de um neurônio se conecta aos dendritos de outro, e assim o fluxo de informação continua.

Bem, "conectar" talvez não seja a melhor palavra, porque nenhuma célula nervosa está literalmente grudada na outra, ao contrário do carregador de celular que a gente enfia na tomada. Entre o terminal de um axônio e um dendrito existe a brecha microscópica chamada *sinapse*. É esse espaço que as mensagens do sistema nervoso precisam vencer, feito um carteiro que atravessa uma pontezinha de madeira velha, para ser transmitidas.

Aqui a coisa fica interessante e, à primeira vista, mais complicada que o necessário. Os neurônios usam um sistema dual de transmissão de dados, alternando radicalmente seus procedimentos da fase em que uma mensagem está viajando dentro de uma célula para a fase em que ela deve passar de uma célula a outra através das sinapses. Essencialmente, na primeira, o processo é eletroquímico. Um neurônio que está mandando adiante uma mensagem fica "eletricamente excitado" graças a uma mudança na proporção de íons (átomos com carga elétrica negativa ou positiva) dentro e fora dele.

Para ser mais exato, a parte interna do neurônio ganha uma carga elétrica mais *positiva*, graças a um sistema de bombeamento bioquímico que joga certos íons para fora da célula e deixa outros entrarem nela. Esse processo, feito uma onda, se espalha de uma ponta à outra do neurônio e chega ao axônio.

Nesse ponto exato, há a mudança radical nos métodos de transmissão de mensagens. Nas sinapses, a excitação elétrica é traduzida em bioquímica pura. Os terminais dos axônios estão repletos de vesículas (que poderíamos comparar a saquinhos) carregadas com neurotransmissores, os mensageiros químicos. A chegada do sinal faz com que os neurotransmissores sejam liberados na sinapse e alcancem receptores (olha eles aí de novo) estrategicamente posicionados nos dendritos do neurônio que está "rio abaixo" da mensagem. Inicia-se então o processo de excitação desse neurônio, e o sinal elétrico pode chegar a outro axônio — e assim por diante.

Há uma longa lista de neurotransmissores operosamente modulando as conexões no nosso cérebro e no resto do nosso sistema nervoso, vários dos quais relevantes para o tema deste livro. Você decerto já ouviu falar da *adrenalina* (ou epinefrina), associada às situações de estresse e aos comportamentos conhecidos como *fight or flight* ("luta ou fuga"). Para nossos propósitos, tão importante quanto ela, ou mais, é a *dopamina*, crucial para o chamado sistema de recompensa do cérebro — como o nome diz, é o que ajuda animais a identificar quais situações e comportamentos são recompensadores, deixando aquele gosto de "quero mais". E podemos mencionar ainda a *serotonina*, importante para a regulação de estados de humor e associada a problemas como a depressão.

Assim como no caso dos hormônios, há uma série de maneiras diferentes de modular a ligação entre neurotransmissores e certos comportamentos. Começando com o óbvio, tais mensageiros químicos podem ser produzidos em quantidades maiores ou menores, ou podem se defrontar com diferentes proporções de receptores nas células na outra ponta das sinapses. Também é preciso levar em conta o processo de "faxina" sináptica, durante o qual neurotransmissores de bobeira naquele espaço podem ser degradados por certas enzimas (basicamente, picotados em pedacinhos bioquímicos menores que, mais tarde, são retirados do cérebro) ou bombeados para dentro do axônio uma vez mais, sendo reciclados para uso futuro. O ajuste fino de todos esses processos pode influenciar como ocorrem os disparos de adrenalina que farão alguém fugir de uma briga ou entrar nela, os níveis de dopamina que levam uma pessoa a achar que disparar um revólver é divertido ou assustador — e uma infinidade de outras coisas.

Saiamos agora do micro e nos encaminhemos para o macro. Não há cérebro sem neurônios individuais, mas eles funcionam em rede, e existe considerável grau de especialização nas regiões que formam o órgão. Vale a pena, portanto, fazermos um pequeno *tour* dos subsistemas cerebrais mais importantes para este e os próximos capítulos do livro, sempre levando em conta, é claro, que eles trabalham em conjunto. Nenhuma região do cérebro é "a sede" da raiva, do medo, da agressividade etc. — ainda que algumas sejam mais importantes que outras para esses fenômenos.

Comecemos com a *amígdala*. Localizada no lobo temporal (como o nome sugere, do lado das têmporas, a parte lateral da cabeça), ela é parte do chamado *sistema límbico*, associado às emoções básicas de mamíferos como nós. A ativação da amígdala está associada tanto a comportamentos agressivos quanto à capacidade de detectar, com considerável grau de automatismo, elementos de agressividade no ambiente ao nosso redor (como traços de raiva nas expressões faciais de outrem).[28] A amígdala, porém, não é apenas uma região cerebral "esquentadinha": ela também está relacionada ao medo e à ansiedade, em especial (mas não exclusivamente) quando eles se referem a situações sociais. O que faz sentido: nem sempre pessoas com medo ou ansiosas partem para as vias de fato — algumas pre-

---

[28] Como os neurocientistas podem afirmar esse tipo de coisa? Boa pergunta. Hoje, existe uma série de tecnologias que nos ajudam a enxergar o cérebro em funcionamento em diferentes contextos (digamos, quando a pessoa vê a fotografia de um desafeto). Entretanto, na era pré--tomografia computadorizada, a grande ferramenta era o estudo de lesões ou doenças. Área Y afetada por um derrame = pessoa deixa de sentir raiva em certas situações (por exemplo); área Y deve estar ligada ao "processamento da raiva".

ferem sair correndo —, mas é relativamente comum que o medo e a raiva andem juntos.

Segunda área cerebral importante com nome igualmente greco-romano: a ínsula, ou *córtex insular*, que tem conexões com a amígdala também. Como um dos nomes da estrutura deixa claro, ela é parte do *córtex* cerebral, a área mais externa e repleta de dobrinhas do órgão, altamente desenvolvida em humanos se comparada com a maioria dos demais mamíferos. Para nossos propósitos, porém, a ínsula está ligada a algo muito básico e (à primeira vista) pouco sofisticado: nojo. Não resisto à tentação de citar pela segunda vez a animação *Divertida mente*. Sabe a entidade cerebral verdinha e com cara de adolescente entojada chamada Nojinho? Ela poderia muito bem ser a encarnação da ínsula. O desenho animado, aliás, acerta ao mostrar que o entojo da ínsula não tem a ver apenas com comida podre ou cadáveres de tripas de fora, mas também com a náusea *social*, ou seja, situações nas quais uma pessoa ou um grupo são vistos como nojentos ou "perdedores" (para usar a terminologia técnica de filme juvenil americano). Sendo um filme infantil, é claro, *Divertida mente* não chega ao ponto de mostrar as consequências mais sombrias de uma ínsula hiperativa. Como veremos em capítulos vindouros, quando um demagogo consegue incitar multidões enfurecidas a praticar limpeza étnica, é essa região cerebral que lhes permite enxergar outras pessoas como "menos que humanas": ratos, vermes, lixo.

Para não esticar além da conta (e da paciência do leitor) nosso vocabulário neurobiológico, vamos encerrar esta parte da conversa com duas áreas cerebrais relativamente descomplicadas. A primeira é o *hipocampo*,[29] um pedacinho do sistema límbico que tem papel de destaque na formação de memórias de longo prazo (um jeito bobo de lembrar para que ele serve: você se lembra de como chegar ao *campus* da universidade usando o hipo*campo*). Tais memórias incluem todo o delicioso menu da amígdala: medo, ansiedade, interações agressivas, traumas. E, finalmente, temos o *córtex pré-frontal*, área para a qual

---

[29] O nome vem do termo grego para *cavalo-marinho*. Um anatomista veneziano do século XVI achou que a área tinha um formato parecido com o desse peixe (ou com o do bicho-da-seda).

vale o que já falamos sobre o córtex como um todo, só que elevado à enésima potência. Trata-se de um pedaço do cérebro especialmente desenvolvido em humanos, com uma história evolutiva mais recente que o resto do órgão e, além disso, um processo de desenvolvimento mais tardio ao longo da vida (o córtex pré-frontal só fica 100% pronto no começo da vida adulta, pelo que sabemos). Ele está particularmente associado à nossa capacidade de decisão autônoma,[30] de autocontrole, de pesar racionalmente (e emocionalmente também, claro) o que *devemos* fazer e só então agir. Ou seja, os padrões de ativação do córtex pré-frontal entram na balança em diversas situações associadas à violência humana.

ASCENSÃO E QUEDA DO "GENE GUERREIRO"

Chegou a hora de praticar vocabulário e gramática numa sessão de conversação científica, levando em conta interações entre todos os fatores que examinamos e o impacto dessa mistura complexa nos níveis de agressividade de seres humanos. Para não enlouquecermos com tanta informação, decidi pinçar um ou dois exemplos de cada área, que sejam (perdão pelo pleonasmo) *exemplares*; vale dizer, a ideia é que eles encapsulem de forma significativa os dilemas típicos de vários outros casos similares. Por isso, nada melhor que começar por um tal "gene guerreiro", talvez o apelido mais desafortunado que alguém já deu a um pedacinho de DNA.

O gene de que estamos falando é designado pela sigla MAOA, correspondente a "monoamina oxidase A" (também existe a monoamina oxidase B). A chave para entender o significado desse palavrão bioquímico é a terminação "-ase" do nome, que deixa claro que estamos falando de uma enzima, ou seja, uma molécula cuja presença facilita reações químicas de "quebra" de outras moléculas do organismo.[31]

No caso, a enzima cuja receita está contida nesse gene favorece a degradação de certos neurotransmissores que são classificados

---

[30] Ok, tem um monte de neurocientistas por aí que gostam de dizer que o livre-arbítrio não existe, mas você não quer entrar nessa discussão filosófica justo agora, quer?
[31] Existem também as amilases, que "quebram" amido, e as proteases, que picotam proteínas, entre muitas outras.

como monoaminas, entre elas três das estrelas da seção anterior do capítulo — dopamina, serotonina e adrenalina —, todas alvos da monoamina oxidase A. Trata-se daquele processo básico de faxina das sinapses, do qual todos necessitamos para que o sistema nervoso funcione direitinho.

Certas mutações podem, muito raramente, inutilizar esse gene e impedir por completo que ele sirva de manual de instruções para a produção de cópias funcionais da enzima. As consequências disso foram verificadas pela primeira vez nos anos 1990, quando cientistas identificaram, numa família holandesa, catorze homens com uma série de problemas comportamentais e cognitivos que carregavam em seu genoma uma mutação dessas. Os portadores da mutação tinham histórico de violência e vandalismo, elevada impulsividade, mania de mostrar a genitália em público (sério) e baixo QI.

Por que homens? Provavelmente porque o gene MAOA está no cromossomo X, e os humanos do sexo masculino possuem só uma cópia desse cromossomo, enquanto as mulheres têm duas cópias. Portanto, um problema no gene MAOA tende a afetar de forma mais intensa os homens, já que eles não possuem "backup" ou cópia de segurança do gene, enquanto as mulheres podem contar com uma versão intacta dele em seu segundo cromossomo X.

O mecanismo por trás desses comportamentos não é tão complicado de entender. Sem a faxina de neurotransmissores proporcionada pela enzima, as sinapses dos portadores da mutação tenderiam a ficar sobrecarregadas, levando a problemas de sinalização neuronal e de funcionamento do cérebro que desembocariam em seu comportamento violento e impulsivo. Faz sentido. Só que, como eu disse, esse tipo de mutação é muito raro e dificilmente teria um impacto sobre tendências violentas de grandes grupos de pessoas.

Depois do trabalho pioneiro dos anos 1990, começou a busca por variantes do MAOA que tivessem um efeito mais sutil, mas ainda assim significativo. Os principais achados dos geneticistas podem ser resumidos da seguinte maneira: o que parece fazer alguma diferença é a presença de variantes na sequência de "letras" do DNA que se referem não ao gene propriamente dito, mas a uma região reguladora dele (tecnicamente, um promotor, a área na qual se conectam as moléculas que vão iniciar a transcrição daquele gene). Quando se considera essa região reguladora, o MAOA possui tanto versões ditas de alta quanto de baixa atividade — as versões variam de pessoa para pessoa. No caso das primeiras, a enzima fica muito ativa, fazendo uma eficiente limpeza dos neurotransmissores, enquanto o contrário ocorre nas variantes de baixa atividade. Em tese, é nelas que mora o perigo.

Estudos populacionais sobre essas variantes destamparam uma caixa de Pandora bioética ao descobrirem que certas populações mundo afora talvez tenham probabilidade maior de carregar as variantes de baixa atividade do gene. É o caso dos maoris, os nativos da Nova Zelândia famosos por sua belicosidade no período colonial. Um estudo indicou que 56% deles carregam uma dessas variantes, conhecida como 3R, contra 34% dos homens de origem europeia. Entre todos os homens de origem africana, são 58%. Um jeito simplista de interpretar esses achados seria usar essa variação genética como explicação das taxas mais elevadas de violência e pobreza em comunidades maori ou em descendentes de africanos nos Estados Unidos ou no Brasil, por exemplo.

Tremendamente simplista, na verdade, porque a mesma variante "guerreira" também foi identificada em 61% dos homens de Taiwan e 56% (exatamente a mesma proporção dos maori, note bem) dos nativos da China continental — ambas são populações nas quais a prevalência de comportamentos violentos é muito baixa. E isso para não falar dos estudos que levam em conta a crucial interação entre genes e ambiente, além da herança de anos e anos de escravidão. O que acontece é que, ao menos de acordo com alguns estudos, a probabilidade de que um portador da variante de baixa atividade do MAOA desenvolva comportamentos significativamente agressivos só aumenta para valer quando essa pessoa sofre maus-tratos na infância (o que, sim, poderia estar ligado à presença da variante no próprio pai, que daria assim um empurrãozinho nas mesmas propensões genéticas presentes no filho); do contrário, não há diferença real entre carregar a variante de alta atividade ou a de baixa atividade. Como se não bastasse, há estudos mostrando que algumas variantes *de alta atividade* também estariam correlacionadas com o aumento da propensão a comportamentos agressivos. É, eu sei, é uma bagunça danada.

Nesse ramo de pesquisa, o gene MAOA é um dos mais estudados até hoje, e o que vemos no caso dele vale para outros pedaços de DNA: estamos muito, muito longe de achar qualquer relação causal forte entre eles e os comportamentos violentos. Os efeitos, quando aparecem, são modestos e dependentes do contexto ambiental. Como diz um artigo científico que tentou sintetizar o que se sabe sobre o tema, "qualquer abordagem que envolva o uso de marcadores genéticos para predizer riscos, mitigar responsabilidades criminais ou determinar o tratamento ou o controle de indivíduos específicos é questionável".[32] Deixar isso claro é ainda mais importante no que diz respeito a grupos historicamente marginalizados, como os maori e as pessoas de ascendência africana. Considerando o potencial que esse tipo de análise tem de ser usado como mais um mecanismo reforçador de preconceitos — como se já não houvesse milhões deles —, a cautela e a preocupação com a complexidade da interação entre os fatores em jogo são cruciais.

HORMÔNIO-OSTENTAÇÃO, PARA O MAL E PARA O BEM

Voltemos agora a considerar a famigerada testosterona. O próximo capítulo vai examinar isso em detalhes, mas já dá para dizer, sem medo de errar, que violência exacerbada, em geral, é coisa de macho. Caso encerrado, portanto: criaturas do sexo masculino se tornaram esse tremendo risco à segurança e à paz entre seres humanos, chimpanzés e outras espécies por causa de seus cérebros permanentemente flambando em caldo de testosterona, certo?

Bem, mais ou menos. Não é simples resumir as últimas décadas de pesquisa sobre o tema, mas o certo é que há inúmeras nuances a respeito do papel desse hormônio na agressividade. Quase nunca

---

[32] Regina Waltes; Andreas G. Chiocchetti; Christine M. Freitag. The neurobiological basis of human aggression: a review on genetic and epigenetic mechanisms. *American Journal of Medical Genetics*, Part B, v. 171, n. 5, p. 650-675, 2016.

podemos falar de uma correlação exata, daquelas que realmente implicam uma *causa* direta, entre níveis elevados de testosterona e cenas de pancadaria; e a relação complicada entre situação fisiológica e contextos sociais é igualmente válida nesse caso específico.

Um exemplo banal: se o time do coração de um macho humano ganha o campeonato, há boas chances de que os teores de testosterona em seu organismo se elevem, como se ele compartilhasse da virilidade vitoriosa dos atletas pelos quais torce — mas nada disso significa necessariamente que ele sentirá vontade de sair distribuindo caneladas em torcedores do time adversário. Outro modo de enxergar a questão, que aparece num estudo publicado há pouquíssimo tempo:[33] sujeitos que recebem uma dose extra de testosterona em seu organismo durante estudos feitos em laboratório parecem se interessar mais por bens que confiram status — o de sempre: Ferraris, relógios de luxo, smartphones caros etc. Nada que já não tenhamos visto em letras de funk-ostentação ou na garagem do Neymar. Ao mesmo tempo, não se verificou nenhum aumento na vontade de espancar o coleguinha para conseguir esses bens.

Do ponto de vista evolutivo, a coisa parece fazer sentido de um jeito quase caricatural. Afinal de contas, entre mamíferos como nós, pertencer ao sexo masculino frequentemente envolve disputas de status que estão diretamente associadas ao sucesso reprodutivo; portanto, é lógico que a testosterona estimule a busca por símbolos de posição social elevada. E não é só isso: níveis elevados do hormônio no organismo também aumentam a probabilidade de o sujeito se sentir autoconfiante acima do que seria razoável, de não ouvir opiniões alheias divergentes e de correr riscos.[34] Efeitos parecidos são detectáveis em situações controladas envolvendo animais de laboratório (fora a coisa de ignorar a opinião dos outros, já que ratos não costumam confabular antes de tomar uma decisão, ao menos não com o grau de detalhes presente nas interações entre humanos).

---

[33] Gideon Nave et al. Single-dose testosterone administration increases men's preference for status goods. *Nature Communications*, v. 9, n. 1, 2018.

[34] Isso explicaria a mania masculina de não querer pedir informações na rua quando não encontra um endereço? Eis uma questão candente que os neurocientistas deveriam estudar...

Mais uma vez, entretanto, a relação *de causa e efeito* entre níveis de testosterona e agressividade não é simples. Frequentemente, por exemplo, os níveis do hormônio no organismo aumentam *depois* que o comportamento agressivo ocorreu, o que cria muitas dificuldades para a hipótese de que a causa da violência tenha sido a elevação de testosterona — do contrário, por que a variação hormonal não teria acontecido *antes* da batalha?

O que parece acontecer nos casos em que a relação de causa e efeito de fato está presente é um aumento dos níveis de testosterona quando há uma situação de desafio: uma competição direta e mano a mano por status, por exemplo. E isso, por sua vez, pode conduzir a comportamentos agressivos turbinados pela ação do hormônio, mas — e novamente a coisa fica ainda mais bagunçada e interessante — não necessariamente. Tudo vai depender do contexto social que circunda os machões que estão se desafiando. Em algumas situações e culturas, "homem de verdade" é aquele sujeito que não leva desaforo para casa; em outras, pode ser o que se sobressai em cortesia, elegância, *noblesse oblige* (já houve épocas e lugares em que ambas as coisas foram importantes para o que se considerava excelência masculina — pense na França do século XVII, por exemplo).

Por incrível que pareça, temos evidências experimentais diretas do efeito paradoxalmente gentil da testosterona. Pesquisadores da Universidade de Zurique descobriram isso com a ajuda do Jogo do Ultimato, um sistema muito usado para investigar interações sociais e escolhas morais, entre outras coisas. O paleontólogo Pirula e eu falamos sobre ele no nosso livro *Darwin sem frescura*, mas segue uma breve explicação desse jogo que, em geral, é disputado em dupla. Imagine que eu, o Jogador 1, receba quatro notas de cinco reais. Cabe a mim dar o tal ultimato, ofertando a você, meu parceiro e Jogador 2, qualquer valor que me pareça adequado. Se você topar minha oferta, os dois embolsamos nossas respectivas quantias; se você recusar, ambos saímos de mãos vazias da brincadeira. Os resultados mais comuns do Jogo do Ultimato foram um golpe considerável na ideia de que seres humanos são agentes econômicos racionais, que levam em conta apenas suas possibilidades de lucro na hora de decidir sobre esse tipo de coisa. Se nós fôssemos mesmo o *Homo economicus*, essa entidade mítica que toma decisões sobre dinheiro de forma puramente racional, todo mundo aceitaria de bom grado qualquer oferta do parceiro no Jogo do Ultimato: afinal, 5 reais (ou 1 real, ou mesmo 50 centavos) é melhor que nada. Na prática, porém, a maioria das pessoas recusa, ultrajada, qualquer oferta que não se aproxime de duas notas de 5 reais (na nossa versão do jogo). Ou seja, uma vez que os ganhos dependem da concordância de ambos na brincadeira, prevalece o que nossas emoções morais nos dizem ser "o justo": uma divisão meio a meio.

É fascinante — e essas informações hão de nos ser úteis nos próximos capítulos —, mas o que isso tem a ver com nossa amiga testosterona? Bem, ocorre que a reputação de uma pessoa (ou seja, seu status) em rodadas sucessivas do Jogo do Ultimato com diferentes parceiros depende, é claro, de sua generosidade, ou, ao menos, de sua disposição para ser equânime com o companheiro. E eis que, quando os sujeitos recebem uma dose extra de testosterona antes de começarem a jogar, suas ofertas se tornam mais generosas. Só para confirmar que o efeito é real com requintes de crueldade, os cientistas de Zurique também examinaram o que acontecia quando o jogador *achava* que estava levando uma injeção de testosterona, quando, na verdade, recebera apenas uma solução salina inócua: o sujeito ficava *menos* generoso. A má fama do hormônio, ao que parece, é imerecida, e seus efeitos reais podem ser direcionados para o bem com alguma facilidade, desde que as condições sociais sejam adequadas.

NÃO IGNORE OS GATILHOS

Esse último exemplo é a deixa perfeita para ressaltar, mais uma vez, a importância das condições ambientais e de eventos que não estão diretamente ligados à bagagem genética dos indivíduos para a maneira como eles expressam ou deixam de expressar comportamentos violentos. Algumas dessas condições talvez soem óbvias, mas vale a pena mencionar a conexão delas com alguns elementos do nosso vocabulário genético e neuroendócrino.

Considere os hormônios do estresse, por exemplo. Pessoas que sofrem de situações estressantes de modo crônico tendem a ser mais violentas? Não necessariamente nem diretamente, mas viver com o organismo lotado de glicocorticoides costuma corresponder a uma ativação crônica acima do normal na região da amígdala, a qual tende a receber estímulos desses hormônios com certa facilidade. Ao mesmo tempo, o estresse mexe com as chamadas *funções executivas*, como o autocontrole típico de um córtex pré-frontal que não esteja se sentindo pressionado. E situações de estresse também tendem a diminuir a capacidade de empatia, ou seja, o quanto as emoções e o bem-estar de outras pessoas são levados em conta.

Tais efeitos podem ser especialmente negativos e acabar facilitando a prevalência de condutas violentas se afetarem alguém desde a primeira infância, ou mesmo o útero. Crianças que crescem em ambientes inseguros e estressantes — aqueles nos quais prevalece a pobreza extrema estão no topo da lista — correm mais risco de ter sua capacidade de autocontrole afetada. O mesmo vale para as que não têm cuidadores[35] estáveis e confiáveis nos primeiros anos de vida e, é claro, para as que sofrem violência constante. Considerando os processos delicados de desenvolvimento cerebral de uma espécie como a nossa, não é difícil adivinhar o que acontece com a capacidade de controlar impulsos violentos de uma criança que leva pancadas na cabeça dia sim, dia não.

Se, apesar da massa de dados das últimas páginas, você sentir que está saindo deste capítulo com mais dúvidas do que quando entrou, não se preocupe: esse tipo de impacto é natural. Nunca poderemos desdenhar dos fatores biológicos básicos como peças do quebra-cabeça da Força Bruta, mas é comum que eles sejam profundamente modulados pelos fatores sociais. Continuaremos a caminhar nesse fio da navalha.

---

[35] Atenção: por "cuidador", não me refiro apenas a um pai e/ou uma mãe. Pode ser um avô, uma avó, um tio, uma tia... alguém que ofereça estabilidade, confiabilidade e carinho todo dia.

REFERÊNCIAS

Uma excelente síntese da história e do estado da arte da ciência da genética
MUKHERJEE, Siddhartha. *O gene*: uma história íntima. São Paulo: Companhia das Letras, 2016.

Nunca é demais indicar outra vez o mais recente livro de mestre Sapolsky, (publicado no Brasil com o título Comporte-se*) em especial pela clareza com que discute a conexão entre neurologia e endocrinologia*
SAPOLSKY, Robert M. *Behave*: the biology of humans at our best and worst. Nova York: Penguin Press, 2017.

Dois importantes neurocientistas brasileiros, Suzana Herculano-Houzel e Roberto Lent, são responsáveis pela conta mais exata já feita sobre o número de neurônios no cérebro de seres humanos e outros mamíferos, e um bom relato sobre esse trabalho está nesse livro
HERCULANO-HOUZEL, Suzana. *A vantagem humana*: como nosso cérebro se tornou superpoderoso. São Paulo: Companhia das Letras, 2017.

Sobre neurobiologia e agressão do ponto de vista (epi)genético
WALTES, Regina; CHIOCCHETTI, Andreas G.; FREITAG, Christine M. The neurobiological basis of human aggression: a review on genetic and epigenetic mechanisms. *American Journal of Medical Genetics, Part B*, v. 171, n. 5, p. 650-675, 2016.
VASSOS, Evangelos; COLLIER, David; FAZEL, Seena. Systematic meta-analyses and field synopsis of genetic association studies of violence and aggression. *Molecular Psychiatry*, v. 19, n. 4, p. 471-477, 2014.

Sobre eventos traumáticos no começo da vida e seus efeitos sobre a agressividade
HALLER, J. Effects of adverse early-life events on aggression and anti-social behaviours in animals and humans. *Journal of Neuroendocrinology*, v. 26, n. 10, p. 724-738, 2014.

Interessante abordagem "neurocriminológica" para tentar prever e prevenir o crime, levando em conta variáveis genéticas e ambientais em muitas dimensões
GLENN, Andrea L.; RAINE, Adrian. Neurocriminology: implications for the punishment, prediction and prevention of criminal behavior. *Nature Reviews Neuroscience*, v. 15, p. 54-63, 2014.

Efeito da testosterona sobre o interesse masculino por bens que conferem status
NAVE, Gideon et al. Single-dose testosterone administration increases men's preference for status goods. *Nature Communications*, v. 9, n. 1, 2018. Disponível em: https://doi.org/10.1038/s41467-018-04923-0. Acesso em: 24 maio 2021.

GÊNERO

*Porque o sexo masculino
tem papel preponderante na
trajetória da violência humana
e como isso molda a relação
entre homens e mulheres*

> *Privado do repouso de Hipnos, muitas*
> *noites tresnoitei, após dias a fio*
> *de sanguinosas pelejas, por mulheres*
> *alheias pugnando com bravos.*
> Ilíada, canto IX, 325-328[36]

Foi em meados dos anos 1990, numa camada geológica situada entre o breve reinado do Nirvana como a maior banda do planeta e o fim trágico dos Mamonas Assassinas. Estávamos batendo papo sentados na calçada, debaixo do poste da esquina da rua de baixo da minha casa, como era nosso costume nas noites de sábado. Éramos talvez cinco ou seis moleques na faixa dos 15 anos de idade. De repente, ouviu-se ao longe o ronco do motor de várias mobiletes, híbridos de motos e bicicletas que, naquela hora, pareciam vir das profundezas do Hades.

Os ocupantes das mobiletes, também adolescentes, estacionaram na esquina e vieram na nossa direção. "Cadê o Carlinhos?", berravam. Sem se dar ao trabalho de esperar a resposta, um deles foi logo chutando a cabeça do Luciano, o mais velho do meu grupo e um dos mais pacatos, que ainda estava sentado debaixo do poste. "Nem doeu", fez a vítima, uma frase que ainda nos provoca risadas nervosas toda vez que recordamos o episódio. Mais gente começou a apanhar dos recém--chegados, mas eu não fiquei para saber no que ia dar tudo aquilo: saí correndo. Sempre tive fama de lerdo, mas reza a lenda que nem de mo-

---

[36] Tradução de Haroldo de Campos.

bilete conseguiram me alcançar. Venci os cinquenta metros que me separavam do portão de casa com fôlego de velocista olímpico e tranquei a porta o mais rápido que pude. Inglório, patético — mas pelo menos escapei de levar uns tabefes.

Resolvi contar esse enredo de ópera bufa não apenas pelo prazer da reminiscência (embora eu reconheça que poucas coisas são mais divertidas do que se lembrar de um apuro do passado que, visto com as lentes do presente, parece ridículo), mas também pelo que ele tem de exemplar. Acho essa historinha pessoal emblemática porque: 1) o confronto envolve dois *bandos de jovens* que 2) são todos do *sexo masculino* e 3) estão *brigando por causa de membros do sexo oposto*. Ok, concordo que "estão brigando" é uma descrição generosa demais em relação a mim e aos meus amigos — estávamos todos apanhando do outro grupo mesmo, feito os bananas e/ou bons moços que éramos. Explica-se: o alvo principal da incursão, como ficou claro, era o Carlinhos, meu colega. Ele tinha começado a namorar uma garota que também caíra nas graças do líder dos atacantes, sujeitinho de maus bofes que já ensaiava uma carreira de criminoso meia-tigela naquela época. Esse fato explica o ataque de surpresa no poste da esquina.

Sou capaz de apostar que você já ouviu falar de diversos episódios parecidos, em incontáveis lugares e épocas, na ficção e na vida real. Muitos, como no nosso caso, não vão além de uma rápida troca de sopapos e de alguns egos humilhados, enquanto outros passam por uma escalada assustadora em número de participantes e intensidade da violência, mas a maioria ou a totalidade das características que citei no último parágrafo está presente.

Uma coisa, como já cheguei a mencionar antes, é estatisticamente indiscutível: homens, em especial os que ainda estão na juventude, foram e ainda são os principais responsáveis pela violência severa que nos aflige desde que o mundo é mundo. E é tristemente comum que no centro desses embates esteja a disputa por parceiras, sem que, no mais das vezes, alguém se preocupe em perguntar se lhes agrada serem tratadas como troféu de brutamontes. Faz sentido pensar nesses cenários como componentes básicos, ainda que lamentáveis, da condição humana?

Não vai ser brincadeira tentar responder a isso, em grande parte porque é difícil separar o joio do trigo e evitar a perpétua tentação da falácia naturalista, como vimos na introdução. O paradoxo indispensável que precisamos ter em mente aqui é, de um lado, reconhecer quanto certa assimetria comportamental entre os sexos moldou a trajetória da violência humana; e, de outro, não esquecer jamais que essa assimetria é um *compósito* (ou seja, uma mistura de diversos fatores) construído por elementos genéticos, ambientais e culturais que podem reforçar uns aos outros ou trabalhar em direções opostas. A boa notícia é que isso indica que, nessa seara, as coisas não são imutáveis — ainda que talvez não sejam infinitamente maleáveis.

Outro desafio, igualmente importante, é escapar da armadilha de enxergar o comportamento sexual e de gênero pela ótica do binarismo. Afinal de contas, não existem apenas homens e mulheres heterossexuais no mundo; existem homens e mulheres transexuais, assim como pessoas cujas características biológicas e psicológicas não podem ser demarcadas com precisão a partir da dicotomia masculino/feminino. Entender as implicações da diversidade sexual e de gênero humana para o nosso tema, bem como enxergar o problema sob múltiplos ângulos, é essencial. Sigamos em frente, então, começando com o básico — ou, talvez, com uma caricatura do básico.

ECONOMIA REPRODUTIVA

Tente esquecer, por um momento, as dicotomias que a cultura, a história e a anatomia especificamente humanas costumam traçar entre homem e mulher, ou mesmo entre macho e fêmea. Tire da cabeça as cenas que contrapõem vestidinhos rosados a camisetas azuis, carrinhos a Barbies, ou mesmo pênis a vulvas. A imensa maioria das espécies de animais não veste seus filhotes de azul, de rosa nem de nenhuma outra cor, e muitas não possuem órgãos sexuais externos. No entanto, não costuma ser difícil saber quem é o macho e quem é a fêmea, graças a um critério simples que antecede a todos os demais e, em grande medida, é responsável por desencadeá-los. Trata-se, no fundo, de uma questão de economia reprodutiva, de diferentes estratégias de enriquecimento na bolsa de valores da seleção natural.

Acabei de escrever "bolsa de valores", mas a melhor metáfora muito provavelmente incluiria outras possibilidades na carteira de investimentos, das mais conservadoras às mais ousadas. Com efeito, essas duas pontas do espectro costumam ser associadas a animais do sexo feminino e masculino, respectivamente. E não é por acaso, já que, ao menos na maioria das espécies, apesar das muitas exceções, a própria natureza da reprodução sexuada faz com que fêmeas tendam a preferir um investimento polpudo e cauteloso na futura prole (algo como depositar 500 mil reais na caderneta de poupança e largá-los ali por décadas), enquanto machos muitas vezes preferem fazer vários pequenos investimentos de risco, análogos a comprar 5 mil reais em ações de umas dez empresas diferentes. E tudo isso deriva da existência e das características de óvulos e espermatozoides.

É importantíssimo frisar que estou usando o verbo *preferem* de modo absolutamente metafórico aqui. Em quase todos os casos relevantes, nenhuma criatura está tomando decisões de investimento reprodutivo de modo consciente. Na prática, o que acontece é que a seleção natural acaba favorecendo estratégias não conscientes que *aparentam* desembocar em "preferências" médias diferentes para os sexos. Evitemos mal-entendidos quanto a isso, portanto.

Para entender o porquê da afirmação que fiz sobre a dicotomia entre as células sexuais, vale a pena voltar a pensar nas coisas em termos humanos, que são mais intuitivos. Entre a puberdade e a menopausa, a maioria dos seres humanos do sexo feminino libera um (ou, muito mais raramente, mais de um) óvulo para uma possível fertilização a cada ciclo menstrual, com duração média de 28 dias. Óvulos humanos são células grandalhonas, que chegam a ser visíveis a olho nu, cuja produção e "controle de qualidade" (para evitar possíveis erros catastróficos no DNA, por exemplo) envolvem considerável custo para o organismo.

Mas é claro que esse investimento inicial é só a entrada em uma série de prestações vultosas. Em mamíferos como nós (excetuando esquisitices que botam ovos, como os ornitorrincos), há o gasto energético tremendo da gestação do óvulo fecundado/embrião/feto dentro do corpo da mãe, bem como meses ou anos de amamentação e de uma rotina intensa de cuidados com a cria, absolutamente indefesa e dependente da genitora durante ao menos parte desse período. Não há como minimizar o tamanho desse investimento: pensando biologicamente, são gastos milionários.

É difícil negar que, ao menos à primeira vista, o cenário seja tremendamente diferente quando falamos de seres humanos do sexo masculino. Comecemos com a abundância relativa dos espermatozoides: centenas de milhões deles costumam ser despejados a cada ejaculação, e um homem saudável é capaz de ejacular várias vezes ao dia, ainda que nem sempre na mesma quantidade todas as vezes. Com a estrutura celular espartana de microtorpedos ou girinos hiperativos, eles carregam pouco mais que o material genético do possível pai, sem contribuição energética significativa para o futuro embrião, dado que machos não engravidam nem amamentam (embora homens trans que possuem o aparato reprodutor feminino possam fazê-lo). Portanto, se óvulos são caros, em média, espermatozoides mal chegam a ter preço de banana. Isso vale para uma grande variedade de espécies espalhadas pela Árvore da Vida, e é bem possível que tal conta básica tenha tido um impacto considerável sobre a evolução do comportamento animal.[37]

Para descrever esse impacto em linhas gerais, continuemos a pensar em termos econômicos. Se o investimento inicial das fêmeas para a geração da prole for desproporcionalmente mais alto (o que, com frequência, é o caso), a tendência é que elas valorizem o tremendo "depósito" inicial que fazem por meio da seleção criteriosa dos machos que terão o privilégio de acessar tamanha riqueza. Elas provavelmente vão desejar escolher os melhores machos possíveis — medindo as qualidades deles com a régua implacável da seleção natural. Trata-se de um indivíduo robusto e saudável? Ele é capaz de aguentar o tranco das disputas com outros machos? Os filhos gerados por esse sujeito seriam suficientemente charmosos e durões para que consigam produzir netinhos? Se a resposta for sim, vamos em frente.

---

[37] A situação reprodutiva dos fungos, bem diferente da nossa, envolve uma espécie de gradação complicada de sexos que vai além da dicotomia masculino-feminino, mostrando que o modelo reprodutivo que predomina nos animais, embora muito importante, não é a única possibilidade biológica.

Do lado dos machos, a situação "clássica" (ou, talvez, estereotipada, como veremos em breve) é o contrário. É claro que bom estado de saúde e atratividade física das parceiras são coisas levadas em conta. Mas a capacidade, ao menos teórica, de fecundar um grande número de fêmeas a um custo relativamente baixo de tempo e de energia (enquanto elas tendem[38] a ficar grávidas de um único parceiro por vez) impulsiona a busca por múltiplas parceiras. Sem o compromisso pesado com a gravidez e a criação dos filhotes, ser pai, entre muitas espécies, não é muito mais complicado do que ser doador de esperma. Ressalva importante: não estou computando aqui o custo frequentemente vultoso de *conseguir o acesso à fêmea*, que pode envolver combates com competidores, demonstrações como canto, exibições rituais etc. Mas é um custo pré-reprodutivo, e não referente à geração dos bebês.

Uma consequência lógica de tudo isso é a probabilidade mais alta — veja bem, probabilidade, não inevitabilidade — de que haja maior *variação no sucesso reprodutivo* entre machos do que entre fêmeas, especialmente se estivermos falando de mamíferos. Entre elas, o "teto" do sucesso reprodutivo equivale basicamente a quantos filhos conseguem gestar e fazer chegar à maturidade sexual ao longo da vida (e qualquer mãe de filho único, que dirá de muitos, sabe quanto isso cansa e quanto demora); entre eles, ao menos em termos teóricos, o limite é quantas fêmeas conseguem fecundar. O outro lado da moeda, porém, é que alguns machos nunca consigam uma parceira para inseminar, enquanto são relativamente mais raras as fêmeas sem parceiro. Mais uma vez, vemos que machos correm risco relativamente mais alto de ser oito ou oitenta nesse quesito, enquanto fêmeas tendem a ficar próximas da média, com menos exageros reprodutivos para cima ou para baixo.

Repare que ainda estamos falando em termos genéricos, mas o diabo está nos detalhes, que flutuam muito de espécie para espécie.

---

38 Digo "tendem" porque, mesmo entre humanos, esse tipo de fecundação por mais de um parceiro – no caso da liberação de múltiplos óvulos ao mesmo tempo, claro – às vezes acontece. É raro, mas acontece.

Nunca se pode esquecer de que as possibilidades reprodutivas de machos e fêmeas não dependem apenas da natureza dos gametas e da gestação, mas de fatores sociais e ecológicos, da maneira como os indivíduos interagem com seus companheiros de espécie e com o ambiente. Entre primatas, por exemplo, há aqueles cuja variação no sucesso reprodutivo dos machos tende a ser enorme, como os gorilas gênero *Gorilla* (nome científico menos surpreendente de todos os tempos), que costumam viver em haréns nos quais diversas fêmeas são monopolizadas por um único macho adulto.[39] Nesse caso, a desproporção entre machos e fêmeas, diretamente relacionada à capacidade de formar o próprio harém, chega a ser assustadora: rapazes adultos chegam a pesar quase o dobro que as moças (duzentos quilos contra cem, arredondando, o que permite que um macho sozinho consiga monopolizar diversas fêmeas e defender o grupo de outros machos) e têm pelagem característica na parte dorsal do corpo que indica maturidade hormonal e dominância, além de lhes render o apelido inglês de *silverbacks* ("costas prateadas").

Esse padrão de elevado dimorfismo sexual reaparece o tempo todo em espécies com alta competição entre machos pelo acesso às fêmeas, que tendem a seguir um sistema do tipo "o vencedor leva tudo" e criam uma casta marginalizada de rapazes subordinados, que precisam viver sozinhos ou em pequenos bandos exclusivamente masculinos. Fora do mundo primata, um exemplo gritante são os elefantes-marinhos: as fêmeas parecem meras focas perto dos machos, brutamontes dotados da característica protuberância nasal que inspirou o nome popular dos bichos. Em tais sistemas, os grandalhões atuam como protetores do bando todo, perpetuamente vigilantes diante do risco de que outro macho os derrote em batalha, tome o lugar deles e desencadeie uma sucessão de infanticídios, eliminando os bebês gerados pelos antigos senhores do grupo.

Outros primatas, porém, vivem em sociedades com dimorfismo sexual apenas moderado e promiscuidade generalizada, nas quais o

---

[39] A exceção são os gorilas-das-montanhas (*Gorilla beringei beringei*), entre os quais é relativamente comum que os bandos tenham mais de um macho plenamente adulto.

status elevado de certos machos garante acesso mais frequente, porém não exclusivo, a parceiras. É o que acontece com os chimpanzés-comuns, como vimos no capítulo 1. Nesses casos, a preocupação dos membros adultos do sexo masculino com a segurança e o bem-estar dos filhotes é baixa ou inexistente. E há os que formam casais bastante estáveis e fiéis, ainda que não 100% imunes a puladas de cerca nem livres de "divórcio", como as diversas espécies de gibões, naturais da Ásia, e o brasileiríssimo sagui-de-tufos-brancos (*Callithrix jacchus*), a mais "urbana" e versátil das nossas espécies de primatas. No caso dos saguis, aliás, é comum, ainda, que a mesma fêmea goze da companhia de dois machos "fixos" ao mesmo tempo. Entre macacos com esse estilo de vida, o dimorfismo sexual também é baixo ou praticamente inexistente; a diferença é que os machos partilham com suas parceiras as delícias e as dores de cabeça do cuidado com as crias.

Em qualquer um desses diferentes sistemas reprodutivos, precisamos levar em conta não apenas a competição física entre machos (que fica particularmente evidente no caso de gorilas e elefantes-marinhos), mas também as estratégias *das fêmeas*, que estão longe de ser troféus passivos à espera do primeiro macho vitorioso capaz de carregá-las para casa. Além de competirem entre si, elas também escolhem parceiros usando uma série de critérios, e o confronto direto entre machos é só um deles. Há a já abordada beleza física, normalmente considerada um indicador de "qualidade genética": só um pretendente vendendo saúde seria capaz de ostentar músculos possantes, pelagem sem falhas nem parasitas ou a coloração "nobre" dos *silverbacks*. Mas há também as características comportamentais, inclusive as indicações de que o sujeito será um bom pai, nas espécies em que existe cuidado paterno para com a cria, e vai tratar a parceira de modo condigno, quando há um elo de longo prazo entre os dois. Todos esses fatores, com diferentes pesos, entram na conta e acabam influenciando as diferenças entre os gêneros no que diz respeito ao emprego da Força Bruta.

ONDE NOS ENCAIXAMOS?

Levando em conta a lógica do item anterior, onde nos encaixamos? Resposta curta e nada surpreendente: somos bichos complicados.

Comecemos pelo dimorfismo sexual. À primeira vista, ele é do tipo moderado, numa escala similar à que vemos entre os chimpanzés. A massa corporal dos homens é, em média, 15% superior à das mulheres, com diferenças mais ou menos na mesma proporção no que diz respeito a altura e variações de população para população, é claro. Essa proximidade entre as medidas básicas de cada sexo, no entanto, esconde algumas diferenças mais pronunciadas e muito significativas. Em média, as mulheres têm uma taxa de gordura corporal 10% superior à existente no organismo dos homens. Boa parte disso é resultado, de novo, do dimorfismo sexual — a presença de seios e as nádegas um pouco mais generosas do sexo feminino, por exemplo. Isso significa que, quando comparamos a "massa magra" de moças e rapazes, eles ficam 40% mais pesados que elas. A massa muscular nos braços e nas pernas revela um desequilíbrio médio ainda maior: nos membros superiores, os homens são 80% mais musculosos, enquanto seus membros inferiores têm 50% mais músculos. Trocando em miúdos: da cintura para cima, a diferença muscular entre mulheres e homens é da mesma ordem da que existe entre fêmeas e machos de gorilas. (Lembremos, mais uma vez, que tudo isso são *médias* populacionais. É claro que existe uma miríade de mulheres mais fortes que muitos homens por aí, mas elas são, ainda assim, minoria.)

Não creio ser necessário ressaltar, porém, que não somos gorilas, nem de longe. Tampouco somos chimpanzés, apesar da semelhança de dimorfismo sexual entre nós e eles — não há registro de sociedade humana na qual tenha prevalecido nada que lembre, mesmo que vagamente, o grau de promiscuidade sexual típico dos bandos de *Pan troglodytes*. A formação de haréns e a ascensão de sujeitos com perfil de macho alfa teve um impacto considerável na nossa espécie, algo que examinaremos em breve, mas tais fenômenos não parecem ter sido a regra durante a maior parte da trajetória evolutiva do *Homo sapiens*.

Escrevo isso com base no que sabemos sobre nossos velhos amigos do capítulo 2, os ccns (caçadores-coletores nômades), representantes da humanidade 1.0. Tais caçadores-coletores costumam ser *levemente políginos* (o arranjo "um homem + duas ou mais esposas" é conhecido como *poliginia*, enquanto "uma mulher + dois ou mais maridos" recebe o nome de *poliandria*). Traduzindo: embora um pequeno número de indivíduos, em geral os sujeitos de mais prestígio na comunidade, possa acabar se casando com duas mulheres ou, bem mais raramente, três ou mais, a grande maioria dos homens de um bando de CCNs vive com apenas *uma* esposa.

A possibilidade de ser levemente polígino tem um impacto significativo no sucesso reprodutivo dos homens caçadores-coletores, embora ele seja menor do que o visto em espécies que formam haréns. O psicólogo evolucionista Martin Daly fez uma comparação interessante entre a variabilidade no sucesso reprodutivo dos veados-vermelhos da ilha de Rum, no litoral da Escócia, e no dos humanos de uma população dos !Kung (exemplo arquetípico de CCNs, lembre-se) no deserto do Kalahari, no sul da África. Os veados-vermelhos, com sua exuberante galhada, competem por fêmeas na base da pancadaria e formam haréns. Um macho excepcionalmente bem-sucedido nessa tarefa foi capaz de produzir 33 descendentes ao longo de sua carreira de "sultão", chegando perto de gerar uma dúzia de filhotes por ano; já a fêmea mais fecunda e longeva não ultrapassou a marca de 13 filhotes ao longo de toda a vida, que dura mais que uma carreira de "sultão" (lembrando que uma fêmea só pode gestar um único bebê por ano). Quase metade (44%) das fêmeas consegue dar à luz ao menos um veadinho ao longo do seu tempo de vida, enquanto só 22% dos machos que nascem chegam a se tornar pais. E quanto aos !Kung? Bem, os homens recordistas geram um máximo de doze filhos e filhas, enquanto as mulheres chegam a uma prole total de oito bebês. Cada moça !Kung tem uma chance de 48% de se tornar mãe, enquanto 38% dos rapazes do bando viram pais, uma diferença muito menor do que a que se vê entre os machos e as fêmeas de veados-vermelhos. Cerca de 5% dos homens do grupo têm duas esposas. Como se vê, as coisas entre humanos parecem ser muito mais parelhas — mas, note, não são 100% igualitárias. Entre os !Kung, os machos *ainda* convivem com probabilidades maiores de tirar a sorte grande no jogo reprodutivo *ou* de perderem de goleada.

No mundo peculiar e primevo dos CCNs, essa vantagem relativamente sutil no desempenho reprodutivo de certos homens tende a *não* ser resultado de uma competição ao estilo dos veados-vermelhos ou dos gorilas. Lembre-se de que, nas sociedades altamente igualitárias da humanidade 1.0, há pouco ou nenhum espaço para que alguém saia por aí amealhando mais esposas do que o normal na base do muque, ou mesmo por meio de alianças políticas que lhe garantam uma posição privilegiada, superior à dos demais membros do bando. Não existem "caciques" entre os CCNS, e as tentativas de atingir esse tipo de ascendência em relação aos demais não raro terminam com a execução do candidato a mandachuva pelas mãos de vários membros de seu bando, quase como um pelotão de fuzilamento sem fuzis (em geral, depois de o sujeito receber vários avisos mais leves de que estava passando dos limites). No contexto desses povos, o prestígio que permite a poucos privilegiados coabitar com mais de uma mulher pode vir da habilidade nas caçadas, da capacidade de negociação e de outros fatores que não envolvem combate. Embora disputas que tenham como pivô membros do sexo oposto sejam uma das causas importantes de homicídios entre CCNS, e ainda que eles não sejam de todo inocentes de pequenas incursões guerreiras nas quais a aquisição de cativas (e futuras parceiras sexuais) é um dos objetivos, propor que tais fatores fazem muita diferença para o sucesso reprodutivo dos homens desses grupos provavelmente seria forçar a barra. Desse ponto de vista, não faz sentido pensar que o combate entre machos humanos pela posse do maior número possível de fêmeas tenha sido moldado pela seleção natural como uma adaptação importante para a nossa espécie, ao menos até 10 mil anos atrás (o que, vale notar, perto dos cerca de 300 mil anos de nossa existência, não é muita coisa...).

De fato, muita coisa aconteceu nos últimos 10 mil anos na maior parte do planeta, em especial o avassalador aumento da complexidade e da desigualdade sociais, impulsionado pelo surgimento da agricultura e da criação de animais. Sozinho, sem capacidade de acumular bens ou ampliar a esfera de sua influência política, nenhum homem é capaz de se casar com muitas esposas, mas é razoável imaginar que ele começaria a ter algumas ideias bastante maquiavélicas caso tais limitações fossem removidas ou atenuadas. A produção agrícola, como já vimos, tende a gerar excedentes que podem alimentar mais bocas, remunerar especialistas (inclusive "especialistas em violência", os guerreiros) e desencadear o processo que levou à existência dos primeiros chefes, nobres e reis da história humana. Chefes, nobres e reis: gente que, conforme documentam todos os registros disponíveis que chegaram até nós, sempre vivia praticamente em uma poligamia, formal ou informal, frequentemente construída com base na Força Bruta.

Alguns pesquisadores, seguindo os passos do controverso antropólogo Napoleon Chagnon, afirmam que é possível esboçar um modelo dos primeiros passos desse processo estudando sociedades tradicionais do presente, como os célebres Yanomami, etnia que ocupa regiões relativamente remotas do chamado interflúvio Orinoco-Amazonas, na Amazônia brasileira e venezuelana. Chagnon viveu muitos anos entre os Yanomami, que se sustentam por meio da típica economia mista dos atuais indígenas amazônicos — agricultura de baixa intensidade, caça, pesca e coleta — e costumam habitar vilarejos que abrigam de algumas dezenas a poucas centenas de habitantes. Mapeando as relações genealógicas dentro e fora de diversas aldeias Yanomami e registrando os resultados das incursões guerreiras que um vilarejo empreendia contra outro a partir dos anos 1960, Chagnon afirmou ter desvendado um padrão: os homens Yanomami com maior sucesso reprodutivo também seriam os mais eficientes na arte de matar o próximo.

O antropólogo americano notou, em primeiro lugar, o número elevado de conflitos letais envolvendo membros do grupo. Em seu estudo clássico sobre o tema, publicado na revista especializada *Science* em 1988, ele apontou que dois terços de todos os Yanomami com idade igual ou superior a 40 anos haviam perdido um parente próximo — pai, irmão, filho ou marido — em situações de violência, de brigas e episódios de vingança a guerras de pequena escala. A palavra do idioma yanomami usada para designar o homem que já matou outro ser humano — *unokai* — talvez não possa ser simplesmente traduzida como "homicida", porque parece ser usada como termo técnico ou título. O sujeito que adquire esse status precisa passar por um ritual de purificação, o *unokaimou*, durante o qual fica mais ou menos uma semana separado dos demais moradores da aldeia, além de observar uma série de restrições alimentares e se abster de sexo.[40] Na amostragem estudada por Chagnon, quase metade (45%) dos homens adultos, totalizando 137 indivíduos, era de *unokais*, dos quais 60% tinham participado da morte de uma só pessoa. O restante estava envolvido na morte de duas ou mais vítimas.

A probabilidade de o sujeito adquirir o status de *unokai* aumentava conforme ia ficando mais velho (o que, claro, faz sentido; é só o tempo passando), mas, em todas as faixas etárias da vida adulta, os Yanomami que mataram alguém também tinham maior chance de coabitar com uma ou mais esposas. Quase todos os *unokais* jovens, na faixa dos 20--25 anos, por exemplo, eram casados, enquanto os rapazes da mesma idade que não eram matadores eram, em sua maioria, solteiros. O total de *unokais* (137 homens) somava 223 esposas, enquanto a soma de não *unokais* (243) perfazia 154 esposas. Esse resultado se refletia no número médio de filhos: 4,91 rebentos dos *unokais* versus 1,59 dos que nunca tinham matado ninguém.

Eu sei que é muito número para dois parágrafos curtos, mas a mensagem geral é: os Yanomami adeptos da arte de matar gente teriam, em média, um sucesso reprodutivo mais de três vezes superior ao daqueles que nunca derramaram sangue humano. Analisando a situação com a lógica desapiedada da seleção natural, isso significaria que a capacidade de superar adversários em combates letais traria, no mínimo, a oportunidade de obter mais esposas que a média (fosse capturando as pobres moças em ataques a aldeias inimigas, fosse indiretamente, graças ao prestígio que grandes *unokais* granjeariam diante de potenciais noivas, sogros e sogras e da comunidade como um todo). Como já vimos, a propensão e/ou a habilidade para sair vitorioso em tais confrontos poderia muito bem ter algum componente genético. Ao longo de gerações, portanto, "genes *unokais*" tenderiam a se tornar mais comuns na população Yanomami, espalhados por grandes e poderosos chefes com apurados instintos de matador.

---

[40] Esse tipo de purificação ritual aparece de forma paralela em muitas culturas quando alguém derrama sangue humano. Mesmo as sociedades que glorificam o combate quase sempre enxergam certo "custo espiritual" no ato de matar uma pessoa.

Acho que agora ficou claro por que chamei Chagnon de "controverso", certo? Afinal de contas, seria muito fácil interpretar esse conjunto de dados como a comprovação de que um povo de assassinos por natureza teria sido gestado no laboratório darwinista da selva amazônica. Para ser justo com Chagnon, porém, ele era perfeitamente capaz de enxergar os Yanomami, muitos dos quais são seus amigos há décadas, como seres humanos complicados, e não como máquinas de matar. Além disso, nunca chegou a postular diretamente a existência de um componente genético substancial (e/ou crescente) por trás do aumento do sucesso reprodutivo dos *unokais*, ainda que seja fácil e natural dar o salto conceitual rumo a essa possibilidade com base nos dados do pesquisador. Seja como for, há boas razões científicas para ter dúvidas quanto às conclusões dele.

A primeira é bem simples: embora tenha adotado uma perspectiva darwinista clássica no estudo da *Science* — até aí, nenhum problema, muito pelo contrário —, o antropólogo parece não ter levado em conta um elemento importante do raciocínio "econômico" que já exploramos bastante neste capítulo. Uma coisa é demonstrar que *unokais* na faixa dos 40 anos têm várias mulheres e filhos — e mais esposas e descendentes que um Yanomami comum. Outra coisa, bem diferente, é estimar quantos Yanomami jovens "candidatos" a *unokai* acabaram morrendo em brigas, vendetas familiares, ataques a aldeias vizinhas etc. *antes* de gerar seu primeiro filho. Sem colocar as duas coisas na balança, fica impossível saber se a tendência a se tornar *unokai* é realmente essa maravilha toda no que diz respeito ao sucesso reprodutivo. Talvez, mesmo tendo em média menos filhos, os sujeitos mais cautelosos, que escapam de morrer em combate, acabem contribuindo, quando somados, com mais gente para a geração seguinte dos Yanomami do que os grandes *unokais*.

Além disso, e é aí que a coisa fica interessante, até onde sabemos, o fenômeno detectado por Chagnon nunca apareceu com clareza em outras sociedades de pequena escala estudadas detalhadamente, inclusive as nativas da própria Amazônia. Um exemplo intrigante analisado por Stephen Beckerman, antropólogo do Departamento de Antropologia da Universidade do Estado da Pensilvânia (EUA), são os Waorani do

Equador, povo que hoje soma uns quatro mil indivíduos, habitantes de uma região entre os rios Napo e Curaray (portanto, na Alta Amazônia, bem na área onde os Andes acabam e a floresta fechada começa). Tal como os Yanomami, eles são pequenos agricultores, caçadores e coletores. E não são do tipo que leva desaforo para casa.

Diferentemente de outras etnias amazônicas, a arma que preferem não é o arco nem o tacape, mas a lança, com a qual costumavam, em outros tempos, trespassar sem pestanejar quem invadisse seu território (uma área que mede uns 150 km por 150 km) ou, principalmente, uns aos outros, numa série interminável de contendas. Dados genealógicos obtidos sobre mais de quinhentos indivíduos Waorani ao longo de cinco gerações indicam que 42% das perdas populacionais da etnia antes da pacificação, dos anos 1960 em diante, eram causadas quando um Wao (forma singular do nome do grupo; Waorani é a designação coletiva) matava outro Wao, o que correspondia a 54% das mortes de membros do sexo masculino e a 39% das do sexo feminino. A conta das perdas populacionais incluía ainda uns 8% de mortes provocadas por outros indígenas ou brancos e 9% correspondentes a mulheres e crianças raptadas por forasteiros. É um impacto demográfico absurdamente alto, difícil até de imaginar.

Em 2005, Beckerman e seus colegas visitaram todas as comunidades desse povo e entrevistaram todos os adultos, de ambos os sexos, com idade igual ou superior a 50 anos. Foram 121 pessoas, no total — o foco foi nos Waorani de meia-idade ou idosos porque a intenção era registrar dados sobre quem ainda se lembrava da época em que rixas homicidas e guerras eram comuns, antes da pacificação promovida por missionários e pelo governo equatoriano na região. Além dos dados genealógicos tradicionais, como número de parceiros e de filhos, data e local de nascimento, os pesquisadores também tabularam em seu banco de dados a quantidade de vezes que cada homem dizia ter participado de ataques a aldeias inimigas (o que não é exatamente o mesmo tipo de informação presente no estudo sobre os Yanomami, mas pelo menos aponta na mesma direção). Resultado: ser um "guerreiro zeloso", para usar o termo escolhido pelos autores do estudo — ou seja, alguém que participava com frequência desses confrontos — *não tinha* correlação alguma com sucesso reprodutivo. Os tais guerreiros zelosos, na verdade, tinham um número médio ligeiramente *inferior* de esposas e filhos ao dos Waorani, menos afeitos a enfiar suas lanças no peito dos vizinhos.

Para tentar explicar a disparidade entre as duas etnias amazônicas, os pesquisadores apontam, entre outros fatores, o costume Yanomami de tratar a vingança como o proverbial prato que se come frio — às vezes, os ciclos de retaliação levavam anos ou até décadas para continuar, o que permitia que guerreiros vitoriosos tivessem tempo para usufruir das benesses trazidas pela condição de *unokai* sem matanças indiscriminadas. Além disso, a taxa de mortes violentas das mulheres Yanomami também era bem inferior à dos homens. Entre os Waorani, ambas as coisas se invertiam: os ciclos de vingança eram muito mais rápidos e o índice de vítimas do sexo feminino, bem maior. O resumo da ópera, portanto, é que algumas condições específicas precisam estar presentes antes que o gosto pelo combate seja diretamente favorecido pela seleção natural — e tais condições não necessariamente surgem com facilidade.

UM Y TRAÇADO COM SANGUE?

Relativizar o cenário simplista sugerido pelo trabalho de Chagnon com os Yanomami é importante e necessário, mas algumas outras peças de nosso quebra-cabeça indicam que houve, de fato, uma associação sinistra entre sucesso reprodutivo masculino e competição violenta nos milênios que se seguiram à Revolução Agrícola (ou ao início do Neolítico, a popular "Idade da Pedra Polida"). É possível rastrear esse fenômeno com a ajuda do DNA — para ser mais exato, com o pedaço do DNA humano que é a marca genética da masculinidade, o cromossomo Y.

Lembre-se de que, quando um espermatozoide que carrega o tal cromossomo Y se une a um óvulo (que, normalmente, traz apenas o cromossomo X entre os chamados cromossomos sexuais), forma-se o par XY, o que corresponde a um embrião do sexo masculino. O que eu ainda não contei é que, entre seus irmãos cromossômicos, o Y é um nanico antissocial. Contendo pouquíssimos genes, ele não costuma trocar trechos de DNA com o X durante a formação de novas células sexuais, coisa corriqueira no caso dos outros pares de cromossomos do nosso genoma. Essa peculiaridade acaba sendo muito útil para quem usa a genética como meio de estudar o passado da nossa espécie. É que, sendo transmitido exclusivamente de pai para filho homem ao longo de centenas de milhares de anos, feito o bastão de uma corrida de revezamento, o cromossomo Y sofre apenas as alterações relativamente raras correspondentes a mutações. Com isso, ele funciona como um indicador bastante confiável do que aconteceu com a linhagem masculina de uma pessoa pelo correr dos séculos.

Troquemos a coisa em miúdos. Imagine que, em certa montanha do interior da Suíça, um geneticista tenha obtido uma amostra de sangue dos rapazes do vilarejo vizinho, mapeando as mutações características do Y daquela população alpina. Por um desses acasos felizes, e com uma mãozinha da tecnologia de análise do DNA antigo, nosso geneticista também consegue extrair material genético de um esqueleto da Idade do Bronze (com uns 3 mil anos de idade, portanto) achado em meio às neves eternas da mesma montanha. O tal cientista joga os dados num programa de computador, alinha direitinho as sequências de letras A, T, C e G dos diferentes genomas... e, veja você, percebe que uma fração considerável dos tais rapazes suíços carrega várias versões, ligeiramente distintas entre si, de um mesmo tipo de cromossomo Y. E tem mais: esse conjunto de variantes cromossômicas parece remontar, após um punhado de mutações, ao camarada da Idade do Bronze daquela região, sepultado no gelo com sua machadinha e sua aljava sem flechas. O resultado dá a entender, portanto, que há considerável continuidade populacional entre os povos de 3 mil anos atrás e os suíços modernos — ao menos do lado paterno.

O exemplo que acabei de descrever é hipotético e meramente ilustrativo, mas padrões desse tipo, bem como cenários muito mais complicados, têm aparecido no mundo todo, conforme os cientistas aprimoram sua capacidade de garimpar as informações contidas no genoma. E um dos padrões mais intrigantes achados até hoje é justamente uma redução brutal da diversidade genética do cromossomo Y humano após os primeiros milênios do Neolítico no Velho Mundo. Estamos falando do período entre 7 mil e 5 mil anos atrás, em lugares como a Europa, a África, o Oriente Médio e a Ásia. Os biólogos costumam chamar esse tipo de redução brusca de variabilidade do genoma de "efeito de gargalo", por analogia com o gargalo estreito de uma garrafa, através do qual só uma pequena parte da população original consegue passar deixando descendentes.

No caso desse "gargalo do Y", algumas estimativas sugerem que só um vigésimo das linhagens masculinas que conseguiam se reproduzir antes dele tenham continuado a deixar descendentes depois que o efeito deixou suas marcas sobre as populações do Velho Mundo. É como se apenas um em cada vinte homens que você conhece conseguisse gerar filhos, netos e bisnetos — uma "peneira" reprodutiva aparentemente brutal, portanto. E, de novo, vemos a tremenda assimetria entre os sexos, uma vez que nenhum gargalo comparável pode ser detectado na linhagem materna dos habitantes do Velho Mundo.

Enxergar separadamente o que aconteceu em cada uma das linhagens, materna e paterna, é possível porque existe o chamado mtDNA (DNA mitocondrial), um pequeno genoma com cerca de 15 mil "letras" — o equivalente a umas seis páginas de revista — no interior das mitocôndrias, pequenos sistemas de produção de energia das células. Por uma contingência evolutiva que não convém explicar em detalhes agora, as mitocôndrias e seu mtdna normalmente são transmitidas apenas de mãe para filha ou filho. Se você for homem, poderá legar seu cromossomo Y para os meninos que gerar, mas todos os seus filhos e filhas carregarão apenas o mtDNA da mãe deles. E a análise do mtDNA das mesmas populações em que se vê o efeito de gargalo do Y não mostra nada nem remotamente parecido acontecendo com o genoma mitocondrial. Na verdade, há um aumento constante da diversidade de linhagens maternas, contrastado com a queda livre das linhagens paternas entre 7 mil e 5 mil anos atrás.

Ainda não existem explicações definitivas para tamanha assimetria, mas um estudo recente assinado por pesquisadores da Universidade Stanford (EUA) usa modelos matemáticos e análises etnográficas para propor que a ascensão de clãs de guerreiros tribais ao longo do Neolítico poderia estar por trás do mistério. O que sabemos sobre sociedades agropastoris relativamente simples, do tipo que existia antes do surgimento de Estados, indica que clãs desse tipo, formados a partir da suposta descendência de um ancestral comum masculino, eram bastante frequentes. Basta pensar nas tribos do Israel bíblico, descendentes, em tese, dos doze filhos do patriarca Jacó; ou, entre os gregos da Antiguidade, no fato de que quase todos os reis do Peloponeso, a península mais ao sul do território helênico, diziam pertencer a algum ramo dos heráclidas, o clã dos descendentes de Héracles (o nosso Hércules). Eu poderia continuar indefinidamente com os exemplos, mas acho que a ideia básica está clara. Para os pesquisadores de Stanford, os primeiros frutos da revolução econômica e demográfica do Neolítico — crescimento populacional e excedentes de alimento — teriam levado, após alguns milênios, a organizações sociais que poderíamos comparar a variações turbinadas das coalizões de machos dos bandos de chimpanzés. A "cola" social unindo os machos humanos, porém, seria bem mais aderente, porque, ao contrário dos símios, é comum que saibamos com razoável grau de certeza quem são nossos irmãos, primos, tios, sobrinhos etc. pelo lado paterno. Mais numerosos e coesos do que qualquer grupo de chimpanzés jamais sonhou ser, tais clãs teriam se sentido confiantes o suficiente para lançar ataques a coalizões rivais. Em tais embates, os derrotados tendiam a perder a vida ou, no mínimo, a capacidade de continuar gerando filhos, enquanto o clã masculino vencedor tomava para si quantas mulheres conseguisse, o que explicaria o padrão assimétrico: perda vertiginosa da diversidade do Y versus manutenção da variabilidade do mtDNA ao longo dos milênios.

Alguns exemplos históricos mais concretos e recentes talvez ajudem a mostrar como coisas desse tipo teriam acontecido. O mais gritante envolve ninguém menos que Gengis Khan, o senhor da guerra mongol que, do lombo de seu cavalinho mirrado, construiu um dos maiores impérios que o mundo já conheceu. Em 2003, uma pesquisa liderada pelo geneticista Chris Tyler-Smith, hoje no Instituto Sanger, identificou uma variante do cromossomo Y, presente em quase 10% dos homens de uma região da Ásia que vai da China ao Uzbequistão, que teria começado a se espalhar há mais ou menos mil anos a partir da Mongólia, a terra natal do conquistador. Vale ressaltar que não há nada que se compare a essa situação no mundo: depois do gargalo do meio do Neolítico, os cromossomos masculinos voltaram a ter diversidade bastante alta, tanto que mais de 90% dos homens estudados pela equipe de Tyler-Smith carregava uma assinatura cromossômica única. Além de essa variante do Y ser estranhamente comum, existe uma associação considerável, tanto geográfica quanto étnica, entre os domínios do Império Mongol e a presença dela. E, por fim, o único grupo étnico do Paquistão onde tal assinatura genética está presente é o dos hazaras, que se consideram descendentes de Gengis.

"Se você nos perguntar se temos certeza de que ele foi o originador desse cromossomo, a resposta é não, mesmo porque a estimativa mostra que esse Y surgiu várias gerações antes do nascimento dele", disse-me Tyler-Smith na época.

Mas ele certamente carregava o cromossomo. Não podemos excluir a possibilidade de que, no mesmo lugar e na mesma época, alguma outra pessoa tenha sido responsável por essa expansão. Contudo, seria muito improvável que tamanho sucesso reprodutivo não tivesse motivos históricos. Além do mais, é preciso deixar claro que tudo isso não aconteceu numa geração só. Todos os irmãos de Gengis Khan teriam o mesmo cromossomo, assim como seus filhos e netos.

Os relatos sobre o *modus operandi* das conquistas mongóis que chegaram até nós emprestam considerável credibilidade à hipótese. Em primeiro lugar, os exércitos do Khan costumavam massacrar toda a população masculina das cidades que ofereciam resistência a seus ataques (quem se rendia logo de cara podia ser tratado com mais benevolência). As mulheres dos povos conquistados, por outro lado, eram consideradas presas preferenciais de Gengis. O *Tobchi'an*, relato histórico sobre as origens do Império Mongol escrito entre os séculos XIII e XIV, conta como Naya'a, um oficial do Exército mongol, foi acusado de se aproveitar das moças antes de mandá-las para o imperador e se defendeu dizendo: "Meninas e mulheres de povos estrangeiros de linda tez, cavalos castrados com boas ancas — quando encontro ambos, eu sempre digo: esses aqui pertencem ao Khan!". (É, eu sei que é deprimente enumerar mulheres, meninas e montarias na mesma frase.) Coisas desse tipo devem ter se repetido ao longo de diversas gerações, já que filhos, netos e bisnetos de Gengis — como o célebre Kublai Khan, senhor da China quando ela foi visitada pelo viajante italiano Marco Polo — mantiveram o domínio imperial e os vastos haréns do patriarca em boa parte da Eurásia. Ao todo, mais de 15 milhões de homens vivos hoje poderiam descender do Grande Khan, segundo estimou o grupo de Tyler-Smith.

Outros geneticistas afirmam ter detectado ao menos um caso muito semelhante na Irlanda (e em regiões colonizadas por irlandeses, como a Escócia e a Costa Leste dos Estados Unidos), associado a um rei semilendário do fim da Antiguidade, Niall dos Nove Reféns. Niall teria vivido por volta do ano 400 da Era Cristã e dado origem a várias dinastias do Ulster, região do norte da Irlanda. Alguns dos sobrenomes mais comuns entre os irlandeses e escoceses de hoje, como os indefectíveis O'Neill, MacNeil, O'Higgins e O'Rourke, derivariam de Niall ou de seus parentes próximos. Segundo as contas da equipe do Trinity College de Dublin, 8% dos homens irlandeses e 2% dos nova-iorquinos, em geral portadores desses sobrenomes e de outros associados tradicionalmente aos descendentes de Niall, carregariam variantes similares do cromossomo Y que poderiam remontar à época desse grande guerreiro.

Cabe acrescentar que, em nível étnico e populacional, e não apenas individual, coisas bem parecidas aconteceram no mundo todo quando houve confrontos severos entre dois ou mais grupos e um deles acabou ficando em posição soberana. O caso das Américas — o que, claro, inclui o Brasil — é emblemático. A partir do fim do século xv, populações indígenas densas, com dezenas de milhões de indivíduos ou mais, foram conquistadas por alguns milhares de invasores europeus. Esses, por sua vez, começaram a trazer para este lado do Atlântico escravizados africanos, destinados a trabalhar nos latifúndios e nas minas dos conquistadores. Considerando esse cenário, o que faria sentido seria termos contribuições genéticas substanciais de ameríndios e africanos para a formação das novas populações americanas, mesmo considerando o grande influxo posterior de imigrantes europeus (e asiáticos), em especial no século XIX e no começo do século XX. Dependendo do caso e do país, isso até acontece, mas o peso dos cromossomos Y de origem europeia é desproporcional mesmo em nações muito miscigenadas, como o Brasil. Um estudo recente, que analisou o DNA de mais de 1.200 homens de todas as regiões do país, estima que quase 90% das linhagens brasileiras do Y tenham vindo da Europa. É altamente improvável que tamanha vantagem reprodutiva de homens europeus e seus descendentes tenha sido obtida de modo pacífico (mais sobre isso num capítulo vindouro). Vou pecar pelo excesso e ressaltar o que talvez pareça óbvio: não há um único lugar ou momento em que o inverso seja verdadeiro, ou seja, uma conquista militar na qual as mulheres do grupo conquistador passam a ser mais numerosas que as do grupo derrotado. A "seta da miscigenação" *sempre* aponta no sentido que destacamos: homens vitoriosos monopolizando as mulheres dos vencidos e escravizando ou matando os coitados.

Situações como as que podíamos encontrar por aí nos tempos de Niall ou Gengis Khan provavelmente tendiam a exacerbar o potencial para a violência do sexo masculino por outro motivo: a própria prevalência da poliginia. Caso você não tenha reparado, a chamada razão sexual — ou seja, quantos membros de cada sexo existem na população — é mais ou menos meio a meio entre seres humanos. Para ser exato, os meninos nascem numa proporção um pouco maior, superando as meninas em 1% ou 2% dos nascimentos, mas a mortalidade entre eles também é mais alta e mais precoce, de modo que a coisa fica nivelada quando se chega à idade adulta. Ou seja, se de repente uma casta de poderosos começa a monopolizar as mulheres, as chances de que muitos homens comuns, membros da plebe, fiquem sem acesso a parceiras se torna praticamente uma certeza matemática.

Como são raros os homens que se contentam com esse tipo de situação, uma possível válvula de escape são as incursões guerreiras contra grupos vizinhos para capturar esposas ou concubinas (ou, olhando a situação pela perspectiva oposta, as incursões cujo objetivo seja vingar ataques similares cometidos no passado). Um cenário desse tipo talvez seja um dos elementos mais importantes do pano de fundo social e cultural que deu origem aos primeiros clássicos literários do Ocidente, a *Ilíada* e a *Odisseia*, atribuídas ao poeta grego Homero, do século VIII a.C. Até quem nunca teve a coragem de encarar os milhares de versos homéricos normalmente sabe que eles se debruçam sobre as glórias e as tragédias da Guerra de Troia, deflagrada quando o príncipe troiano Páris seduz — ou rapta — a deslumbrante rainha grega Helena de Esparta. A moça era, claro, casada, e o seu sumiço despertou a ira do marido traído e de seus aliados gregos, muitos dos quais ex-pretendentes de Helena, que passaram a sitiar as muralhas de Troia, no litoral oeste da atual Turquia.

Provavelmente nunca saberemos a verdadeira causa da guerra, embora Troia tenha mesmo sido destruída com fogo e espada por volta de 1200 a.C., no fim da Idade do Bronze. Mas o mundo que Homero descreve contém um retrato convincente da importância dos ciclos de rapto, vingança e formação de haréns de concubinas capturadas na guerra para o prestígio dos senhores da guerra gregos. A fala que abre este capítulo, atribuída a Aquiles, o maior dos heróis da Grécia Antiga, não está ali por acaso. A *Ilíada*, inclusive, começa com uma amarga disputa entre Aquiles e o comandante dos gregos, o rei Agamenon, pela posse de uma bela cativa, e dessa briga decorre boa parte da sanguinolência do poema.

A ironia da lógica que acabei de expor — sociedades em que predomina a poliginia, levando seus homens a "importar" parceiras de modo violento — é que ela pode acabar enviesando ainda mais as proporções de membros de cada sexo para o lado masculino, por meio do infanticídio de meninas. A equação é perversa, mas quase inescapável. Num mundo permanentemente inseguro, no qual só filhos homens numerosos e vigorosos são capazes de aumentar as chances de resistir a ataques e realizar incursões vitoriosas, meninas muitas vezes são vistas como um peso. Mesmo quando a sociedade basicamente tribal de Homero já tinha dado lugar, havia séculos, às cidades-Estado e aos impérios relativamente mais pacatos do Mediterrâneo, a preferência por filhos homens se manteve. "Se, por sorte, deres à luz criança, deixa que viva, se for macho; se for fêmea, abandona-a", escreveu o camponês egípcio de fala grega Hilarion à sua mulher, Alis, em carta datada de alguns anos antes do começo da Era Cristã. A crueza e a simplicidade da frase são autoexplicativas.

Em suma, todos esses indícios — ainda preliminares, vale ressaltar — sugerem que a competição violenta entre homens pelo sucesso reprodutivo pode ter sido uma das forças importantes a moldar a história populacional humana em milênios recentes. Entretanto, propor isso *não equivale* a afirmar que os seres humanos do sexo masculino têm uma tendência inata a usar a força de modo a obter para si os maiores haréns possíveis. Uma comparação instrutiva é a seguinte: ao menos no caso da nossa espécie, a posse de haréns é como o consumo de açúcar refinado. O apetite por alimentos ricos em açúcar é antigo e faz sentido do ponto de vista da seleção natural, mas foi só em séculos recentes que a agricultura e a indústria de alimentos descobriram como oferecer a todos nós quantidades quase incalculáveis de sacarose, de modo a transformar o diabetes num problema de escala global. O mesmo vale para o interesse dos machos humanos por algum nível de poliginia e as situações extremas que a concentração de poder nas mãos de poucos homens pode desencadear.

ONDE ESTÃO AS DIFERENÇAS

Embora a assimetria entre homens e mulheres no que diz respeito à Força Bruta seja um fato difícil de questionar, é consideravelmente mais complicado determinar de onde ela vem. De novo, vale a regra geral do livro: há uma interação complexa e não linear entre fatores biológicos, sociais e culturais, cujo resultado depende da época e do lugar. Mesmo assim, algumas regularidades aparecem e algumas ambiguidades também.

Começando pelas ambiguidades: é comum que se atribua o papel preponderante dos homens em comportamentos violentos a uma menor aversão ao risco e maior propensão à competitividade no gênero masculino. Como vimos, isso parece fazer sentido no contexto geral da assimetria evolutiva entre os sexos. Se, em média, as suas oportunidades reprodutivas estão sujeitas a maior variação, com probabilidade mais elevada de as coisas terminarem em completo fracasso ou sucesso estrondoso do ponto de vista darwiniano, então competir avidamente com outros machos e saber arriscar tudo parece uma escolha lógica.

Na prática, porém, a coisa é mais complicada. "Risco" e "competição", afinal, não são coisas unidimensionais. Alguém pode saltar de paraquedas como se aquilo fosse a atividade mais divertida do mundo (coisa de doido, devo dizer) e, ainda assim, não conseguir nem olhar para uma serpente no zoológico; a mesma pessoa que é desinibida o suficiente para cantar o clássico "Robocop Gay" diante de uma plateia lotada emudece na hora de pedir aumento para o chefe; e por aí vai. Com efeito, algumas pesquisas mais cuidadosas mostram que essa baixa correlação entre os diferentes fatores daquilo que colocamos sob a rubrica "risco" faz com que não haja um predomínio claro de homens ou mulheres entre as pessoas que agem como caçadores de adrenalina. A mesma coisa vale para o comportamento competitivo em arenas como o mercado de trabalho, o mundo acadêmico ou a maioria dos esportes. Há algumas evidências de que, nesses contextos, as mulheres — sabiamente — têm tendência um pouco maior a buscar mais equilíbrio entre vida pessoal e carreira, mas isso não necessariamente lhes tira o apetite por alcançar o topo.

Tudo isso significa que não há nenhuma diferença consistente, na média, entre moças e rapazes? Não, não é isso que os dados sugerem, e as distinções ficam mais claras justamente no que diz respeito à violência física. Desde os primeiros anos de vida, por exemplo, meninos têm probabilidade mais alta de brincar de luta (e também de morder e estapear a sério os coleguinhas) do que meninas. Parece que isso não tem a ver com tolerância nem mesmo incentivo dos pais para que seus filhotes machos se comportem "feito homem". Os estudos desenvolvidos até hoje sugerem que os genitores de meninos em geral se esforçam bastante para que eles se comportem e evitem a pancadaria, mas obtêm menos sucesso com eles do que com suas filhas.

É claro que há indícios mais sérios do que puxões de cabelo no jardim da infância por trás da ideia de que a violência humana ainda é majoritariamente culpa dos homens — e, num paradoxo diabólico, também vítima com muito mais frequência esses mesmos homens. É complicado dizer com precisão qual a porcentagem de homicidas de cada sexo porque isso depende de elucidar os crimes, coisa que nem sempre, ou mesmo raramente, acontece (no Brasil, onde as estatísticas são muito ruins, ao menos sete entre dez homicídios não são considerados "caso encerrado" pela Justiça). Mas o Estudo Global sobre Homicídios das Nações Unidas de 2013 computou as pessoas efetivamente condenadas por assassinato no mundo, e o resultado é exatamente o que se esperava: 95% delas são homens. Vale ressaltar que isso varia de país para país, mas a oscilação no que diz respeito à proporção de homicidas homens em geral é pequena e raramente sai da casa dos 90%.

O mesmo estudo também mostra que 79% das vítimas de assassinatos planeta afora são do sexo masculino, mas, numa ironia cruel, em países ricos, com taxas baixíssimas de homicídios (como os da Europa Ocidental e do Extremo Oriente, nos quais é comum a taxa de um homicídio por cem mil habitantes ao ano, ou até menos), as proporções de vítimas de cada sexo tendem a ser mais equilibradas. Em 2012, por exemplo, o Japão, a Islândia, a Coreia do Sul e a Nova Zelândia — um quarteto de países extremamente pacíficos — registraram um número de vítimas femininas ligeiramente superior ao de vítimas masculinas, enquanto a Suíça, também um lugar pouquíssimo violento, teve proporções idênticas de pessoas assassinadas de ambos os sexos. Para Martin Daly, coautor do clássico estudo *Homicide*, isso sugere que os países desenvolvidos, que, com exceção dos Estados Unidos, obtiveram as reduções mais acentuadas na taxa de homicídios ao longo dos últimos séculos, muitas vezes conseguiram isso diminuindo os confrontos letais *entre* homens, em especial homens jovens.

Sim, "jovens" é outra palavra-chave na presente discussão. Gente do sexo masculino com idade entre 15 e 30 anos parece ser a fatia demográfica crucial aqui. No mundo todo, rapazes nessa faixa etária correm o dobro do risco de serem assassinados quando comparados a homens entre 45 e 60 anos — e enfrentam risco seis vezes mais alto de morte violenta do que meninos abaixo dos 14 anos de idade. De novo, os dados sobre quem mata são menos confiáveis do que os que existem sobre quem morre, mas tudo o que sabemos sugere fortemente que jovens adultos do sexo masculino predominam entre os assassinos no mundo todo — e também entre a população que comete crimes violentos, de maneira geral.

MORTE VIOLENTA É "COISA DE HOMEM"

Em quase todas as faixas etárias, membros do sexo masculino são maioria entre as vítimas de homicídio*

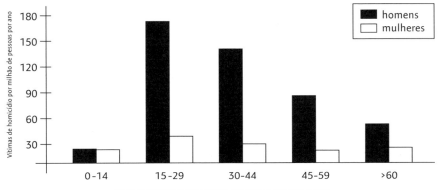

*Dados do Escritório das Nações Unidas sobre Drogas e Crime, ano de 2013

A probabilidade de que um sujeito na casa dos 20 anos cometa agressões com efeitos letais aumenta um pouco se ele estiver desempregado, não for casado e não tiver filhos, mas as análises estatísticas indicam que o fator preponderante é mesmo a juventude — e, de qualquer modo, a chance de que um homem (ainda) não tenha emprego e (ainda) não tenha constituído família são maiores quando ele ainda é muito novo, o que faz com que não seja possível separar totalmente esses fatores uns dos outros.

A SOMBRA DA COERÇÃO

Considerando tudo o que vimos até agora, imagino que não será uma surpresa se eu disser que diferentes formas de coerção sexual são relativamente comuns entre primatas como nós. De fato, é o que ocorre, mas um detalhe misterioso é que esses elementos de coerção não necessariamente correspondem ao que designamos como estupro — no sentido estrito de "cópula não consensual." O estupro propriamente dito parece acontecer com alguma frequência apenas entre seres humanos e, por incrível que pareça, orangotangos.

Antes de chegar a esse tema horrendo, porém, convém analisar o quadro geral. E é possível resumi-lo da seguinte forma: os machos de várias espécies de macacos e grandes símios frequentemente se valem de uma forma indireta de coerção sexual na qual tiranizam as fêmeas em situações anteriores ao acasalamento, de forma a aumentar as chances de que elas cedam a seus desejos. Ou seja, eles forçam as parceiras a aceitar o cruzamento por meio de manipulações violentas de médio e longo prazo, embora não as penetrem à força — isso parece ser mesmo exclusividade do *Homo sapiens* e dos orangotangos.

Várias pistas apontam nessa direção, a começar pelo fato de que fêmeas com *máxima tumescência genital* — ou seja, com a região em torno de sua genitália inchada e com coloração forte, rosa-avermelhada, que é um sinal clássico do auge da fertilidade em primatas — costumam sofrer níveis elevados de agressão. Isso vale para bichos como chimpanzés, babuínos-sagrados (*Papio hamadryas*) e babuínos-do-cabo (*Papio ursinus*), bem como para primatas que vemos nas matas e nos zoológicos do Brasil, os macacos-aranhas. Além disso, chimpanzés adolescentes também batem em fêmeas como forma de propagandear seu status como membros masculinos do bando (e, portanto, hierarquicamente superiores a qualquer macaca).[41]

Há ainda as agressões às fêmeas que acontecem durante disputas por comida, quando os machos de status elevado estão "policiando" disputas envolvendo as primatas, e, finalmente, quando um chimpanzé força determinada parceira a se tornar sua consorte exclusiva por certo período. Essa situação, a única coisa vagamente semelhante à monogamia entre chimpanzés (e, ainda assim, temporária), em geral é consensual, mas pode acontecer por meio da coerção, com o macho arrastando a fêmea para um canto isolado da mata. Por outro lado, a presença de um macho "guarda-costas" diminui a possibilidade de que a coerção sexual por parte de outros pretendentes aconteça no caso de gorilas, babuínos, macacos-resos (*Macaca mulatta*) e orangotangos-de-sumatra (*Pongo pygmaeus abelii*).

Outro aspecto sombrio da interação entre machos e fêmeas de primatas, já mencionado por aqui algumas vezes, é o infanticídio.

---

[41] Nunca é demais repetir que esses dados jamais poderiam ser usados como desculpa "darwinista" para qualquer forma de violência contra mulheres.

A prática, infelizmente, tem especial apelo para os recém-chegados ao poder em grupos de diferentes espécies de símios por conta dos longos anos de cuidado materno e amamentação que muitos desses filhotes demandam de suas mães. Em geral, fêmeas que estão dando de mamar não engravidam, o que significa que o novo macho alfa se vê diante da tentação de matar o bebê para conseguir gerar seus próprios herdeiros.

Mas a seleção natural agraciou as fêmeas com algumas armas para o contra-ataque. Veja o caso dos langures (gênero *Semnopithecus*), primatas indianos que, tal qual os gorilas, vivem em grupos de haréns com um único macho adulto residente. Quando ocorrem "golpes de Estado" em tais bandos, as fêmeas por vezes entram em pseudoestro (pseudocio), o que quer dizer que se tornam sexualmente receptivas ao novo alfa do grupo. Ao que parece, esse novo langur soberano nem sempre é esperto o suficiente para perceber que não foi ele que gerou o bebê da fêmea em pseudoestro, deixando, dessa forma, o filhote em paz.

Quanto ao estupro propriamente dito, é difícil não ficar intrigado com os paralelos e as diferenças que existem entre orangotangos, de um lado, e seres humanos, de outro. No caso dos grandes símios asiáticos, a primeira coisa que chama a atenção é a seguinte: embora a cópula em si frequentemente seja forçada, não há relatos de casos em que o processo de fato machuque a fêmea, o que é bem diferente do que acontece na nossa espécie. Por vezes, o acasalamento começa tranquilo e se conclui de forma forçada, ou vice-versa. A bioantropóloga Cheryl Knott, da Universidade de Boston, especialista no comportamento sexual desses animais, cita um relato publicado em 1998, sobre um caso de estupro na ilha de Bornéu. Nele, a fêmea está tentando comer enquanto o macho a penetra; ela perde a paciência, morde a mão do orangotango e, depois disso, é atacada sem que o macho interrompa a cópula. É comum que, nessas situações, a fêmea emita vocalizações específicas como forma de demonstrar seu desagrado, os chamados grunhidos de estupro. Logo depois de ejacular, os orangotangos costumam deixar a parceira em paz.

A situação desses bichos, no que diz respeito à coerção sexual, é especialmente complicada porque os machos da espécie se caracterizam pela chamada bimaturidade — ou seja, existem duas formas físicas bem diferentes de orangotangos adultos do sexo masculino. A mais conhecida tem como marca registrada as chamadas flanges — bolsas de tecido gorduroso nas bochechas, que conferem ao bicho uma face enorme e algo assustadora. Os machos com flanges são criaturas possantes, pesando até 80 kg e capazes de emitir chamados que viajam por quase um quilômetro na mata. Em geral, são dominantes e solitários. O outro lado da bimaturidade na espécie são os machos sem flanges, de porte modesto, que se reúnem em grupos de uns poucos indivíduos do mesmo sexo e têm status subalterno, como seria de esperar.

Faz sentido imaginar que as fêmeas prefeririam ceder aos encantos dos grandes machos com flanges, enquanto os menores só conseguiriam obter sexo por meio do estupro. Na prática, porém, não é o que acontece sempre. Em certas florestas já estudadas pelos primatologistas, a maioria das cópulas entre orangotangos é forçada, independentemente do tipo de macho. Em outros locais, alguns orangotangos sem flange conseguem parceiras sem dificuldade. Parece que as fêmeas reagem a uma série de detalhes para decidir o que fazer. Quando estão no auge da ovulação, por exemplo, preferem os parceiros dotados de grandes bochechas, enquanto se tornam muito menos seletivas quando procuradas no começo da gravidez. Além disso, tudo indica que elas conseguem perceber quando machos ainda adolescentes e franzinos estão prestes a ganhar suas flanges — sendo, portanto, receptivas a eles — e quando machos com aparência ainda poderosa já se encaminham para a senilidade — dando as costas a eles (o que, por vezes, desencadeia um estupro). E as fêmeas assediadas tendem a resistir aos avanços de parceiros com flanges que não sejam os machos dominantes "residentes" do território onde elas vivem. Nesses casos, os forasteiros podem apelar para o acasalamento forçado.

Algumas semelhanças de comportamento social talvez ajudem a explicar por que humanos e orangotangos se aproximam quanto à presença e à frequência de casos de estupro. Em ambas as espécies, por exemplo, é relativamente elevada a chance de que fêmeas estejam sozinhas e, portanto, mais vulneráveis à coerção masculina. Nos Estados

Unidos, por exemplo, a incidência de estupros é mais alta em mulheres em idade universitária, que têm probabilidade maior de serem solteiras e morarem sozinhas, longe da família.

Por outro lado, um dos grandes abismos entre a nossa espécie e a grande maioria dos demais primatas é que as mulheres não revelam, por meio de mudanças anatômicas óbvias, a sua fase de máxima fertilidade, embora alguns estudos sugiram que mensagens químicas sutis, assim como detalhes da textura da pele ou do comportamento, entre outros sinais, talvez possam "indicar" aos homens que uma moça está ovulando, tornando-a mais atraente que o normal. Seja como for, o que acaba acontecendo é que, em vez de vermos uma concentração da coerção sexual nos períodos de ovulação, há uma probabilidade muito mais alta de estupros envolvendo mulheres com idade entre o fim da adolescência e os 30 anos, o que não é nada surpreendente, a rigor: são os anos nos quais se concentra o grosso da fertilidade das mulheres.

Provavelmente, não é por acaso que sejam também esses os anos nos quais uma mulher corre mais risco de sofrer violência doméstica, letal ou não. Dados do Canadá, por exemplo, indicam que a casa dos 20 anos — o auge da fecundidade feminina, em média — equivale ao pico de mortes violentas de mulheres. Há uma queda de um terço nos casos entre os 30 e os 40 anos de idade, e a proporção cai para menos da metade da registrada na juventude entre mulheres com 45 anos ou mais.

Olhando a situação pelo lado dos homens, um detalhe significativo é que o risco de agressões que desemboquem em morte durante o relacionamento aumenta com a disparidade etária — para ser mais exato, quando temos um homem de idade mais avançada unido a uma parceira jovem. Estupros frequentemente ocorrem dentro de um relacionamento ou quando o homem já é conhecido da vítima, de forma muito diferente do estereótipo do ataque de surpresa em ruas escuras normalmente usado para retratar a violência sexual. E os que cometem esse tipo de delito nem sempre são sujeitos sexualmente frustrados, incapazes de conseguir uma parceira por meios decentes; muitos também somam um número elevado de parceiras consensuais. Diante desse quadro, é difícil evitar a impressão de que o cenário geral na nossa espécie talvez seja uma mistura do que vemos entre orangotangos e chimpanzés: a presença do estupro somada a uma miríade de atos de coerção — física, psicológica, moral ou econômica — que alguns homens usam para manter o controle sobre a sexualidade das mulheres no longo prazo.

O PARADOXO DA HOMOFOBIA

Você deve ter reparado que a violência contra homossexuais e bissexuais ainda não foi abordada nestas páginas. O motivo é simples: a lógica por trás desse tipo de ato violento está majoritariamente ligada aos temas dos dois próximos capítulos, comportamento tribal e religião. Mas, como prévia, vale a pena discutir um aspecto eminentemente biológico do problema: as reações instintivas de autoproclamados homofóbicos diante de cenas de sexo gay.

Um dos primeiros estudos a obter dados experimentais sobre esse tema foi publicado em 1996 por uma equipe de pesquisadores da Universidade da Geórgia, no sul dos Estados Unidos. Eles reuniram dois grupos de homens, um dos quais com 35 sujeitos que se diziam homofóbicos e o outro com 29 que afirmavam não ter preconceito contra gays. Ambos os grupos foram expostos a cenas de pornografia heterossexual, homossexual feminina e homossexual masculina, enquanto sua circunferência peniana era monitorada — ou seja, media-se quão eretos ficavam seus pênis diante de tais cenas. Os homens dos dois grupos demonstraram excitação diante das cenas envolvendo casais heterossexuais e lésbicas. Mas — e dá vontade de escrever esse "mas" em letras garrafais com neon e cores do arco-íris — só os homens que se declaravam homofóbicos tiveram ereções diante das cenas gays.

Mas não sejamos afoitos. Grupos pequenos, experimento simples — não podemos tomar esse resultado como verdade absoluta. Tanto que dois estudos mais recentes apontam para um cenário mais complexo. Em um deles, pesquisadores usaram um software que acompanha o movimento ocular para medir as reações de héteros a imagens com teor sexual gay e viram que os que se diziam homofóbicos de fato tendiam a olhar mais para essas imagens, mas apenas se, em outro teste, tivessem mostrado fisiologicamente reações de repulsa exacerbada a gays. Por fim, um terceiro estudo, que mediu a dilatação das pupilas (outro indício de excitação), mostrou que sujeitos homofóbicos parecem dilatar menos as pupilas diante de qualquer imagem com conteúdo sexual, independentemente da orientação, gay ou hétero. De novo, foram trabalhos feitos com grupos pequenos. Talvez estejamos falando de dois tipos fisiologicamente distintos de homofobia — é cedo para afirmar qualquer coisa categoricamente.

Mas por que odiar alguém com interesses sexuais diferentes dos seus? Por que odiar qualquer outro grupo de pessoas que nunca agiram com violência contra você, para começo de conversa? É o que vamos tentar entender a seguir.

REFERÊNCIAS

Uma visão geral sobre as peculiaridades evolutivas da condição masculina
BRIBIESCAS, Richard G. *Men: evolutionary and life history*. Cambridge: Harvard University Press, 2008.

Um dos guias mais completos sobre a violência entre os sexos envolvendo primatas, com capítulos assinados por alguns dos maiores primatólogos do planeta
MULLER, Martin N.; WRANGHAM, Richard W. (ed.). *Sexual coercion in primates and humans*: an evolutionary perspective on male aggression against females. Cambridge: Harvard University Press, 2009.

Os interessados numa visão mais cética sobre os estereótipos associados à masculinidade em seres humanos e outros animais provavelmente apreciarão o livro a seguir
FINE, Cordelia. *Testosterona Rex*: mitos de sexo, ciência e sociedade. São Paulo: Três Estrelas, 2018.

Outra autora, psicóloga de formação, vai na direção oposta e argumenta em favor das diferenças natas entre homens e mulheres
PINKER, Susan. *O paradoxo sexual*: hormônios, genes e carreira. São Paulo: BestSeller, 2010.

A controversa tese de Napoleon Chagnon sobre os unokais está resumida em seu fascinante (e controverso) livro
CHAGNON, Napoleon. *Nobres selvagens*: minha vida entre duas tribos perigosas, os ianomâmis e os antropólogos. São Paulo: Três Estrelas, 2015.

Sobre os Waorani
BECKERMAN, Stephen et al. Life histories, blood revenge, and reproductive success among the Waorani of Ecuador. *PNAS*, v. 106, n. 20, p. 8134-8139, 2009.

Reveladora análise sobre os fatores que teriam levado ao "gargalo" do cromossomo Y nos primeiros milênios do Neolítico
ZENG, Tian Chen, AW, Alan J.; FELDMAN, Marcus W. Cultural hitchhiking and competition between patrilineal kin groups explain the post-Neolithic Y-chromosome bottleneck. *Nature Communications*, v. 9, n. 1, 2018. Disponível em: https://doi.org/10.1038/s41467-018-04375-6. Acesso em 25 maio 2021.

Recomendo fortemente esta fascinante análise darwinista da pré-história por trás da Guerra de Troia
GOTTSCHALL, Jonathan. *The rape of Troy*: evolution, violence and the world of Homer. Nova York: Cambridge University Press, 2008.

Do mesmo autor, uma saborosa análise da competitividade masculina baseada em fatos reais (sua decisão de tentar lutar numa arena de MMA, no caso)
GOTTSCHALL, Jonathan. *The professor in the cage*: why men fight and why we like to watch. Nova York: Penguin, 2016.

Excelente visão geral sobre os estereótipos ligados à evolução humana e o que a ciência realmente diz sobre o nosso passado evolutivo, inclusive quanto a questões de gênero
ZUK, Marlene. *Paleofantasy*: what evolution really tells us about sex, diet and how we live. Nova York: W.W. Norton, 2013.

Livro importantíssimo — e controverso — sobre violência masculina e desigualdade social
DALY, Martin. *Killing the competition*: economic inequality and homicide. Londres: Routledge, 2016.

O artigo científico original sobre os possíveis descendentes de Gengis Khan
ZERJAL, Tatiana et al. The genetic legacy of the Mongols. *American Journal of Human Genetics*. v. 72, n. 3, p. 717-721, 2003.

Sobre Niall dos Nove Reféns
MOORE, Laoise T. et al. A Y-chromosome signature of hegemony in Gaelic Ireland. *American Journal of Human Genetics*, v. 78, n. 2, p. 334-338, 2006.

Análise das variantes do cromossomo Y que predominam na população brasileira
RESQUE, Rafael et al. Male lineages in Brazil: intercontinental admixture and stratification of the European background. *PLoS ONE*, v. 11, n. 4, 2016. Disponível em: https://doi.org/10.1371/journal.pone.0152573. Acesso em: 25 maio 2021.

Os experimentos sobre a excitação de homens homofóbicos diante de imagens de sexo gay
ADAMS, Henry E.; WRIGHT Jr., Lester W.; LOHR, Bethany A. Is homophobia associated with homosexual arousal? *Journal of Abnormal Psychology*, v. 105, n. 3, p. 440-445, 1996.
CHEVAL, Boris et al. Homophobia: an impulsive attraction to the same sex? Evidence from eye-tracking data in a picture-viewing task. *The Journal of Sexual Medicine*, v. 13, n. 5, p. 825-834, 2016.
CHEVAL, Boris et al. Homophobia is related to a low interest in sexuality in general: an analysis of pupillometric evoked responses. *The Journal of Sexual Medicine*, v. 13, n. 10, p. 1539-1545, 2016.

5

TRIBO

Os instintos e as instituições que di[videm] a humanidade em grupos de inimigo[s]

> *Para mim, o número não é importante. Eu só queria ter matado mais. Não para me gabar, mas porque acredito que o mundo é um lugar melhor sem selvagens por aí tirando vidas americanas.*
>
> Chris Kyle, *Sniper americano*

Não consigo dizer com certeza quantas vezes li *O Senhor dos Anéis* nos últimos vinte anos. Só sei que foram muitas de ponta a ponta, e que algumas passagens isoladas eu tendo a reler mais vezes ainda, pelo puro prazer que o esplendor da linguagem tolkieniana, em seus melhores momentos, é capaz de provocar. E o trecho que mais gosto de revisitar é este, sobre a última grande batalha de Théoden, rei de Rohan (a tradução é minha):

> *Seu escudo dourado estava descoberto, e eis que ele brilhava como uma imagem do Sol, e a grama flamejou em verde à volta das patas brancas de seu corcel. Pois a manhã veio, a manhã e um vento do mar: e a escuridão foi removida, e as hostes de Mordor gemeram, e o terror as tomou, e elas fugiram, e morreram, e os cascos da ira cavalgaram por sobre elas. E então toda a hoste de Rohan irrompeu em canção, e eles cantavam enquanto matavam, pois o regozijo da batalha estava neles, e o som de seu cantar, que era belo e terrível, chegou até mesmo à Cidade.*

E eles cantavam enquanto matavam. Se você para um instante para pensar, o sentimento expresso por essa frase de beleza cruel é absolutamente bizarro, por mais que os sujeitos trucidados na cena sejam "merecedores" de tal destino. Não me entenda mal — não acho que J.R.R. Tolkien não enxergue a ambivalência ética da guerra. Pelo contrário: sua obra de ficção é perfeitamente capaz de retratar com empatia até os inimigos mais malignos, ao contrário do que dizem muitos de seus críticos. Mas a reação instintiva à passagem, minha e de incontáveis sujeitos que nunca derramaram sangue na vida (graças a Deus), é de cantar e matar junto com os cavaleiros de Rohan, ainda que só na imaginação. "Eu só queria ter matado mais", diz o *sniper* americano na epígrafe deste capítulo.

A resposta ao enigma está contida nesse mesmo trecho da autobiografia do militar Christopher Scott Kyle: "O mundo é um lugar melhor sem *selvagens* por aí tirando vidas *americanas*" (grifos meus).

Nós contra eles, o bem contra o mal, o certo contra o errado: esse raciocínio — ou melhor, instinto — provavelmente está no cerne do tamanho do estrago que a Força Bruta foi capaz de causar aos diferentes grupos de *Homo sapiens* nos últimos milênios. Não há como exagerar sua importância. Racismo, xenofobia, colonialismo, antissemitismo e outras manifestações correlatas e nem um pouco admiráveis da natureza humana só existem por causa de tal instinto. Podemos viver em cidades com milhões de habitantes e em nações que chegam a ter mais de 1 bilhão de cidadãos, mas ainda somos primatas com cérebros tribais. Eis a nossa tragédia, e o único jeito de tentar reescrever essa história é usar o método científico para ver como ela funciona, decompô-la em suas partes básicas e, com alguma sorte, montar algo novo e menos sanguinolento com elas.

QUESTÃO DE CONFIANÇA

No capítulo 2, exploramos em detalhes como funcionava e ainda funciona a "humanidade 1.0" dos caçadores-coletores nômades (ou ccns, caso você tenha esquecido a sigla). É claro que existe um abismo entre a organização desses grupos e as formas mais amplas e complicadas de sociedade humana que emergiram mais tarde, mas o aspecto que talvez seja o mais importante para entender o que separa um ccn da maioria das pessoas vivas hoje é o mero tamanho das redes sociais (as reais, não as da internet) geradas por esses respectivos estilos de vida.

Ou, para ser mais preciso e um tanto reducionista, o simples número de pessoas que podem ser incluídas no que cada indivíduo considera o "seu" grupo, a "sua" sociedade.

Aqui, gostaria de apresentar ao leitor duas palavrinhas inglesas muito úteis, que costumam ser empregadas a torto e a direito em estudos de áreas como a teoria da evolução e a psicologia social: *ingroup* ("grupo interno", grupo ao qual você mesmo pertence) e *outgroup* ("grupo externo", o grupo dos outros). Vimos como a fronteira entre *ingroup* e *outgroup* não é tão precisa assim, mesmo quando falamos de CCNS. Além da unidade social mais próxima à qual todo mundo pertence, o chamado bando (de algumas dezenas de indivíduos), ainda há interações frequentes e circulação de pessoas e bens no interior do "grupo regional", o conjunto de bandos de uma região relativamente ampla. Grupos regionais, é bom lembrar, incluem algumas centenas de pessoas que normalmente compartilham o mesmo dialeto e a mesma cultura e trocam parceiros (e genes) com frequência.

Esses dois fatos básicos levam a uma implicação importante: até para um singelo CCN, há alguma divisão de lealdades, reciprocidade e benevolência entre bando e grupo regional, de modo que ao menos parte da confiança da qual é digno um membro do bando da própria pessoa também pode ser conferida a alguém do grupo regional. Essa confiança pode ser construída de duas formas bastante concretas: contato direto e reputação. É fácil entender a primeira, afinal de contas, cada membro de um bando de CCNs certamente passa a vida toda em contato direto com parentes, amigos e conhecidos de seu próprio bando e dos bandos vizinhos. Com isso, vai percebendo como depende dessas pessoas para sobreviver, caçando com elas, viajando em conjunto, produzindo ferramentas, cortejando potenciais parceiros sexuais etc. É óbvio que esse sujeito vai considerar que tais pessoas fazem parte do seu *ingroup*.

Convém destacar que tudo isso se encaixa como uma luva nos modelos propostos pela teoria da evolução para o surgimento do altruísmo e da cooperação — e isso em qualquer espécie, não apenas na nossa. De um lado, cooperar com parentes próximos faz muito sentido sob a óptica darwinista, uma vez que tais parentes são, para todos os efeitos, *parte* de você. Não se trata de mera metáfora sentimentalista, mas de um fato da genética: você compartilha consideravelmente mais DNA (as mesmas cópias dos mesmos genes, com uma ou outra variação) com um irmão, um primo ou um sobrinho do que com o zé-mané da esquina.

O processo reprodutivo em seres humanos e na maioria dos outros animais faz com que cada um de nós carregue, em média, 50% do DNA que está nas células de nossos irmãos, nossos pais ou nossos filhos;[42] 25% do DNA de nossos avós, tios, sobrinhos ou netos; 12,5% do material genético de nossos primos de primeiro grau — e assim vai. Isso significa que a célebre "luta pela sobrevivência" (uma caricatura, já sabemos, mas vale como imagem genérica) é assunto coletivo. Dar uma mãozinha a um parente em apuros ou mesmo morrer para proteger um filho ou um neto acaba garantindo que versões dos mesmos genes que, em grande medida, são responsáveis pela sua identidade biológica continuem se propagando por milênios. Eis a essência da chamada *seleção de parentesco*, como é conhecido esse aspecto da seleção natural. A seleção de parentesco, como vimos, baseia-se na *aptidão inclusiva*: a ideia de que a tal "sobrevivência dos mais *aptos*" dos livros de biologia *inclui* tanto o indivíduo quanto seus parentes próximos.

E é preciso considerar ainda que, mesmo quando não há parentesco algum entre dois membros de um bando de CCNS, a convivência constante entre eles cria infindáveis oportunidades para a reciprocidade, a troca de favores que, muitas vezes, será essencial para a sobrevivência e o sucesso reprodutivo de ambos. Essa forma de cooperação, portanto, encaixa-se tão bem quanto a existente entre parentes nos modelos evolutivos, sendo designada como *altruísmo recíproco* — o altruísmo que segue a máxima de que uma mão lava outra e de que é dando que se recebe.

Contudo, além do contato direto com a parentela e com outros companheiros do bando, nosso amigo caçador-coletor provavelmente também vai ouvir falar de gente que ele não conhece, mas que faz parte do círculo de parentesco e amizade das pessoas com quem costuma se

---

[42] Desde que os irmãos sejam filhos do mesmo pai e da mesma mãe, o que nem sempre é o caso.

encontrar. Tais desconhecidos de cuja existência ele está ciente vão adquirir, na cabeça do sujeito, certo grau de reputação e consideração como membros mais distantes de seu *ingroup*.

Em seu livro *O mundo até ontem*, uma análise detalhada das sociedades tradicionais que ainda existem no século XXI, o biogeógrafo Jared Diamond explica a importância da reputação com uma cena hipotética ao mesmo tempo engraçada e aterrorizante. Imagine que você é um caçador-coletor que está viajando por seu território tradicional — uma floresta tropical, digamos — quando, não mais que de repente, um completo estranho aparece na sua frente. Numa situação mais favorável (do seu ponto de vista, ao menos), você poderia simplesmente despachar o sujeito desta para uma melhor a flechaços, e a distância, sem que ele nem tivesse notado sua presença. Afinal, aquele é o *seu território* e ele o está invadindo, o que justifica a punição sumária. Ou, se você não estiver carregando seu arco naquele dia e o intruso for particularmente robusto, talvez valha a pena sair correndo antes que aconteça um encontro no qual haja uma chance considerável de você levar a pior. No entanto, se o encontro é inevitável e nenhum dos dois é capaz de tomar uma atitude preventiva antes do contato, qual é o comportamento-padrão de um bom CCN? Iniciar uma longa conversa para saber se vocês têm amigos ou parentes em comum, é claro. Após algum tempo de rememoração genealógica, digamos que vocês descobrem que são primos de terceiro grau ou são amigos do mesmo xamã de um bando vizinho. Pronto, tudo resolvido: ninguém precisa crivar de flechas o fígado do outro, e ambos podem seguir viagem em paz.

Esse cenário, por mais que seja comicamente hipotético, reflete bem o que se sabe sobre grupos como os !Kung do sul da África, que já encontramos em capítulos anteriores. Em um dos dialetos desse povo, há uma divisão básica da humanidade inteira em duas grandes categorias. De um lado, há os seres humanos que eles designam como *jū/wāsi* (*jū* = "pessoa", *wā* = "leal, bom, honesto, limpo, inofensivo", *si* = marcador do plural); em bom português coloquial, "gente boa", "pessoas legais". O termo se aplica basicamente ao grupo regional !Kung, com cerca de mil pessoas, da área de Nyae, na Namíbia. Do outro lado da "cerca" conceitual deles estão os *jū/dole* (*dole* = "mau, estranho, nocivo"), termo que abrange brancos, grupos africanos que não são !Kung e até gente que fala o mesmo dialeto, mas não tem laços de parentesco ou amizade com nenhum deles. Guarde bem essa distinção binária: veremos que ela é extremamente importante e está longe de ser exclusividade dos nossos amigos !Kung.

Contudo, por mais que as categorias pareçam estanques — e, de fato, costumam ser —, existe uma brecha na muralha conceitual separando *jū/wāsi* de *jū/dole*. Diamond também nos conta a curiosa história de Gao, um !Kung da região de Nyae que, a pedido da antropóloga americana Lorna Marshall, foi visitar uma comunidade que vivia ao norte do seu grupo regional. Ali, portanto, ele era um estranho completo, e os !Kung da região inicialmente o chamaram de *jū/dole*. Gao, porém, era um diplomata nato. Comentou que ficara sabendo que alguém por ali tinha o mesmo nome que seu pai, e que outra pessoa do grupo de estranhos tinha um irmão chamado Gao. Isso foi o suficiente para que os !Kung do grupo estranho dissessem: "Ah, então você é *!gun!a* [termo genérico para "parente"] do nosso Gao." Em seguida, permitiram que o recém-chegado acampasse com eles e lhe ofereceram comida. Ufa.

É preciso, portanto, ter em mente estas duas coisas aparentemente contraditórias: 1) de um lado, o que chamamos de *ingroup* é algo originalmente restrito às poucas centenas de pessoas com as quais temos contato direto ou indireto ao longo da vida; 2) de outro, essa sensação de confiança e pertencimento pode ser alterada pelo contexto imediato e pela criatividade de quem traça as fronteiras entre os "de fora" e os "de dentro". Tudo depende do contexto e da variedade de incentivos para que as fronteiras entre *ingroup* e *outgroup* sejam definidas e redefinidas.

A GUERRA DOS ESCOTEIROS

Os cientistas, aliás, já observaram esse tipo de redefinição em tempo real, num dos experimentos mais importantes da história da psicologia social.

Tudo começou em 1954, quando o casal de psicólogos formado pelo turco Muzafer Sherif e pela americana Carolyn Wood resolveu levar meninos com idade entre 11 e 12 anos para acampar no longínquo e bucólico parque estadual Robbers Cave, em Oklahoma (centro-sul dos

Estados Unidos). Eram típicos garotos americanos de classe média dos anos 1950: brancos, protestantes, bons alunos. Os 22 meninos foram divididos em dois grupos, e cada um — e eis aqui o ponto crucial — *não sabia da existência do outro*, ao menos no começo do experimento.

Durante mais ou menos uma semana, a meninada se divertiu nadando, fazendo caminhadas ao ar livre etc., com ambas as turmas restritas à região do parque onde ficavam seus respectivos acampamentos. Cada grupo resolveu se batizar com um apelido, surgindo então os *Eagles* (Águias) e os *Rattlers* (Cascavéis). Fizeram até camisetas e bandeirolas com esses nomes.

Veio, então, o pulo do gato do experimento: Sherif e Wood enfim puseram os *Eagles* e os *Rattlers* em contato, organizando alguns dias de competições esportivas "amistosas" entre os dois acampamentos. Isso acabou desencadeando uma cultura de rivalidade cada vez mais intensa entre os garotos, bem como uma curiosa tendência à "diferenciação cultural", que não parece ter sido necessariamente consciente, mas que foi intensificando distinções comportamentais que, antes da formação dos acampamentos separados, não existiam de jeito nenhum. Talvez os nomes escolhidos tenham direcionado o processo, de forma quase simbólica, porque os *Eagles* passaram a se definir como garotos respeitosos, organizados e que não usavam palavrões. Já os *Rattlers* definiram-se como durões e "sem frescura", zombando de seus adversários certinhos.

E, claro, as hostilidades foram se tornando cada vez mais violentas. Os garotos trocaram xingamentos de parte a parte; os *Eagles* queimaram uma bandeira dos *Rattlers*; houve episódios de furto nos acampamentos. Os psicólogos começaram, então, a pensar em estratégias para acabar com a rixa. Organizar piqueniques ou sessões de cinema com todo mundo junto acabou sendo um portentoso tiro pela culatra, resultando em guerras de comida e mais brigas e xingamentos. Não adiantou nem trazer pastores para que eles proferissem para os meninos sermões acerca do amor ao próximo: os moleques entenderam que aquilo era um apelo para que amassem *seus próximos*, ou seja, os membros de seu próprio grupo, e que se danassem os malditos rivais. A única abordagem que funcionou para pacificar a garotada? Informar a ambos os grupos que o suprimento de água dos acampamentos tinha sido cortado e que agora eles precisavam trabalhar juntos. Ou seja, estabelecer um objetivo comum, que precisava ser enfrentado independentemente das identidades grupais dos meninos.

Voltemos, no entanto, à mesquinharia das formações de grupos opostos. Acontece que, em menor escala, fenômenos como o estabelecimento das identidades opostas dos *Eagles* e dos *Rattlers* são ridiculamente fáceis de provocar, sem nenhuma necessidade de gastar tempo, dinheiro e gasolina levando um bando de moleques para os cafundós de Oklahoma. Em outro experimento psicológico célebre, por exemplo, os participantes foram apresentados a uma série de quadros que teriam sido pintados por dois mestres modernistas, o russo Wassily Kandinsky e o suíço Paul Klee. Com base nas respostas dos participantes do estudo, eles foram divididos em grupos de "fãs de Kandinsky" e "fãs de Klee". Mas atenção: a divisão foi *arbitrária*, feita não com base nas diferenças reais entre o estilo dos dois artistas e a apreciação delas por parte das pessoas, mas de modo aleatório — alguém que dizia ter adorado uma quantidade igual de obras de ambos os pintores podia ser jogado num dos grupos com base em pura sorte.

Depois de serem classificados (supostamente) por seu gosto artístico, os voluntários responderam a um questionário com questões como: você, "fã de Klee", acha que os outros fãs de Klee são mais inteligentes que os fãs de Kandinsky? Você preferiria emprestar dinheiro para um sujeito que também é fã de Klee ou para um entusiasta do outro pintor? Por incrível que pareça, as pessoas tendiam a responder que "sim, os fãs do mesmo pintor que aprecio são mais inteligentes que os demais, e é claro que eu preferiria emprestar dinheiro *a eles*, e não para aquele povinho de mau gosto que é fã de Kandinsky". O efeito é tão automático que aparece até quando as pessoas são divididas em dois grupos usando cara e coroa. Se Fulano tirou cara, como eu, provavelmente é mais inteligente que quem tirou coroa. É ridículo, francamente — de novo, não há base lógica nenhuma para a distinção, que é puramente arbitrária, "chutada".

E não pense que o processo só acontece quando já temos alguma consciência de que é possível separar pessoas em grupos. Há muitas evidências intrigantes de que até bebês desenvolvem tal capacidade com muita rapidez, quiçá porque já venham "de fábrica" com esse potencial. Como não é possível fazer com que criancinhas recém-nascidas ou com poucos meses de vida respondam a questionários por escrito ou verbalmente, os cientistas desenvolveram uma série de subterfúgios espertos para estimar o que passa pela cabeça delas, como acompanhar o movimento e a duração do olhar (bebês tendem a observar com mais intensidade e por mais tempo as coisas que lhes parecem desejáveis, surpreendentes ou interessantes), a frequência com que sugam uma chupeta (quanto mais chupam o objeto, mais surpresos ou intrigados estão) ou os batimentos cardíacos.

Esse tipo de estudo revelou que recém-nascidos têm capacidade de reconhecer a língua materna, já que o idioma da própria mãe é o que ouviram mais de perto quando estavam na barriga. Aos seis meses de idade, os bebês preferem olhar para pessoas que falam a mesma língua que eles; aos dez meses, aceitam com mais facilidade brinquedos oferecidos por pessoas que são fluentes em seu próprio idioma. Os rostos de pessoas com a mesma identidade racial que a dos bebês também parecem despertar mais confiança neles, conforme revelou um estudo feito em 2018 na Universidade Princeton (EUA). Nessa pesquisa, crianças com idade entre seis e oito meses assistiam a um vídeo no qual uma mulher adulta olhava para um canto da tela. Na sequência, aparecia a imagem de um animal — que podia estar no canto da tela para o qual a mulher tinha direcionado seu olhar ou em outro ponto. Se a mulher da cena inicial era negra, digamos, crianças negras tendiam a acompanhar a direção do seu olhar com mais frequência; crianças brancas acompanhavam mais o olhar de mulheres brancas.

Por um lado, tamanho instinto de lealdade a um grupo é exatamente o que a gente esperaria que existisse no cérebro desse primata social que é, para todos os efeitos, 99% chimpanzé e, como já dissemos, depende profundamente dos membros de seu grupo para quase tudo, do cuidado com os bebês à obtenção de comida e à defesa contra predadores. Primatas e outros mamíferos sociais costumam *cooperar* dentro da mesma unidade social (a qual também, em geral, é, ao menos em parte, uma unidade familiar, biológica, genética) e *competir* com outros grupos, seja indiretamente, por recursos, seja em conflitos diretos. Até aí, não há surpresa alguma. Mas o comportamento humano quase sempre é essa mistura de algo familiar a outras espécies com algo completamente inédito, e a diferença aqui não poderia ser mais clara: nenhum chimpanzé seria capaz de se autodefinir como membro de um grupo de fãs de Kandinsky (ou de torcedores do Flamengo). O que está evidente é que, ao menos em termos de potencial, a capacidade de redefinir e ampliar o que é um *ingroup* é muito maior na nossa espécie, apesar das semelhanças entre o nosso DNA e o dos chimpanzés.

Acredita-se que isso tenha começado há cerca de 100 mil anos, quando apareceram os primeiros sinais de desenhos (de início, figuras geométricas singelas, como linhas que se cruzam em zigue-zague), adornos corporais simples (colares de conchas, contas feitas com casca de ovo de avestruz) e outras pistas de *autocompreensão simbólica*. Trocando em miúdos, esses *Homo sapiens*[43] de dezenas de milhares de anos atrás, moradores da África e do Oriente Médio, descobriram o truque de usar símbolos para organizar e recriar a realidade dentro de suas próprias caixas cranianas. A partir de agora, eis que este pingente de marfim de mamute pendurado no meu pescoço não apenas é bonitinho, mas também *significa* que eu sou membro da valorosa tribo dos Guerreiros-Mamutes, ou coisa que o valha. Se você carrega o mesmo pingente, ele é um sinal visível das conexões invisíveis que existem entre nós, assim como um escapulário ou uma camisa do Santos servem de emblema de pertencimento para quem os usa e de reconhecimento para quem os vê em correligionários ou companheiros torcedores. Pertencimento, reconhecimento e também fronteira, barreira e desafio para quem *não* é portador dos mesmos sinais visíveis de conexões invisíveis: aquilo que circunscreve e une um grupo também tem o po-

---

[43] Provavelmente, alguns neandertais, mais ou menos contemporâneos dos primeiros *Homo sapiens* "simbólicos", tinham capacidades parecidas, a julgar pelas formas rudimentares de arte e adornos corporais que deixaram em cavernas da Europa. Costumava-se achar que essas obras neandertais teriam sido apenas "aculturação" diante da chegada dos primeiros *H. sapiens* ao continente europeu, mas as pesquisas mais recentes indicam que essas capacidades evoluíram de forma independente em ambas as espécies, ao menos de início.

tencial de lançar longe, simbolicamente, aqueles que não pertencem àquela unidade social. Em geral, corintianos não podem se dizer palmeirenses, nem palmeirenses saem por aí afirmando que também torcem para o Timão.

A flexibilidade desse procedimento de identificação grupal, que só o pensamento simbólico foi capaz de proporcionar, permitiu que ele fosse cooptado por outros processos de aumento da complexidade social que se puseram em marcha a partir do fim da Era do Gelo, pouco mais de 10 mil anos atrás. Você se lembra das linhas gerais do fenômeno? O aparecimento da agricultura e da criação de animais deflagrou, em diferentes "centros de origem" espalhados pelo mundo (como o sudoeste da Amazônia), o aumento da densidade populacional e a gênese de hierarquias sociais e políticas. Tais populações, portanto, passaram a transcender os *ingroups* modestos dos CCNS.

No lugar da organização social primeva de bandos e grupos regionais, surgiram primeiro as *tribos*, com milhares de membros e chefes mais ou menos permanentes (mas não hereditários nem incontestes); depois as *chefias* ou os *cacicados*, tipicamente com dezenas de milhares de membros, liderança hereditária, embriões de uma nobreza de sangue e construção de monumentos; e, por fim, o que ainda chamamos de *Estados*: centenas de milhares ou milhões de membros, burocracia, cobrança de impostos, registros escritos, guerras de larga escala, formação de impérios[44] etc. Ocorre que a identificação de *ingroups* e *outgroups* inevitavelmente passou por transformações imensas para que tribos, chefias e Estados surgissem. Podemos dizer que, quanto maior o tamanho da organização social, maior a transformação, de modo geral.

Afinal, para que essas novas encarnações dos grupos humanos funcionassem, era preciso que emergisse a interação pacífica e relativamente confiável entre gente que não tinha parentesco nenhum entre si, não tinha relações de amizade, não possuía informações so-

---

[44] Estou tratando os impérios simplesmente como uma forma hipertrofiada de Estado nesta discussão. Talvez não seja uma visão 100% precisa do fenômeno, mas faz sentido e quebra o nosso galho, ao menos por enquanto.

bre a reputação dos demais membros do novo grupo social e, aliás, possivelmente cruzaria com os ditos-cujos apenas uma vez na vida, ou nunca. Um legionário romano, neto de colonos que tivessem ido para a Bretanha (atual Inglaterra), muito provavelmente passaria a vida inteira sem colocar os pés na própria Roma e sem falar com um romano "nato". O único jeito de impedir que essas unidades sociais comparativamente imensas se esfacelassem seria reforçar os laços *simbólicos* entre seus membros.

Ok, admito: afirmar que esse era "o único jeito" é forçar a barra. Também existia o uso do poderio militar e material. Que o digam os judeus, mantidos a ferro e fogo sob o domínio do Império Romano após duas revoltas apocalípticas contra os invasores de sua terra por volta dos anos 70 d.C. e 135 d.C.; ou os Estados Confederados da América, que se separaram dos Estados Unidos em 1861 porque queriam manter seu regime escravista, deflagrando uma guerra civil que produziu cerca de 700 mil mortos e é até hoje o conflito mais sangrento da história americana (se não fosse pela derrota dos confederados em 1865, seria possível que o fim da escravidão nos Estados Unidos tivesse tardado tanto quanto no Brasil). Mas só o uso da força normalmente não é suficiente para manter essas unidades sociais grandalhonas juntas. Mecanismos culturais e políticos que atuem como "cola" simbólica — mitos, lendas, narrativas, bandeiras, hinos nacionais, a parafernália toda — costumam ser indispensáveis para que pessoas díspares continuem acreditando que são parte de algo maior que o grupo de seres humanos de pequena escala com o qual convivem no dia a dia.

Crenças religiosas são, é claro, um ingrediente importantíssimo desse tipo de cola simbólica — tão importante e controverso, aliás, que decidi abordá-lo num capítulo à parte, o próximo, apesar da semelhança geral entre elas e outros mecanismos de coesão cultural. Mas vários outros fatores importantes dessa construção de novas barreiras não são necessariamente, ou exclusivamente, religiosos. O mais relevante, por ora, é perceber como os elementos de diferenciação funcionam como "puxadinhos", construções mentais e culturais que, em sua origem, eram improvisadas. Com essa afirmação, quero dizer que elas se valem dos mecanismos mais profundos de delimitação entre grupos internos e externos, cuja função original se aplicava apenas a bandos e que parecem fazer parte da lista de aplicativos "de fábrica", "pré-instalados" no cérebro humano, para construir algo mais complicado e recente por cima de tais bases.

Se grupos de animais sociais normalmente *cooperam* para *competir* com outros grupos, isso significa, no fim das contas, que os grupos mais cooperativos, se todos os outros fatores forem iguais, oferecerão a seus membros mais chances de sucesso do ponto de vista da seleção natural.[45] Com isso, grupos cujos membros são altamente entrosados tendem a superar os que não contam com mecanismos de cooperação de primeira linha. No caso dos seres humanos dos últimos 10 mil anos, o que vemos repetidas vezes e em locais e épocas diferentes é que o processo é capaz de se autoalimentar, com os grupos mais eficientes assimilando ou destruindo os menos cooperativos e, desse modo, dando saltos de escala, de ordem de grandeza mesmo, em seu número de membros e nos territórios que dominam.

Isso não necessariamente significa que a maioria dos membros dos grupos vitoriosos acaba tendo mais sucesso reprodutivo que os dos grupos derrotados, embora isso às vezes aconteça; basta observar a proporção de descendentes de europeus nas populações modernas das Américas e da Austrália, dois lugares onde, até quinhentos anos atrás, não havia um único europeu. Em muitos casos, a complexidade cultural da nossa espécie faz com que uma seleção natural ocorra *entre culturas* ou entre misturas complicadas de culturas e genes. E as ferramentas simbólicas criadas por cada entidade cultural são armas inegavelmente poderosas em qualquer disputa, em especial quando criam assimetrias de poder, oferecendo a um grupo capacidades de canalizar os instintos de cooperação e competição com mais eficácia que seus vizinhos e rivais.

---

[45] Um fator complicador – bem complicador, na verdade – dessa afirmação é que existe também a competição *interna*, que pode levar certos membros do grupo a fazer corpo mole na cooperação, enquanto os demais fazem o trabalho pesado da defesa, do cuidado com filhotes etc. Nesse caso, os malandros se aproveitam dos benefícios do comportamento cooperativo e altruísta sem ter de arcar com os custos, o que faz com que seu sucesso reprodutivo seja ainda maior que o dos companheiros de grupo "certinhos".

ATENIENSES E ZULUS: VIDAS PARALELAS

Eu sei que toda a conversa dos últimos parágrafos, depois das histórias concretas e saborosas acerca dos !Kung, dos escoteiros e dos fãs de arte moderna, talvez tenha soado abstrata demais. Recorro agora, portanto, a um expediente adotado desde os tempos de Plutarco, escritor grego responsável pela célebre coleção de biografias comparativas de grandes líderes de Roma e da Grécia, as chamadas *Vidas paralelas*.

Nesses textos, o maior biógrafo da Antiguidade compara, por exemplo, as trajetórias de Alexandre, o Grande, e Júlio César, os dois maiores conquistadores greco-romanos.[46] Eu, porém, decidi examinar os paralelos entre dois povos inteiros: os habitantes da cidade-Estado de Atenas e os zulus da atual África do Sul, respectivamente.

Comecemos com os "biografados" mais antigos. Nos últimos anos do século VI a.c., Atenas estava tentando sair de uma crise política das mais complicadas. Após séculos de governo aristocrático, no qual poucas centenas de famílias abastadas se revezavam nos principais cargos de relevo e ditavam os rumos da cidade-Estado, o lugar tinha sido dominado pelos tiranos da dinastia fundada pelo herói de guerra Pisístrato. Os chamados Pisistrátidas tinham mantido a cidade sob seu jugo durante uns quarenta anos. É bom lembrar que "tirano", para os gregos antigos, tinha um sentido técnico um tanto diferente do significado usual hoje. Um *týrannos*[47] helênico era alguém que tomava o poder absoluto por meios não constitucionais, ou seja, não previstos nas leis da cidade-Estado que o sujeito dominava, muitas vezes com o apoio de facções populares ou de capangas pagos do próprio bolso. O *týrannos* não necessariamente empregava o poder de forma violenta e despótica, ou às vezes era um "déspota esclarecido", melhorando a economia, patrocinando as artes e

---

[46] Para todos os efeitos, estou considerando que Alexandre da Macedônia era "grego". É verdade que os cidadãos da Grécia relutavam em aceitar que os macedônios, seus vizinhos do norte, fossem realmente "de raça helênica", como se dizia na época, mas quase todos os especialistas modernos concordam que a língua do povo de Alexandre não passava de um dialeto do grego, ainda que um tanto arrevesado. E, ao conquistar o Império Persa, ele espalhou a cultura grega por todo o Oriente Médio, do Egito ao Iraque, chegando até as fronteiras da Índia.

[47] A sílaba tônica é a primeira, e o *ý* grego deve ser pronunciado como se você fosse emitir o som do *i* fazendo o célebre "biquinho" do francês.

até permitindo eleições. Foi mais ou menos isso que aconteceu durante a primeira geração do domínio dos Pisistrátidas.

No caso de Atenas, porém, o assassinato de um dos filhos de Pisístrato fez com que o filho sobrevivente, herdeiro dos poderes do pai, aplicasse os princípios da tirania no sentido moderno, aterrorizando os atenienses. Isso continuou até que uma facção aristocrática exilada, com o auxílio do exército de Esparta, então a cidade-Estado mais poderosa da Grécia continental, expulsou os Pisistrátidas.

Liberdade, liberdade, abre as asas sobre nós? Não exatamente, ao menos não de início. O vácuo deixado pelo fim da tirania fez com que os nobres atenienses voltassem a disputar o comando da cidade, como faziam nos velhos tempos. Aproveitando-se da bagunça, os espartanos tentaram instalar um tirano aristocrático controlado por eles em Atenas, sendo derrotados por uma revolta popular. E foi então que outro membro da nobreza ateniense, chamado Clístenes, propôs uma reorganização radical do Estado embrionário que existia ali, aproveitando-se, ao que tudo indica, da vitória dos revoltosos contra Esparta para que essa reforma fosse aprovada.

Ocorre que, assim como os israelitas antigos, os atenienses e outros povos da Grécia Antiga ainda mantinham certo tipo de organização tribal, embora muitos já vivessem em centros urbanos. Assim como em outros lugares do mundo, as tribos gregas eram conjuntos populacionais que se consideravam descendentes de um herói ou ancestral célebre (mítico ou, mais raramente, verdadeiro). A estrutura tribal também influenciava, em grande parte, as ligações sociais e os conchavos políticos nos vilarejos e nas propriedades rurais do território ateniense, já que só uma parcela relativamente pequena da população vivia na cidade propriamente dita.

Ora, nosso amigo Clístenes simplesmente desfez as antigas quatro tribos jônias que existiam ali desde tempos imemoriais, substituindo-as por dez tribos inteiramente novas, batizadas com os nomes de dez heróis do passado lendário.[48] A tribo associada ao herói de nome Áca-

---

[48] Os heróis epônimos das tribos atenienses são: Hipotoonte, Antíoco, Ajax, Lêos, Erecteu, Egeu, Eneu, Ácamas, Cécrope e Pândion.

mas, por exemplo, era a tribo de Acamantis. O crucial sobre essa reforma é que o status de membro de cada uma das tribos foi totalmente desvinculado de qualquer tipo de ascendência paterna ou materna, real ou imaginária. Os cidadãos atenienses simplesmente foram designados como integrantes de uma das novas dez tribos, e houve o cuidado para misturar dentro delas, em proporções mais ou menos iguais, gente das três grandes regiões que costumavam produzir facções políticas rivais na Atenas anterior à reforma de Clístenes. Essas três áreas eram associadas à costa, ao interior da Ática e ao centro urbano da cidade-Estado. E, em geral, os "terços" regionais associados a cada tribo recém-criada não eram contínuos do ponto de vista espacial, o que quebrava a conexão entre vilarejos, propriedades rurais e filiação tribal que tinha sido uma das fontes do poder da nobreza.

O resultado disso foi, em primeiro lugar, a criação de uma união simbólica muito maior entre os habitantes dos locais mais diferentes dos domínios de Atenas — e não apenas simbólica, já que o exército ateniense começou a lutar organizado em unidades correspondentes às novas tribos, cada uma com seu próprio general (eleito, aliás; não havia exército profissional na cidade-Estado). Finalmente, as dez tribos de Clístenes também viraram a base da participação política dos cidadãos comuns, os quais eram frequentemente designados *por sorteio*,[49] segundo seus "RGS" tribais, para participar de assembleias legislativas e tribunais. Nascia assim o que hoje chamamos de *democracia ateniense*, embora, de início, os criadores do sistema usassem o termo *isonomia*, "igualdade perante a lei."

Não mencionei à toa o novo exército das dez tribos. Libertos do jugo dos tiranos e aparentemente energizados pela participação muito mais direta nos rumos de sua comunidade, os soldados de infantaria atenienses, armados com escudo, lança, capacete e placa peitoral de bronze, passaram a levar a melhor contra seus vizinhos gregos e até contra o temível Império Persa. A potência do Oriente Médio invadiu a Grécia continental duas vezes, em 490 a.C. e 480 a.C., e levou uma sova

---

[49] O sorteio era tão importante quanto as eleições na democracia ateniense. Muitos, aliás, consideravam-no um método mais democrático do que as eleições, que podiam ser enviesadas pela riqueza e pela popularidade dos candidatos.

em ambas as ocasiões graças, em grande parte, a Atenas e sua Marinha, tripulada pela população pobre da cidade. "Os atenienses, quando eram tiranizados, não eram melhores na guerra do que qualquer um de seus vizinhos, mas, quando se livraram dos tiranos, tornaram-se de longe os primeiros entre eles", escreve Heródoto de Halicarnasso em sua *História*, monumental relato dos conflitos entre gregos e persas.[50]

Vitoriosa, Atenas acabou embarcando em seu próprio projeto imperial, dominando outras cidades-Estado gregas por todo o Mediterrâneo e travando guerras em locais tão distantes quanto o Egito e a Sicília, até ser derrotada por sua "inimiga íntima", Esparta. A profunda reorganização da identidade social e política dos atenienses por meio das reformas democráticas (ou isonômicas) de Clístenes, como observou argutamente Heródoto, foi um dos combustíveis desse processo, concentrando e direcionando o potencial bélico da cidade-Estado contra os inimigos externos, embora as disputas políticas internas nunca tenham cessado de todo.

Passemos agora para o segundo povo: não temos tantos detalhes sobre o processo paralelo que transformou a vida dos zulus, em parte pela ausência de um equivalente sul-africano de Heródoto, mas o que sabemos é suficiente para que as semelhanças com Atenas fiquem claras. No século XVIII, o grupo étnico dos Nguni, ancestral dos zulus, levava uma vida similar, em muitos aspectos, à dos gregos dos poemas épicos de Homero. Divididos em clãs e pequenas chefias, cujos líderes coordenavam grupos de apenas algumas dezenas de guerreiros, eles viviam enrolados em combates de pequena escala e incursões para roubar gado bovino. A forma mais comum de batalha envolvia o arremesso de lanças a uma distância relativamente segura, produzindo poucas baixas, em geral. Centralização política era coisa inexistente.

A coisa começou a mudar de figura graças a um chefe guerreiro chamado Dingiswayo. Ele passou a empregar uma mistura de ataques, intimidação e negociação bem planejada para estender gradualmente o

---

[50] Sem contar as inúmeras digressões etnográficas sobre diversos povos do Mediterrâneo antigo, dos babilônios aos líbios. *Historíai*, "pesquisas", foi como Heródoto designou seu trabalho, e o termo acabou virando sinônimo do que chamamos de "história".

seu mando sobre diversos clãs Nguni. Nominalmente, os grupos recém-dominados continuavam sob o controle das antigas famílias nobres, mas o conquistador teve o cuidado de substituir os chefes da linhagem sucessória principal, a "dinastia" reinante, digamos, por membros mais jovens e menos prestigiosos da família nobre. Assim, esses novos líderes ficavam devendo sua posição de mando exclusivamente às boas graças de Dingiswayo. E, o que é mais importante, ele desmantelou o sistema de grupos guerreiros ligados a clãs específicos, misturando os soldados de diversos grupos, que antes podiam ser até rivais, na mesma unidade militar, e sustentando esse exército recém-criado com os despojos obtidos em guerras contra tribos que viviam fora de seus domínios, e não com os bens produzidos na terra natal de cada clã.

O processo ganhou novo impulso após a morte de Dingiswayo, em 1817, quando um de seus comandantes, um guerreiro chamado Shaka, assumiu o trono. Membro do clã Zulu, que acabaria emprestando seu nome ao povo do novo reino, Shaka fixou seus soldados em quartéis espalhados por todo o território — de novo, distantes da terra natal dos guerreiros, o que diminuía a chance de revoltas tribais — e instituiu rituais destinados a celebrar a unidade de seus domínios, como contrapeso aos rituais religiosos locais de cada aldeia e clã.

O toque final das reformas de Shaka foi adotar táticas guerreiras que lembravam as de Atenas e outras cidades-Estado da Antiguidade, como Roma. No território helênico, o fim dos duelos aristocráticos entre "heróis" que arremessavam lanças, descritos por Homero, levou ao surgimento de exércitos compostos por massas de soldados de infantaria pesadamente armados, os *hoplitas* (por isso, esse processo às vezes é chamado de Revolução Hoplítica). O grosso desse novo tipo de força de combate era formado por donos de pequenas propriedades de terra e artesãos, que lutavam em formação fechadinha, com os escudos colados uns aos outros e as lanças em riste. Era uma forma simples e relativamente igualitária de guerra, que premiava a coesão entre os soldados — era muito difícil romper a muralha de escudos formada por hoplitas determinados — e o combate decisivo em campo aberto.

Pois bem: Shaka transformou as táticas de guerra dos zulus aplicando mais ou menos o mesmo princípio dos hoplitas. Embora seus soldados ainda atirassem dardos leves de longe, antes do contato direto com o inimigo, as principais táticas de batalha dos zulus envolviam o emprego combinado de grandes escudos, feitos de couro de boi, e lanças robustas com pontas de ferro no combate corpo a corpo, bem ao estilo grego. Havia também a tentativa de cercar os flancos do adversário por meio de duas subdivisões laterais do exército, nas quais ficavam os guerreiros mais jovens. Usando uma analogia de boiadeiro, os zulus comparavam seu exército a um touro e chamavam essas forças dos flancos de "chifres", enquanto os lutadores mais experientes, postados no centro da linha de combate, eram o "peito" do touro. A tática dos "chifres" e do "peito", aliás, lembra muito a que os hoplitas de Atenas usaram para derrotar os persas na batalha de Maratona, em 490 a.C.

A combinação de medidas políticas e militares adotadas por Shaka levou à criação de um reino zulu cujo território chegava a 200 mil quilômetros quadrados, mais ou menos o tamanho da Inglaterra, e que acabaria batendo de frente com o próprio poderio britânico. Na batalha de Isandlwana, em 22 de janeiro de 1879, forças zulus impuseram a soldados do Império Britânico a pior derrota que eles viriam a sofrer nas mãos de nativos com tecnologia inferior. Nem o uso de canhões e rifles modernos foi suficiente para impedir que as lanças zulus ceifassem a vida de mais de 1.300 soldados de Sua Majestade (pelo que se sabe, as mortes do lado africano foram mais ou menos equivalentes em número). Os britânicos acabaram vencendo a guerra, mas o tropeço em Isandlwana mostra que reformas como as de Clístenes e Shaka são capazes de transformar totalmente a identidade e o poderio militar de um povo.

Convém chamar a atenção do leitor para outro detalhe importante das histórias que acabei de contar: não foi por acaso que o alvo das manipulações políticas que examinamos foi a posição dos indivíduos em grupos amplos de parentesco (reais ou imaginários; lembre-se da importância da ideia de *parentesco mítico* para a formação de unidades tribais no mundo todo). Reimaginar as relações de ancestralidade e parentela é, no fundo, um método de "hackear" ou sequestrar a lógica da aptidão inclusiva e da seleção de parentesco, que é tão importante para mamíferos sociais como nós. Uma amostra aleatória de hinos nacionais confirma isso à perfeição. Itália: *Fratelli d'Italia/L'Italia s'è desta* ("Irmãos da Itália/A Itália despertou"). Alemanha: *Einigkeit und Recht und Freiheit/Für das deutsche Vaterland/Danach lasst uns alle streben/Brüderlich mit Herz und Hand* ("Unidade, direito e liberdade/Para a Pátria alemã/Lutemos todos para chegar a isso/Como irmãos, com o coração e as mãos"). Brasil: "Dos filhos deste solo és mãe gentil". Não preciso dizer — mas digo assim mesmo — que, em sociedades com dezenas ou centenas de milhões de habitantes, ser "irmão" dos outros cidadãos ou "filho" da pátria "mãe" é ficção pura. Os hinos nacionais, assim como as reformas de Clístenes, são instrumentos culturais cujo objetivo é fazer com que parentescos fictícios transmitam uma sensação de realidade, liberando inclusive os mesmos hormônios e neurotransmissores provocados pelos parentes de verdade, se a manipulação der certo.

UNS MAIS IGUAIS QUE OS OUTROS

Depois desse "zoom" nas vidas paralelas de zulus e atenienses, é hora de reajustar o foco e observar o cenário do tribalismo humano de forma mais geral — sem deixar de lado, é claro, as lições que podemos extrair desses e de outros exemplos específicos. Vimos como é possível direcionar a evolução cultural de *ingroups* de grande escala por meio de métodos relativamente simples, como alterar as identidades tribais tradicionais. Agora, cabe recordar que a visão que se tem do próprio *ingroup* é complementada pelas atitudes em relação aos *outgroups*. E é justamente aí que a porca torce o rabo, porque o mais comum é enxergar membros de *outgroups* como inferiores, ou menos que plenamente humanos.

Os exemplos dessa lógica no pensamento de sociedades tradicionais planeta afora são abundantíssimos. Os gregos da época de Heródoto não chamavam todos os demais povos não gregos de "bárbaros" à toa: segundo eles, a palavra derivaria de "bar-bar", a imitação dos sons emitidos por gente que só gagueja ou balbucia, sem conseguir falar uma língua "de verdade". Para eles, a única língua digna desse nome era o grego, claro; é irônico que os romanos tenham adotado a palavra para se referir a seus inimigos, já que, do ponto de vista helênico, os habitantes de Roma, falantes do latim, *também* seriam bárbaros.[51] O mesmo tipo de raciocínio está presente entre os indígenas da família linguística tupi-guarani, que tinham dominado boa parte da atual costa brasileira na época do contato com os europeus. Tais grupos chamavam todos os que não falassem uma língua similar à sua de "tapuias" ("bárbaros, escravizados"), enquanto a designação usual que davam a si mesmos era simplesmente *Avá*, "pessoa, ser humano". Quando passaram a ter contato com escravizados africanos, os indígenas Tupi resolveram expandir ligeiramente a terminologia original, apelidando-os de "tapanhunos" ("tapuia negro"). Tal visão binária — e francamente depreciativa em relação a qualquer *outgroup* — afeta ainda hoje a nomenclatura usada para designar grupos indígenas. Os Kayapó, por exemplo, ganharam esse nome de falantes de tupi que os consideravam "semelhantes a macacos" (esse é o significado da palavra), enquanto a autodenominação que os próprios Kayapó preferem é Mebêngokrê, "homens do lugar d'água" em sua própria língua.

Os estereótipos negativos sobre *outgroups* quase sempre acabam sendo entronizados em narrativas míticas, que conferem à distinção entre grupos internos e externos a aura do essencialismo — ou seja, a de que as características de cada grupo correspondem a *essências* "naturais" ou mesmo imutáveis e eternas, que fazem parte da própria ordem do universo e da existência humana. Tal lógica vale tanto para distinções étnicas quanto para hierarquias sociais, como demonstra um poema escandinavo do século X conhecido como *Rígsthula*, uma espécie de Bíblia da desigualdade de classes durante a Era Viking. Conta o poema que o deus de nome Ríg resolve, um belo dia, visitar a terra. Ao longo de sua jornada, ele vai se hospedando na morada de um casal diferente a cada noite.

E isso significa que, a cada noite, ele dorme entre o marido e a mulher que o acolheram, de maneira que, nove meses depois, acaba nascendo um menino em cada lugar — deuses escandinavos, a exemplo de seus pares gregos, parecem ter uma capacidade irrefreável de engravidar mulheres mortais. Na primeira casa, uma choupana muito pobre,

---

51 O termo árabe *ajam*, "mudo", tem uma história muito parecida. Com a ascensão do Islã no século VII, exércitos da Arábia dominaram vastas extensões do Oriente Médio e passaram a aplicar a palavra aos povos dominados que não falavam sua língua, em especial os persas do atual Irã.

a visita de Ríg é seguida pelo nascimento de um bebê chamado Thrael, algo como "servo" em nórdico antigo. Quando cresce, ele tem "pele enrugada, dedos nodosos e grossos, de feio rosto, curvadas costas, longos calcanhares". Thrael se casa com Thír, "serva", e tem filhos destinados ao trabalho pesado. Na noite seguinte, o deus é acolhido numa casa espaçosa e bem cuidada, que pertence a um casal bem-apessoado. Acaba nascendo ali um menino chamado Karl, "homem livre". "Suas faces brilhavam, seus olhos reluziam. Aprendeu a amansar o boi, a fazer o arado, a construir casas e erguer celeiros", diz o poema. Karl se casa com Snör, "nora",[52] e tem filhos que levam uma vida decente em sua propriedade. Na terceira noite, o deus Ríg chega à mansão de um casal extremamente bem-vestido, que lhe oferece um jantar no qual serviçais cuidaram de tudo. O encontro leva ao nascimento de Iarl, "homem nobre, conde". "Belo era seu cabelo, ferozes seus olhos, como jovens serpentes", continuam os versos. Iarl torna-se um guerreiro, um caçador e o dono de vastas propriedades. Ele e sua mulher têm doze filhos homens. O mais novo é conhecido como Konr Ungr, Kon, o Jovem, um trocadilho com a palavra *konungr*, que significa "rei". A moral da história é que a divisão dos nórdicos antigos em classes — escravizados, homens livres, nobres e soberanos — é natural, derivando das ações dos deuses desde os tempos mais remotos.

Relatos primitivos que seguem uma mecânica parecida com a do *Rígsthula* podem ser encontrados em tudo quanto é lugar, do Gênesis bíblico (a história sobre os três filhos de Noé e a maldição que transformou os descendentes de um deles, Cam, em servos dos demais) à Índia antiga (justificando formas iniciais do sistema de castas do subcontinente indiano). O essencial aqui é mostrar como os modelos gerais dessa lógica são flexíveis e entranhados o suficiente para serem aplicados a diferentes contextos étnicos, sociais e, claro, temporais. Não é muito preciso afirmar, por exemplo, que gregos ou israelitas antigos eram "racistas" no sentido moderno. As atitudes deles em relação a "bárbaros" ou "gentios" — os povos que não eram membros dos "filhos

---

[52] Nora dos pais dele, é claro – o nome não implica que Karl tenha se casado com a própria nora...

de Israel" — eram certamente *etnocêntricas*, ainda que não fizessem distinção entre um bárbaro ou um gentio de pele branca e outro de pele escura, em parte porque os bárbaros e gentios que encontravam quase sempre eram fisicamente indistinguíveis deles mesmos,[53] tal como os judeus no mundo moderno.

Esse, aliás, talvez seja o grande paradoxo do racismo moderno, aquele que surgiu e se consolidou ao longo das últimas centenas de anos, quando tentamos entendê-lo por meio da perspectiva evolucionista. De um lado, a chance de que grupos de "raças"[54] diferentes tivessem contato suficiente entre si para que se desenvolvessem preconceitos arraigados contra "os negros" ou "os asiáticos" antes da Era das Navegações é bastante baixa. Seria muito mais fácil que formas similares de discriminação nascessem do contato de invasores anglos e saxões (de origem germânica) com galeses (de origem celta) na Inglaterra do começo da Idade Média, por exemplo — por mais que um brasileiro do século XXI, se entrasse numa máquina do tempo e desembarcasse por lá, fosse sumamente incapaz de dizer quem era quem na briga com base no proverbial olhômetro. Resquícios desse "racismo contra os quase iguais" sobreviveram até épocas bastante recentes, misturando-se com formas mais recentes de discriminação. Até meados do século XIX, por exemplo, políticos dos Estados Unidos discutiam seriamente se era uma boa ideia permitir a imigração de raças "não brancas" para o país, como... irlandeses, italianos e judeus. Brancos "de verdade", aparentemente, eram apenas os europeus de origem germânica e fé protestante.

Por outro lado, porém, o etnocentrismo e a xenofobia que parecem ser inerentes, em maior ou menor grau, a qualquer grupo social humano

---

[53] No caso dos antigos israelitas, muitos dos povos vizinhos eram quase indistinguíveis até do ponto de vista linguístico – os idiomas falados por gente como os "pagãos" fenícios, moabitas e edomitas, citados e vilipendiados na Bíblia, eram meros dialetos do hebraico bíblico.

[54] Estou usando o termo de maneira deliberadamente vaga e não científica aqui: "raças" no sentido das grandes divisões populacionais baseadas em continentes – europeus, africanos ao sul do Saara, indígenas das Américas, asiáticos da China e países vizinhos etc. Como essa lista rápida demonstra, a definição aparentemente intuitiva de grupos raciais ignora muitas populações menos numerosas e as fronteiras imprecisas entre elas, além da diversidade *dentro* de cada "raça". Mas é o que ainda vem à cabeça de muita gente.

certamente "prepararam o terreno" (de forma não intencional) para que pessoas com características físicas bastante distintas das dos europeus fossem vistas como o Outro por excelência. Quando as diferenças de cor de pele, cabelos e compleição se somaram aos abismos de língua, cultura, organização social e religião, sem falar nos interesses econômicos dos exploradores dos séculos xv e xvi, não foi preciso mais que o empurrãozinho dado pela cobiça europeia para que, nas Américas e na Europa, pessoas de origem africana e indígena passassem a ser vistas como inerentemente inferiores. A cereja do bolo foi o fato de que o poderio militar europeu, ao forçar essas pessoas a viver em condições degradantes e divorciadas de sua sociedade original, criou as condições necessárias para que aquilo que os especialistas chamam de *viés de confirmação* pudesse operar. Reduzidos à condição servil, africanos e indígenas não pareceriam exemplares invejáveis da espécie humana aos olhos de seus senhores, como se fosse lícito esperar outra coisa de alguém tratado na base da pancada e de um regime de fome. Tais senhores tiravam disso a conclusão totalmente injustificável de que eles tinham se tornado escravizados porque *mereciam* sê-lo. Ou, como escreveu George Fitzhugh, ideólogo escravagista da Virgínia, no sul dos Estados Unidos:

> *O negro não passa de uma criança crescida e deve ser controlado como se fosse uma criança. Feito um cavalo selvagem, precisa ser capturado, amansado e domesticado. Os homens não nascem com direitos iguais. Estaríamos mais próximos da verdade ao dizer que alguns nasceram com selas nas costas, e outros com botas e esporas para montar neles.*

Uma vez que essa engrenagem de produção de estereótipos é colocada a girar há séculos, é muito difícil fazê-la parar em poucas gerações. Mesmo assim, ainda existe quem abra a boca para falar que o racismo no Brasil, por exemplo, é inexistente ou irrelevante. Situações que comprovam a falsidade dessa afirmação são inúmeras, como uma que vivenciei ao sair de um boteco numa área nobre de São Paulo alguns anos atrás.

Na nossa turma daquela noite havia um amigo que eu descreveria como um gênio. Com duas graduações em áreas completamente diferentes uma da outra concluídas em faculdades renomadas da capital paulista, ele já era fluente em inglês, espanhol, francês e alemão. Hoje, é um membro destacado do corpo diplomático brasileiro, após passar no difícil concurso de acesso ao Itamaraty.

Conforme íamos deixando o bar, meu amigo, que é negro, parou um instante na calçada, comigo do lado. Do nada, como se brotasse das profundezas do Hades, uma senhora que tinha acabado de estacionar foi enfiando as chaves do carro nas mãos dele, presumindo que ele era o manobrista do estabelecimento. "Não, não", avisou um funcionário do boteco, também negro, "esse crioulo aí não é o manobrista, é aquele outro crioulo lá." O alvo da confusão abriu um sorriso amarelo, e a coisa ficou por isso mesmo.

Esse episódio de teatro do absurdo, cuja lógica pornograficamente perversa ainda me deixa meio zonzo sempre que paro para pensar nele, é um exemplo escancarado de algo que os psicólogos sociais têm demonstrado seguidamente faz algum tempo: os vieses inconscientes ligados à discriminação racial podem ser muito poderosos. Em vez de serem verbalizados de um jeito quase didático, como no caso do meu amigo, tais vieses normalmente influenciam de forma sutil boa parte do nosso comportamento — inclusive a velocidade e a precisão com as quais martelamos o teclado de um computador.

Uma das ferramentas que vêm sendo usadas para analisar quantitativamente como isso funciona é o Project Implicit, uma iniciativa da Universidade Harvard. O conceito por trás do projeto é bastante simples: esse tipo de viés, ou preconceito, tende a aparecer quando baixamos a guarda do controle consciente, em situações que envolvem pressão de tempo ou falta de treinamento.

Eu fiz o teste do Project Implicit, e qualquer um pode fazê-lo, no endereço implicit.harvard.edu. Funciona assim: as letras "E" e "I" do teclado do computador ficam associadas a imagens de rostos negros e brancos e a palavras com sentido positivo ou negativo, respectivamente. No meio do teste, trocam-se as associações. Primeiro você tem de apertar a letra equivalente às faces de negros quando aparecerem palavras com sentido positivo ("bonito", "prazer" etc.); já a letra que equivale aos rostos brancos deve ser apertada quando aparecem palavras negativas ("horrível", "dor" e coisas do tipo). Depois, os termos associados a cada raça são trocados de novo. O programa, enquanto isso, mede também as taxas de erro do participante — a orientação do sistema é responder da forma correta o mais rápido possível. Se a cabeça da pessoa que está participando do teste está povoada por associações entre gente negra e coisas negativas, a lógica dita que, em média, ela vai demorar mais para apertar a tecla correspondente quando a palavra tiver sentido positivo, e vice-versa.

Uma análise recente dos dados do projeto, feita a partir de respostas de europeus, mostrou que habitantes de todos os países da Europa — rigorosamente todos — cometem mais erros quando a ordem é associar termos positivos com os rostos de ascendência africana. Isso vale também para os habitantes de todos os estados americanos (ninguém ainda fez a conta no caso do Brasil). Meu resultado pessoal? Um viés de "preferência automática moderada" diante das faces de negros. O que não me surpreende nem um pouco, na verdade: cresci ouvindo piadas racistas contadas por familiares e colegas de escola, convivi com poucas pessoas negras durante a infância e a adolescência e só tenho um amigo próximo negro. É bizarro como até um país tão miscigenado como o nosso tenha produzido condições similares a uma espécie de apartheid nos séculos xx e xxi (mais sobre isso no vindouro capítulo 7).

Um lado interessantíssimo de experimentos como o do Project Implicit é a possibilidade de comparar, por exemplo, os resultados desse tipo de teste com análises de dinâmica funcional do cérebro dos participantes. E, veja você, quem tem mais dificuldade de parear palavras positivas com rostos de negros também tende a apresentar mais atividade cerebral na nossa velha amiga do capítulo 3, a amígdala, importantíssima para reações emocionais de medo e hostilidade, quando seus olhos captam imagens de negros. Esse tipo de reação emocional, instintiva, tem repercussões óbvias no mundo do cotidiano — por vezes, repercussões com efeito sobre quem vive e quem morre, literalmente.

Em estados americanos onde a pena de morte é prevista por lei, por exemplo, a probabilidade de um acusado negro acabar sendo executado é maior que a de que um acusado branco (que teria cometido o mesmo crime) tenha o mesmo destino, e o risco do lado dos prisioneiros negros

RACISTA, EU?

Como funciona o teste que investiga vieses inconscientes a respeito das raças

1) O Project Implicit foi criado para examinar possíveis associações inconscientes que as pessoas fazem entre grupos humanos e qualidades. Na página inicial, o participante tem de apertar a tecla E para palavras com conotação negativa ou para rostos de pessoas negras, e a tecla I para palavras com sentido positivo ou rostos de pessoas brancas

2) No passo seguinte, invertem-se as coisas: agora é preciso apertar E para palavras "boas" e negros e I para palavras "ruins" e brancos

3) A ideia é que os erros e a demora para associar rostos de negros com conceitos positivos indicariam um viés inconsciente contra esse grupo de pessoas. De fato, os dados de todos os países da Europa e todos os Estados americanos indicam a presença desse viés

Pressione (E) para
Ruim
ou
Pessoas Pretas

Pressione (I) para
Bom
ou
Pessoas Brancas

Se você errar, um (x) vermelho vai aparecer. Pressione o botão para continuar.

é ainda mais alto caso eles tenham feições mais marcadamente africanas, como pele mais escura e cabelos mais crespos. Em uma análise feita com base em mais de 2 milhões de ligações para o célebre número 911 (o usado para relatar emergências em território americano), especialistas do Escritório Nacional de Pesquisa Econômica mostraram que policiais brancos e negros têm a mesma probabilidade de disparar suas armas quando estão em bairros predominantemente brancos ou com composição racial mista — mas os policiais brancos tendem a atirar com frequência *cinco vezes maior* quando estão em bairros majoritariamente negros, enquanto o uso de armas de fogo por policiais negros independe da vizinhança. De modo geral, policiais brancos têm probabilidade 60% maior de usar qualquer tipo de abordagem violenta (tanto luta corporal quanto armas) do que policiais negros e o dobro da probabilidade de usar armas de fogo, em qualquer contexto. Por fim, também nos Estados Unidos, experimentos feitos com currículos falsos de candidatos a um emprego mostram que a chance de que pessoas com nomes típicos das comunidades negras americanas, como Jamal ou Lakisha, sejam chamadas para uma entrevista é significativamente menor do que a de currículos com "nomes de branco", como Emily ou Greg.

Repare que as engrenagens da desumanização das quais falei até aqui se puseram em marcha de modo mais ou menos espontâneo, ou como subproduto de outros processos, ao menos no começo. Se era do interesse dos europeus explorar a mão de obra das populações conquistadas, as justificativas legais e filosóficas para considerar que tais povos valiam intrinsecamente menos que um branco livre foram sendo construídas *a posteriori*, e não sem resistência ou mecanismos de atenuação. Nas regiões invadidas por espanhóis e portugueses, por exemplo, em geral era preciso colocar em cena a ficção legal da chamada "guerra justa" (supostamente por autodefesa, por exemplo) para que fosse considerado lícito escravizar indígenas, ainda que, na prática, gente como os bandeirantes de São Paulo tenha transformado essa exigência numa piada de mau gosto. Coisas parecidas valiam para a pilhagem e a escravização de populações africanas nos séculos xv e xvi — nesses casos, documentos papais justificando o combate a povos pagãos e a captura de membros deles para serem cristianizados resolviam o problema. Mas o que acontece quando uma ideologia política perversa ou maluca transforma a desumanização dos *outgroups* na pedra fundamental de sua existência?

Para ilustrar com precisão como esse tipo de ideologia é capaz de compreender a lógica do "nós contra eles" em detalhes milimétricos, com a clareza de um silogismo, não existe nada mais didático — nem mais aterrador — que os discursos do chefe nazista Heinrich Himmler, *Reichsführer* (comandante) da ss, mais fanática milícia a serviço de Hitler. Himmler pronunciou as palavras a seguir em discursos a oficiais da ss, e membros graduados do Partido Nazista na cidade polonesa de Poznan, então ocupada pela Alemanha, nos dias 4 e 6 de outubro de 1943. Os grifos são meus:

Um princípio básico deve ser a regra absoluta para o homem da ss: devemos ser honestos, decentes, leais e camaradas com membros do nosso próprio sangue e mais ninguém. *O que acontece com um russo, com um tcheco, não me interessa nem um pouco. O que as nações podem oferecer em termos de bom sangue do nosso tipo, nós tomaremos, se necessário sequestrando as crianças delas e criando-as aqui conosco. Se as nações vivem em prosperidade ou morrem de fome – isso só me interessa até onde precisarmos delas como escravas da nossa cultura. Se dez mil russas desabam de exaustão quando estão cavando uma trincheira antitanque, só me interessa na medida em que a trincheira antitanque para a Alemanha é terminada. Nunca seremos duros e desalmados quando não for necessário, que fique claro. Nós, alemães, que somos o único povo no mundo que tem uma atitude decente em relação aos animais, também assumiremos uma atitude decente quanto a esses animais humanos. Mas é um crime contra o nosso próprio sangue nos preocuparmos com eles.*

A maioria de vocês aqui sabe o que significa quando cem cadáveres jazem um ao lado do outro, quando há quinhentos ou mil cadáveres. Ter suportado isso e, ao mesmo tempo, ter continuado a ser uma pessoa decente – com exceções devido às fraquezas humanas – tornou-nos mais fortes, e é um capítulo glorioso do qual não se há de falar. Porque sabemos como seria difícil para nós se ainda tivéssemos judeus como sabotadores secretos, agitadores e instigadores da ralé em todas as cidades, considerando os bombardeios, os fardos e dificuldades da guerra. Se os judeus ainda fizessem parte da nação alemã, provavelmente agora chegaríamos ao estado em que vivíamos em 1916 e 1917.

Depois de ler essa justificativa (e, espero, ter tomado um antiemético para não vomitar), o leitor atento certamente notará todos os aspectos de que tratamos até agora: a lógica da aptidão inclusiva, a ideia de parentesco fictício, a desumanização do grupo externo. Um quarto elemento precisa ser destacado: o sistema de racionalização do ato imoral que permite que um sujeito como Himmler tenha o desplante de dizer que os homens da ss "continuaram a ser pessoas decentes" depois de mergulhar até o pescoço num sistema de genocídio industrializado. Afirmar isso parece um ato de cinismo intolerável, mas o grande problema é que não se trata apenas de cinismo. Contrariando o que já disse um poeta, mentir para si mesmo muitas vezes é a *melhor* mentira: uma vez que esse tipo de racionalização é internalizado culturalmente, fica muito difícil enxergar além da desculpa esfarrapada de que a atrocidade "era necessária", e mesmo quem se sente tremendamente desconfortável com a perspectiva de fuzilar inocentes indefesos quase nunca consegue ir além de alguma forma tímida de resistência passiva ou de dissociação. Nesse segundo caso, que poderíamos apelidar de "pilatização" do comportamento (em homenagem a Pôncio Pilatos, o governador romano que teria lavado as mãos antes de ordenar a execução do inocente Jesus de Nazaré), a decisão de cometer o ato de violência é mentalmente *dissociada* de quem o pratica porque ela não partiu de fato dele — ele está apenas agindo como um instrumento de forças maiores.

Isso significa que algo tão existencialmente horrendo quanto o Holocausto só pode funcionar, em parte, graças à tradicional desculpa "veja bem, eu só estava cumprindo ordens". Existem inclusive evidências experimentais — um tanto controversas, é verdade — de que seres humanos normalmente decentes podem ultrapassar limites éticos sérios quando figuras de autoridade ordenam que algo absurdo seja feito. O exemplo clássico dessa possibilidade são os estudos realizados pelo psicólogo americano Stanley Milgram na Universidade Yale durante os anos 1960.

Milgram convocou voluntários para participar de supostos experimentos sobre aprendizado e memória. Eles tinham de ensinar associações de palavras a outro participante — na verdade, um parceiro de Milgram, o qual ficava em outra sala, à vista dos voluntários reais, mas sem contato físico direto com eles. Se esse sujeito "errava" (de propósito) os testes, cabia ao participante de verdade administrar nele (de novo, em geral remotamente) choques elétricos (de mentira, embora os voluntários não soubessem disso). A questão é que, conforme os "erros" se repetiam, a ordem era administrar choques cada vez mais intensos, de tal maneira que o falso participante se punha a berrar, aparentava passar mal e implorava que o teste fosse suspenso.

É claro que a maioria das pessoas, numa situação dessas, ficava sem jeito e perguntava aos coordenadores do experimento se não era melhor parar com os tais choques muito dolorosos. Diante dessas dúvidas, porém, o papel do coordenador do experimento, devidamente vestido com seu jaleco "de cientista", era emitir as seguintes ordens, num tom crescente de autoridade e urgência:

1. Por favor, continue.
2. O experimento exige que você continue.
3. É absolutamente essencial que você continue.
4. Você não tem escolha, precisa continuar.

O que as pessoas fizeram diante dessa situação? Por um lado, todos os quarenta participantes pararam pelo menos uma vez para perguntar se deviam mesmo continuar com os choques. Por outro, 65% deles, depois de receber ordens para ir em frente, acabaram ultrapassando a marca (simulada) dos 300 volts, quando os voluntários falsos já não respondiam mais às perguntas, e alcançaram a força máxima de choque, de 450 volts, quando parecia que a pessoa na outra sala estava praticamente desmaiada. Ao que tudo indica, 65% dos participantes foram em frente "porque só estavam cumprindo ordens", em especial quando o experimentador garantia a eles que a responsabilidade pelos choques não recairia sobre os voluntários.

Milgram foi muito criticado tanto pelos aspectos éticos do experimento quanto pela solidez dos resultados. Afinal, será que ninguém ali tinha percebido que os choques e gritos eram só uma encenação? (Mais tarde, depois de informados sobre o experimento, alguns participantes disseram que tinham sacado a farsa.) O debate sobre o real significado dos dados continua, embora alguns experimentos mais recentes, realizados por pesquisadores da Bélgica e do Reino Unido, tenham indicado que, de fato, as pessoas se sentem mais à vontade para administrar pequenos choques (desta vez, de verdade) em companheiros de experimento quando um cientista ao lado delas pede para que isso seja feito. "Só três participantes perguntaram se podiam desobedecer à ordem de dar os choques, mas elas [eram todas mulheres no estudo] sabiam, desde que haviam aceitado participar, que o experimento envolveria esse fator, diferentemente dos voluntários de Milgram", contou-me Emilie Caspar, pesquisadora da Universidade Livre de Bruxelas que coordenou o experimento. E medidas indiretas indicam que as voluntárias desse estudo de fato se sentiam menos responsáveis, menos "no controle" de suas ações, quando davam os choques sob as ordens dos cientistas, já que também havia a opção de dar os choques por conta própria.

O interesse de Milgram por situações como o Holocausto era direto e pessoal. Membro de uma família de judeus romenos e húngaros que emigraram para os Estados Unidos depois da Primeira Guerra Mundial, ele chegou a conhecer parentes que tinham sobrevivido aos campos de concentração e abordou a tragédia ao discursar durante seu bar-mitzvá, a cerimônia em que os meninos judeus chegam à maturidade. Por isso, ele provavelmente ficaria muito interessado em examinar as conclusões do historiador americano Christopher Browning em seu livro *Ordinary men*. Não é por acaso que a tradução do título do livro para o português seja "Homens comuns". Browning examina em detalhes o que aconteceu com um batalhão de cerca de quinhentos policiais reservistas da Alemanha nazista — sujeitos com idade média de 39 anos, em geral de classe média baixa ou da classe operária da cidade de Hamburgo, com profissões como estivadores, metalúrgicos, representantes comerciais etc. — que foram convocados para ajudar na matança sistemática de judeus na Polônia ocupada pelo Terceiro Reich durante os anos 1940 (inclusive na região de Poznan, palco dos discursos de Himmler).

O fato de esses sujeitos serem reservistas é significativo. Com o objetivo de empregar ao máximo sua população masculina no esforço de guerra, a Alemanha de Hitler tinha mandado muitos policiais da ativa para o *front* e treinado outros homens que normalmente não seriam integrados ao serviço policial militar para que quebrassem o galho quando necessário. A maioria dos membros do chamado Batalhão 101 de Reservistas da Polícia, portanto, estava muito longe de corresponder ao estereótipo dos soldados do Reich alemão. Só um quarto deles era membro do Partido Nazista, a maioria tinha crescido antes do domínio total de Hitler e seus capangas sobre a sociedade e a cultura alemãs e quase todos vinham de uma cidade com reputação de ser menos simpática que a média às ideias nazistas.

O que aconteceu quando esses homens receberam pela primeira vez a ordem de fuzilar à queima-roupa civis desarmados, inclusive mulheres e crianças de colo? Numa cena que talvez não esperássemos ver num território ocupado por nazistas, o comandante do batalhão, major Wilhelm Trapp, veterano da Primeira Guerra Mundial, dirigiu-se a seus homens com voz embargada e *lágrimas nos olhos*. Disse que os judeus tinham instigado o boicote dos Estados Unidos à Alemanha e estavam ajudando guerrilheiros antinazistas. "Lembrem-se de que, na Alemanha, mulheres e crianças também estão morrendo em bombardeios", teria dito Trapp. "Mesmo assim, se alguns dos homens mais velhos do batalhão não se sentirem à vontade para participar, podem ficar de lado", ofereceu o major.

Do batalhão inteiro, de início, *um único sujeito* pediu para não participar. Quando viram que não houve represálias (com exceção de uns berros do oficial imediatamente superior a ele, logo silenciados por ordem de Trapp), mais uns dez ou doze reservistas também ficaram de lado. Os demais foram recolher cerca de mil judeus em suas casas na cidadezinha de Józefów e começaram os preparativos para o fuzilamento num bosque próximo. Nesse momento, mais alguns soldados deram um jeito de ficar enrolando perto dos caminhões usados para levar os judeus até o local da execução e não dispararam contra ninguém — mais uma vez, sem sofrer represálias. Outros, que chegaram a matar as primeiras vítimas, ficaram tão enojados com a matéria cerebral e os crânios destroçados pelos tiros à queima-roupa na nuca que não conseguiram continuar. A maioria dos policiais, porém, cumpriu a tarefa até o fim. Trapp não quis presenciar o espetáculo.

Ao longo dos anos seguintes, o Batalhão 101 participaria de várias missões como essa. Os policiais também ajudaram a arrebanhar grandes contingentes de judeus para trens que os conduziram a diversos campos de concentração. O que os relatos e documentos obtidos por Browning deixam claro é o seguinte: 1) cada vez menos policiais foram alegando "objeção de consciência" com o passar do tempo; 2) esses poucos em nenhum momento receberam punições severas; 3) contudo, a maioria deles continuou a obedecer as ordens por medo de parecerem fracos ou "pouco másculos" diante dos companheiros; 4) um pequeno grupo, incluindo alguns que tinham passado mal na primeira experiência genocida em Józefów, começou a fuzilar suas vítimas com muito mais entusiasmo nas missões seguintes, em parte graças à ajuda de doses generosas de álcool. De modo geral, aquilo acabou virando apenas mais um serviço que tinha de ser feito.

A obediência aos superiores e a pressão coletiva dos colegas — bem como, é claro, décadas de propaganda antissemita — transformaram pais de família com a idade que tenho quando escrevo estas linhas em assassinos em massa (cerca de 40 mil judeus foram mortos pelo Batalhão 101). Como escreveu o historiador britânico Ian Kershaw, "a estrada que conduzia a Auschwitz foi construída com ódio, mas asfaltada com indiferença". Esses dois ingredientes tóxicos contaminam até as visões que temos sobre o que é sagrado, como veremos no próximo capítulo.

REFERÊNCIAS

O livro do qual vem a epígrafe deste capítulo, um revelador mergulho na visão de mundo de um atirador de elite das Forças Armadas americanas
KYLE, Chris. *Sniper americano*. Tradução de André Gordirro. Rio de Janeiro: Intrínseca, 2015.

Se o leitor me permite o cabotinismo, recomendo um de meus livros recentes, escrito em parceria com o paleontólogo e divulgador científico Pirula, para explorar um pouco mais os conceitos de seleção de parentesco e origens evolutivas do altruísmo e da cooperação
LOPES, Reinaldo José; PEDROSA, Paulo. *Darwin sem frescura*: como a ciência evolutiva ajuda a explicar algumas polêmicas da atualidade. Rio de Janeiro: HarperCollins, 2019.

A saborosa anedota sobre as categorias sociais de amigos e inimigos entre os !Kung está contada neste livro

DIAMOND, Jared. *O mundo até ontem*: o que podemos aprender com as sociedades tradicionais. Rio de Janeiro: Record, 2014.

Dois excelentes resumos sobre as origens do tribalismo humano, escritos por psicólogos--filósofos (ou filósofos-psicólogos)
GREENE, Joshua. *Tribos morais*: a tragédia da moralidade do senso comum. Rio de Janeiro: Record, 2018.
HAIDT, Jonathan. *The righteous mind*: why good people are divided by politics and religion. Nova York: Vintage, 2012.

Sobre o começo da xenofobia entre bebês
XIAO, Naiqi G. Infants rely more on gaze cues from own-race than other-race adults for learning under uncertainty. *Child Development*, v. 89, n. 3, p. e229-e244, 2018.

Aproveito a cara de pau já escancarada para recomendar meu livro sobre a pré-história

brasileira como caminho para entender os processos de surgimento da produção de alimentos e da complexidade social
LOPES, Reinaldo José. *1499*: o Brasil antes de Cabral. Rio de Janeiro: HarperCollins, 2017.

Bons relatos sobre a reforma do sistema tribal de Atenas e sobre a gênese da primeira democracia do mundo podem ser encontrados nestes dois livros (o segundo, aliás, narra a história em quadrinhos e de modo surpreendentemente preciso, além de evocativo)
EVERITT, Anthony. *A ascensão de Atenas*: a história da maior civilização do mundo. São Paulo: Crítica, 2019.
PAPADATOS, Alecos; KAWA, Abraham; DI DONNA, Annie. *Democracia*. São Paulo: WMF Martins Fontes, 2019.

Ainda sobre a ascensão da Atenas democrática e a interação da cidade com Esparta e com os persas, vale a pena conferir o curso online gratuito de história da Grécia Antiga ministrado pelo professor Donald Kagan, da Universidade Yale
YALE UNIVERSITY. Introduction to Ancient Greek History. Disponível em: https://oyc.yale.edu/classics/clcv-205. Acesso em: 25 maio 2021.

Mais detalhes sobre o mito da desigualdade social no Rígsthula e outras informações sobre a Era Viking
ROESDAHL, Else. *The Vikings*. Londres: Penguin, 1998.

As declarações de George Fitzhugh vêm das sensacionais aulas do historiador David Blight sobre a Guerra Civil Americana, disponíveis de graça na internet
YALE UNIVERSITY. HIST 119: The Civil War and Reconstruction Era, 1845-1877. Lecture 3 — A Southern World View: The Old South and Proslavery Ideology. Disponível em: https://oyc.yale.edu/history/hist-119/lecture-3. Acesso em: 25 maio 2021.

Eis uma obra clássica sobre os conceitos de raça e nação que conduziram ao surgimento dos grandes Estados modernos
ANDERSON, Benedict. *Comunidades imaginadas*. São Paulo: Companhia das Letras, 2008.

Sobre a nova versão do experimento de Stanley Milgram
CASPAR, Emilie A. Coercion changes the sense of agency in the human brain. *Current Biology*, v. 26, n. 5, p. 585-592, 2016.

Sobre o uso redobrado da força por policiais americanos em bairros de maioria negra
HOEKSTRA, Mark; SLOAN, Carly Will. *Does race matter for police use of force? Evidence from 911 calls*. NBER Working Paper no. 26774, 2020. Disponível em: https://www.nber.org/papers/w26774.pdf. Acesso em: 23 maio 2021.

O impressionante livro sobre os policiais alemães que se transformaram em genocidas
BROWNING, Christopher R. *Ordinary men*: reserve police battalion 101 and the final solution in Poland. Nova York: Harper Perennial, 2017.

Em seu curso de introdução à psicologia, disponível gratuitamente no site da Universidade Yale, o professor canadense Paul Bloom reconta de modo hilário o experimento de Robbers Cave, bem como outros clássicos da psicologia social. A aula está disponível em vídeo, áudio ou transcrição de texto
YALE UNIVERSITY. PSYC 110: Introduction to Psychology. Lecture 15 — A Person in the World of People: Morality. Disponível em: https://oyc.yale.edu/psychology/psyc-110/lecture-15. Acesso em: 25 maio 2021.

6 FÉ

Como as crenças religiosas podem reforçar a violência entre grupos — e, por vezes, diminuí-la

As pessoas só lutam por coisas imaginárias.
Neil Gaiman, *Deuses americanos*

A arte da guerra é teologia aplicada.
Sam Keen, *Faces of the enemy*

E m 11 de setembro de 2001, as torres gêmeas do World Trade Center, em Nova York, vieram abaixo depois que dois aviões foram arremessados contra elas por terroristas da organização islâmica Al-Qaeda. Duas décadas se passaram desde que os ataques daquele dia mataram quase 3 mil pessoas, mas ainda vivemos, para todos os efeitos práticos, num mundo "pós-Onze de Setembro". Isso cria uma série de distorções complicadas quando o assunto é entender a relação entre fé religiosa e violência, a começar pela ideia — muito popular em círculos de gente secularizada, cética e com educação superior — de que a religião seria a principal causa de conflitos armados e atrocidades várias ao longo da história humana. Na verdade, longe de serem representados por esse estereótipo simplista, os instintos religiosos humanos têm dupla personalidade, ora funcionando como incendiários, ora como bombeiros — ou dos dois jeitos ao mesmo tempo, dependendo do alvo escolhido.

Apresso-me a acrescentar que o símile envolvendo incendiários e bombeiros não é de minha autoria. Estou pegando a ideia emprestada do psicólogo social Ara Norenzayan, da Universidade da Colúmbia Britânica, no Canadá, que a apresenta em seu seminal livro *Big gods* ("Deuses grandes", ainda sem versão brasileira). Norenzayan cresceu no Líbano dilacerado pela guerra civil dos anos 1980, um conflito que envolveu diferentes grupos cristãos e muçulmanos (os primeiros, para cúmulo da complicação étnico-religiosa, apoiados pelos judeus do Estado de Israel). É óbvio que isso atiçou seu interesse pelos mecanismos que impulsionam os conflitos religiosos e, de modo mais amplo, pelo que poderíamos chamar de história natural das religiões. Colocando a coisa em termos mais diretos e menos acadêmicos: quais os fatores que levaram a psiquê humana a aceitar o sobrenatural como uma faceta indispensável da vida individual e em sociedade? Por que certas formas de religião são mais comuns que outras? E por que crentes de religiões diferentes costumam detestar uns aos outros com frequência tão desanimadora?

Muitos detalhes acerca do processo de origem e diversificação das religiões do planeta ainda precisam ser elucidados. O grosso dos mecanismos por trás desse processo, porém, já está razoavelmente claro, e esse conhecimento nos ajuda a responder a terceira pergunta, a mais importante para os propósitos deste livro.

RELIGIÕES COMO FENÔMENOS HISTÓRICOS

Como já mencionei de passagem por aqui, sou religioso. Católico apostólico romano, para ser mais exato. Na infância e na adolescência, cheguei até a me interessar pelo sacerdócio; acabei desistindo porque queria me casar e ter filhos. É muito provável que esse fato crie na minha cabeça um viés inconsciente em favor das religiões de modo geral e do cristianismo/catolicismo de modo particular — assim como a adesão ao ateísmo tende a criar vieses inconscientes *contra* a religião na cabeça de quem é ateu. Quando escrevo sobre religião, entretanto, a única opção viável é adotar o que costumo chamar de "agnosticismo metodológico". Ou seja, creio que é fundamental colocar entre parênteses, por assim dizer, as reivindicações espirituais e sobrenaturais de cada fé e de todas as fés, sem exceção. Digo isso porque muitas de tais reivindicações são essencialmente *não verificáveis*, seja em termos históricos, seja nos termos das ciências naturais.

Escrevi "muitas", e não todas, porque é possível verificar, e corroborar ou não, *algumas* das reivindicações de *certas* vertentes religiosas.

Um exemplo banal: as denominações cristãs que aderem a uma interpretação "ao pé da letra" das narrativas da Criação presentes no livro do Gênesis, o primeiro da Bíblia, estão factualmente erradas: a Terra não foi criada em seis dias, o primeiro casal de seres humanos não foi moldado a partir do barro e de uma costela. Por outro lado, diversas outras afirmações das narrativas bíblicas estão factualmente corretas, como os fatos de que Jerusalém foi destruída pelos babilônios no século VI a.C., de que Pôncio Pilatos foi o governador romano da Judeia por volta de 30 d.C. e outros. Mas não é possível demonstrar empiricamente que Jesus ressuscitou dos mortos, já que o que temos são relatos de alguns de seus primeiros seguidores sobre a *crença* nessa ressurreição; nem que Maomé recebeu revelações do anjo Gabriel as quais, mais tarde, se transformaram no texto do Corão; nem que os milhares de pessoas que afirmam se curar de doenças por intervenção divina em centros de peregrinação ou cultos mundo afora todos os anos realmente recuperaram a saúde de maneira milagrosa. Nesse último caso, existe um negócio chamado *remissão espontânea* em medicina, que acontece com alguma frequência por razões internas do próprio organismo. Mesmo o critério oficial da Igreja Católica para atestar milagres operados pela intervenção de um postulante à canonização, ou "candidato a santo" — a impossibilidade de explicar a cura por meios médicos conhecidos —, é, se examinado com o devido agnosticismo metodológico, um julgamento provisório. Afinal, nada garante que o que não conseguimos explicar por vias naturais *hoje* não seja explicável no futuro.

E é lógico que tudo o que eu acabei de dizer sobre "não verificabilidade" vale para a existência de Deus, deuses, espíritos ancestrais ou qualquer ente não material. Você pode até partir do princípio filosófico de que esse tipo de coisa é impossível por definição — e é um princípio filosófico tão válido quanto qualquer outro, do meu ponto de vista. Mas não vejo como *demonstrá-lo* empiricamente. Do ponto de vista estritamente racional e empírico, de novo, o agnosticismo — não afirmar nem negar categoricamente a existência desses fenômenos — parece mais sólido que a descrença categórica.

Parece-me que o mais razoável, quando discutimos o impacto das religiões para a sociedade humana como um todo, é levar em conta os efeitos delas que podem ser verificados por todos, independentemente de qualquer crença. Isso significa, antes de mais nada, tentar entender as religiões como fenômenos históricos em constante transformação, que não escapam à lógica algo darwiniana de "seleção cultural" que rege outros fenômenos similares. Não se trata de negar a existência de aspectos do fenômeno religioso que transcendam essa lógica em alguma medida, mas de reconhecer que, quando estamos falando sobre a religião de maneira global, para o maior número possível de pessoas, não se pode reivindicar tal privilégio para nenhuma crença específica. Se ficar a impressão de que estão sendo destacados apenas os aspectos negativos do fenômeno religioso, é importante ter em mente que este, afinal, é um livro sobre a história da Força Bruta. É claro que há muitas facetas luminosas da fé; já escrevi sobre elas e pretendo escrever mais a respeito no futuro. E, se serve de consolo, estou deliberadamente evitando poupar a minha própria tradição religiosa ao contar esta história, como o leitor verá quando chegarmos ao subtítulo sobre o papado e o fascismo.

A ASCENSÃO DOS DEUSES GRANDES

Independentemente da sua posição sobre essa discussão filosófica, não há como negar o impacto das religiões em todas as culturas humanas conhecidas. Embora algum grau de descrença, ceticismo ou mesmo agnosticismo ou ateísmo provavelmente sempre tenha existido (na Antiguidade greco-romana, por exemplo, escolas de pensamento como o epicurismo desdenhavam abertamente da imagem tradicional das divindades), sociedades com grande quantidade de ateus ou oficialmente antirreligiosas, como alguns dos regimes comunistas do século xx, são uma inovação recentíssima. O mesmo vale para a célebre separação entre Igreja e Estado e o conceito de Estado laico, que só ganharam forma com a Revolução Francesa e a Guerra de Independência dos Estados Unidos no final do século xviii. Fora dessas exceções históricas, a regra tem sido, sempre e em todo lugar, a profunda interpenetração entre a esfera religiosa/espiritual e todos os demais aspectos da vida. E isso, no mínimo, desde quando foram feitas as pinturas e estatuetas da Era do Gelo, retratando intrigantes misturas de humanos e animais. A existência desses artefatos indica fortemente que os primeiros seres humanos de anatomia moderna a colocar os pés na Europa há 50 mil anos já tinham mitologias e religiões.

O costume de pedir o auxílio de entidades sobrenaturais durante confrontos com grupos inimigos muito provavelmente já remonta a essa época, a julgar pelo que vemos em sociedades de caçadores-coletores de estrutura social simples (nossos queridos CCNs) de hoje e do passado recente. Entre esses grupos também é praticamente onipresente a crença em alguma forma de bruxaria — a ideia de que é possível usar meios sobrenaturais para fazer mal a um inimigo — e práticas espirituais que funcionariam como antídoto ou escudo contra esse tipo de sortilégio maléfico. Entretanto, o que normalmente *não* existe ou é relativamente raro na biblioteca de crenças da "humanidade 1.0" é a concepção de que seres sobrenaturais seriam os responsáveis por estabelecer e policiar o comportamento socialmente aceito, as fronteiras do certo e do errado nas relações entre os membros de cada grupo e com as pessoas que pertencem a grupos externos.

Existem, aliás, alguns bancos de dados que quantificam essa observação com razoável grau de clareza. O antropólogo Christopher Boehm tentou fazer as contas a partir de 43 etnografias (ou seja, descrições relativamente extensas feitas sobre tais sociedades) de dezoito grupos étnicos diferentes, todos com as características de praxe dos CCNs: alta mobilidade, independência econômica em relação a sociedades mais complexas, estrutura social igualitária e caça de animais de grande porte. Boehm descobriu que apenas quatro desses dezoito grupos acreditam em deuses que são contra enganar os outros e que só sete deles têm divindades que proíbem o assassinato. Comportamentos como mentir, roubar, desrespeitar os mais velhos e adultério (uma lista que, como talvez o leitor saiba, equivale a boa parte dos Dez Mandamentos da Bíblia Hebraica) tampouco costumam ser condenados pelos deuses dos caçadores-coletores. Isso não significa que tais sociedades não possuam regras contra esse tipo de violação ética: elas existem e são importantes, mas o crucial aqui é que elas não costumam ser misturadas com a religião. Em vez de ordenarem "Não matarás!", os deuses desses povos querem apenas receber ofrendas de carne de caça de vez em quando, e o resto não é da conta deles.

Usando uma amostra maior, de 427 culturas diferentes (incluindo, dessa vez, grupos com estilos de vida mais complexos que os dos CCNs), o sociólogo da religião Rodney Stark mostrou que apenas 24% delas acreditam em deuses que se envolvem com assuntos humanos e estão preocupados em punir transgressões morais. Finalmente, com base num banco de dados similar, os cientistas políticos Frans Roes e Michel Raymond chegaram a conclusões parecidas e verificaram ainda que a probabilidade de que exista a crença em deuses "moralmente preocupados" aumenta junto com o tamanho e a complexidade da estrutura social. Em resumo, divindades com o poder e o desejo de monitorar o comportamento humano e punir malfeitores são típicas de sociedades complexas e de grande escala, como as que são regidas por Estados.

É dessa observação que vem a hipótese dos *big gods*, ou "deuses grandes", formulada por Ara Norenzayan em seu livro homônimo. Por definição, esse tipo de entidade sobrenatural é aquela enxergada como o fiel da balança da coesão social, monitorando e punindo as transgressões contra "o próximo" (para usar a linguagem bíblica) que, para um caçador-coletor, não pareceriam ser tema da preocupação divina. Segundo o pesquisador, os deuses grandes são uma adaptação do fenômeno religioso ao contexto peculiar das sociedades de grande escala, cujos desafios examinamos no capítulo anterior. Ou, dependendo de como "lemos" as evidências arqueológicas, os deuses grandes poderiam até ter ajudado a *criar* as sociedades de grande escala, no sentido de que a crença neles é que teria permitido a interação cooperativa e pacífica entre milhares de completos desconhecidos que caracteriza a existência de cidades, Estados e impérios. A hipótese de que os deuses grandes estariam entre os catalisadores desse processo ganhou certo apelo após a descoberta de GöbekliTepe, espetacular sítio arqueológico do sudeste da Turquia, com idade entre 12 mil e 10 mil anos. O lugar aparentemente foi construído por um povo cuja subsistência ainda não dependia da agricultura, mas que mesmo assim conseguiu erigir um círculo de imensas pedras em forma de T, ricamente decoradas com imagens de animais — abutres, raposas, touros, entre outros. Göbekli Tepe seria o primeiro ancestral dos templos grandiosos que um dia dominariam a paisagem do Oriente Próximo, e o esforço necessário para preparar e montar os pilares de pedra dependeria da labuta coordenada de milhares de pessoas, reunidas exclusivamente por razões rituais, já que o local não abrigava uma cidade, apenas o centro religioso.

Ainda que seja um local incrível, Göbekli Tepe, por ora, é um caso isolado. O que parece fazer sentido, de qualquer maneira, é que os deuses grandes estejam entre os maiores *reforçadores* da coesão social indispensável às sociedades complexas, junto com outros elementos não materiais desse tipo de identidade coletiva. Experimentos feitos em laboratórios de psicologia revelaram, por exemplo, que mensagens subliminares com temática religiosa fazem com que as pessoas fiquem menos propensas a trapacear e mais dispostas a cooperar com desconhecidos que estão participando do experimento junto com elas.

Como medir esse tipo de coisa? Simples: coloque os participantes sentados diante de uma tela de computador e, antes de iniciar um joguinho online que pode ou não envolver trapaça e cooperação, jogue na tela rapidamente palavras como "Deus", "Paraíso", "anjos", "Inferno" etc. O livro *Big gods*, citado algumas páginas atrás, menciona vários experimentos assim. O truque é fazer com que essas palavras-chave apareçam tão rápido que o cérebro não seja capaz de detectá-las conscientemente, mas ainda assim consiga registrá-las de modo subconsciente. E o mais interessante: é comum que esse efeito se manifeste até no caso de gente que não é muito religiosa, provavelmente porque tais conceitos permeiam profunda e sutilmente a cultura de boa parte do mundo hoje.

Por outro lado, resultados parecidos também foram registrados em contextos mais próximos do cotidiano, e não apenas em jogos de computador. Num estudo publicado em 2016, do qual participaram cerca de seiscentos membros de comunidades tradicionais mundo afora, incluindo moradores do município paraense de Soure, na ilha de Marajó, os pesquisadores usaram um sistema de cofrinhos e moedas para testar tanto a honestidade das pessoas quanto a disposição delas para beneficiar gente que elas não conhecem. No teste, cada pessoa jogava dados e, dependendo dos números que saíam, as moedas deviam ser colocadas: 1) num cofrinho cujo conteúdo depois seria dividido entre o próprio participante e seus vizinhos; ou 2) em outro cofrinho, que depois seria dado para pessoas que o participante não conhecia, mas que eram membros da mesma religião que ela. Podemos imaginar que jogadas com resultado de 1 a 3 deveriam resultar num depósito no primeiro cofrinho, enquanto as de 4 a 6 corresponderiam ao segundo cofrinho.

O pulo do gato do experimento é que os pesquisadores *não monitoravam* os lances de dados; cabia aos próprios participantes relatar os números que tinham tirado. Havia, portanto, a tentação de manipular os resultados em favor de si mesmos e de seus vizinhos. Em comunidades nas quais predominava a crença num deus ou em deuses "grandes", vigilantes e punitivos, exatamente metade do total de moedas foi para cada cofrinho (quinze moedas em cada cofre, em média, o que seria o esperado estatisticamente, dada a natureza aleatória dos dados), enquanto os grupos sem deuses grandes colocavam uma média de treze moedas nos cofres dos desconhecidos (e, claro, dezessete nos seus próprios).

Repare que estamos falando de *correligionários* em sentido literal: pessoas desconhecidas, mas da mesma religião que os participantes, eram as beneficiárias de sua honestidade. Esse seria o diferencial que os deuses grandes trazem para as sociedades complexas, segundo essa linha de pesquisa: com a ajuda deles, é possível confiar em desconhecidos — desde que eles acreditem no(s) mesmo(s) deus(es) que você — em níveis suficientes para que uma cidade-Estado ou um grande império funcionem. Minimiza-se, assim, a um custo relativamente baixo, o risco de coisas como taxas desenfreadas de criminalidade ou guerras civis fratricidas o tempo todo, ainda que esses males não sejam magicamente eliminados só porque existe uma igreja em cada esquina.

O outro ponto-chave por trás da lógica dos experimentos que descrevi é que costuma haver um *custo* associado à cooperação, já que uma moeda no cofrinho dos estranhos significa uma moeda a menos no meu porquinho de cerâmica. Trata-se de uma variável um bocado importante, porque simplesmente professar, da boca para fora, a crença em Jesus ou Shiva é a coisa mais fácil do mundo. "Tu crês que Deus é um só? Fazes bem! Mas também os demônios creem, e estremecem [de medo de Deus]", diz a Epístola de Tiago (capítulo 2, versículo 19;

DEUS ESTÁ VENDO: A CRENÇA EM DIVINDADES E A HONESTIDADE

Pesquisadores fizeram experimento com 591 pessoas de oito comunidades pelo mundo

Cada pessoa recebia 60 moedas (30 para cada jogo), dois cofrinhos e um dado pintado com duas cores

1. DOIS JOGOS
Usando esse material, os voluntários participavam de dois tipos de jogos. Num deles, as moedas colocadas nos cofrinhos podiam ir para membros da mesma religião do jogador que moravam perto dele ou para membros da mesma religião que moravam longe. No outro jogo, o dinheiro ia para companheiros de religião que moravam longe ou para o próprio jogador

2. CADA UM NO SEU COFRINHO
Antes de jogar o dado, a pessoa escolhia mentalmente um dos cofrinhos para colocar o dinheiro. Se o dado caía numa das cores, a pessoa podia colocar a moeda no cofrinho que escolhera; se caía na outra, tinha de colocar o dinheiro no outro cofrinho

3. TENTAÇÃO
Se as pessoas fossem 100% honestas, o esperado seria que eles colocassem mais ou menos metade das moedas em cada cofrinho. Mas é claro que existe a tentação de beneficiar a si mesmo e às pessoas mais próximas

4. DEUS ESTÁ VENDO?
O pulo-do-gato do experimento foi perguntar às pessoas se elas acreditavam em um Deus ou em deuses que punem os malfeitores e são oniscientes. Entre os que não acreditavam nesse tipo de divindade, as pessoas distantes recebiam, em média, 13 moedas; para os que acreditavam, a média foi de 15 moedas -o que indica que a crença pode ter levado essas pessoas a agirem de modo mais honesto

tradução minha do original, em grego), no Novo Testamento. Como destaca o autor da epístola bíblica, a crença tem de ser acompanhada pelo comportamento apropriado a um cristão, com ênfase na caridade para com o próximo. Para conquistar a confiança das pessoas, frequentemente é necessário adotar o que os pesquisadores da área costumam chamar de CREDS, sigla inglesa que corresponde a "demonstrações fortalecedoras de credibilidade".

As CREDS podem ser simples sinais externos de identidade, como o católico que não tira o escapulário do pescoço nem para nadar, o judeu que está sempre com um quipá na cabeça etc. Ou podem ser comportamentos que implicam custos consideráveis, pessoais ou financeiros. No caso do judaísmo, um exemplo claro é a prática da circuncisão, que, em tempos pré-modernos, envolvia riscos não desprezíveis de infecção. Outro elemento comum a diversos tipos de crença religiosa é a presença de tabus alimentares, sexuais ou comportamentais, alguns extremamente custosos porque confrontam diretamente os valores da sociedade à qual certo grupo religioso pertence. Basta pensar nos Testemunhas de Jeová alemães, grupo que continuou alegando objeção de consciência ao serviço militar durante as décadas de domínio nazista e foi duramente perseguido por Hitler (dois mil deles foram enviados para campos de concentração, dos quais 1.200 morreram em decorrência do confinamento). Seja em casos mais sutis ou mais extremos, a presença dessas demonstrações sinaliza a membros internos ou externos de determinado grupo religioso que a crença e a prática daquela fé estão sendo levadas a sério e indicam em quem se pode confiar para valer, aumentando a coesão entre os membros de uma religião e sua capacidade de atuar de forma conjunta se necessário.

Qual a relação de tudo isso com a saga da Força Bruta? Recorde os fatores que analisamos no capítulo anterior. Quando você desenha um círculo no chão da vida social, o que fica para fora é tão importante quanto o que está dentro do círculo. Ao delimitar as fronteiras do sagrado e do profano e associá-las diretamente às noções do que é moralmente aceitável e reprovável, é como se a crença nos deuses grandes recobrisse os mais diversos aspectos de uma sociedade com um manto de sacralidade — inclusive aspectos como a guerra, a escravidão ou a marginalização de grupos minoritários, dependendo do contexto. Ao abençoar espadas, fuzis ou homens-bomba que vão ser usados contra o "inimigo", sacerdotes ou cerimônias religiosas podem se tornar ferramentas poderosas para desumanizar vastas massas de seres humanos.

É preciso levar em conta, ademais, o detalhe que mencionei no começo do capítulo: em todas as sociedades complexas pré-modernas, o que entendemos separadamente como religião na verdade é uma espécie de combustível e lubrificante universal das relações entre as pessoas. O rei a quem você obedece pode até não ser considerado divino (no Egito era; no antigo Israel, tudo indica que ele era visto como uma espécie de "filho adotivo" do Deus bíblico), mas o exercício do poder inevitavelmente está "embalado" e permeado por crenças no sobrenatural. Plantar e colher são atos carregados de simbolismo religioso, assim como o sexo e, claro, matar e morrer durante uma guerra. Justificativas sobrenaturais para cada um desses aspectos da vida, inclusive os mais sangrentos, estão presentes em todas as civilizações antigas cujos registros chegaram até nós.

Veja, por exemplo, o que diz um dos mais venerados textos clássicos da Índia, o *Bhagavad-gita*, que teria sido composto por volta do século II a.C. Na narrativa em verso, o jovem guerreiro Arjuna, da família dos Pandavas, está no campo de batalha antes de a luta começar, montado num carro de guerra, ao lado de seu companheiro e auriga (condutor de carruagem) Krishna. Arjuna hesita antes do início do combate: do outro lado estão seus parentes, os Kauravas, bem como alguns de seus amigos e antigos mentores. É lícito enfrentar e matar pessoas que lhe são caras? Desesperado, ele solta seu arco e suas flechas e se senta no carro de guerra. Krishna, como bom conselheiro do amigo, responde (tradução minha da edição em inglês):

Falas como se
Pronunciasses palavras de sabedoria
Mas estás pranteando
Aquilo que não deve
Ser pranteado.

> *Os homens sábios não pranteiam nem*
> *Aqueles cujo hálito de vida se foi*
> *Nem aqueles cujo hálito permanece.*
>
> *Eu nunca*
> *Cheguei a não existir,*
> *Nem você, nem*
> *Estes senhores de homens.*
> *Nem deixaremos de existir,*
> *Todos nós,*
> *Daqui em diante.*
>
> *E, conforme discernes*
> *Teu próprio darma,*
> *Não deves hesitar.*
> *Para o guerreiro,*
> *Não se acha*
> *Nada maior*
> *Do que a batalha*
> *Em nome do darma.*

A palavra que resume o raciocínio de Krishna, na verdade uma encarnação do deus Vishnu, é darma, cujo sentido aqui poderíamos definir como "a maneira correta de viver" para cada ser humano. O darma de um guerreiro como Arjuna implica não fugir do combate, explica o auriga; vida e morte são igualmente ilusórias, então não há por que se preocupar com a morte (a sua ou a dos inimigos) em batalha, desde que suas ações não sejam motivadas por ódio ou outras emoções que possam escravizar o ser humano. Cruzar os braços e não lutar é ir contra a sacralidade do darma.

Nosso próximo exemplo vem da atual Jordânia e é bem mais antigo que o poema indiano. A chamada Estela de Mesa,[55] achada

---

[55] Uma estela é basicamente uma placa de pedra na qual se costumava propagandear os feitos de um governante.

em Dhiban e datada por volta do ano 840 a.C., é tremendamente interessante por causa dos muitos paralelos entre o texto do monumento e o que se diz em certas passagens do Antigo Testamento, além de estar escrita em moabita, que é basicamente um dialeto do hebraico bíblico.

Na estela, escrita em primeira pessoa, o monarca Mesa (ou Mesha), governante do reino de Moab, fala de suas expedições militares abençoadas pelo deus Chemosh (ou Camos/Quemós, nas formas aportuguesadas):

> *Eu sou Mesa, filho de Chemosh-gad, rei de Moab [...]. E construí este santuário para Chemosh, um santuário de salvação, pois ele me salvou de todos os agressores, e me fez contemplar meus inimigos com desprezo [...]. Os homens de Gad habitavam o país de Ataroth desde tempos antigos, e o rei de Israel fortificou Ataroth. Pus a muralha sob assédio e a capturei, e matei todos os guerreiros da cidade para agradar a Chemosh e a Moab, e retirei de lá todo o butim, e o ofereci diante de Chemosh. [...] E Chemosh me disse: vai e toma [a cidade de] Nebo de Israel, e eu parti à noite e lutei contra ela da aurora até o meio-dia, e a capturei; e matei ao todo sete mil homens, mas não matei as mulheres e donzelas, pois as consagrei, e tirei de lá os vasos sagrados de Javé, e os ofereci diante de Chemosh.*[56]

Quem conhece relativamente bem a Bíblia talvez perceba a semelhança de estilo e até de certas frases com alguns dos Salmos e com as narrativas de livros como Josué e Juízes — só que, ao contrário do que acontece com o texto das Escrituras, o ponto de vista é o de um dos inimigos mortais dos antigos israelitas. Assim como o Senhor Deus que guia o povo de Israel para a vitória, ao menos quando os israelitas cumprem suas obrigações religiosas, Chemosh indica (provavelmente por meio de profetas) qual cidade Mesa deve atacar, e os inimigos derrotados são mortos em honra do deus.

---

[56] Minha tradução, a partir da versão publicada por um arqueólogo britânico do século XIX, James King, que verteu para o inglês o original moabita.

A maneira como o sanguinolento rei dos moabitas fala do fim de seus inimigos, equiparando-o a um ato de devoção, nos dá a deixa perfeita para abordar o fenômeno especialmente aterrorizante dos sacrifícios humanos. Com efeito, há indícios de que transformar pessoas em oferendas aos deuses tenha sido outro elemento importante por trás da coevolução da complexidade social, da crença religiosa e da violência. E nem sempre esse tipo de carnificina sagrada vitimava apenas inimigos aprisionados na guerra — governantes frequentemente degolavam membros de seu próprio povo diante dos altares.

Um dos estudos mais completos sobre o tema, publicado em 2016 pelo antropólogo Joseph Watts e seus colegas da Universidade de Auckland, na Nova Zelândia, analisou a evolução dos sacrifícios humanos a partir de uma grande base de dados sobre 93 sociedades tradicionais austronésias. Estamos falando, portanto, de grupos da Ásia e da Oceania que falam línguas com uma origem comum (mais ou menos como o latim deu origem ao português, ao italiano e ao francês), pertencentes à chamada família linguística austronésia. Esses povos estão espalhados por uma vasta área que vai da Indonésia e das Filipinas à ilha de Páscoa, com a Nova Zelândia e o Havaí no meio do caminho e uma rápida escapada no rumo oeste para colonizar Madagáscar (por incrível que pareça, esses povos orientais também foram parar na costa africana).

Os austronésios eram exímios navegantes, agricultores e criadores de animais (em geral, porcos e/ou galinhas, como mostra corretamente o simpático desenho animado *Moana: um mar de aventuras*). Ao se espalharem pelos oceanos Pacífico e Índico, eles desenvolveram quase todos os tipos imagináveis de sociedade, em grande parte por influência das condições ambientais das ilhas onde foram aportando. Alguns voltaram à vida de caçadores-coletores, enquanto outros criaram reinos com várias castas hereditárias de nobres e esquadras de canoas. Esse segundo cenário é o caso do arquipélago havaiano, que estava prestes a se tornar um império unificado quando os europeus chegaram lá pela primeira vez, no fim do século XVIII. Diversos desses grupos aderiam à prática dos sacrifícios humanos, que podiam ser feitos por queima, afogamento, estrangulamento ou de maneiras mais criativas, como o esmagamento do corpo da vítima com uma canoa recém-construída ou jogando a coitada do alto de uma casa e depois decapitando-a. Entre os motivos que levavam ao sacrifício de uma vítima humana estavam a quebra de tabus religiosos (a própria palavra "tabu", aliás, vem dos idiomas de Tonga e Fiji, colonizadas por austronésios), o funeral de um chefe e a inauguração de uma casa ou um barco.

Watts e seus colegas usaram métodos estatísticos sofisticados para tentar estimar em que momentos da diversificação cultural austronésia os sacrifícios humanos se tornaram comuns em cada ramo dessa "família" de sociedades. É mais ou menos a mesma abordagem usada para mapear, numa árvore genealógica de espécies de animais, quando determinada característica (o polegar opositor típico do *Homo sapiens*, por exemplo) apareceu numa linhagem biológica. No caso da árvore genealógica de sociedades, em vez de comparar características do esqueleto ou dos genes, os métodos estatísticos comparam dados da cultura ou até da linguística — diferentes formas de uma mesma palavra, digamos — para tentar entender as origens de determinada característica. Em parte, os dados arqueológicos ajudam a montar esse quadro. Sabe-se, por exemplo, que os maoris neozelandeses, agricultores e belicosos, deram origem aos morioris das ilhas Chatham, que se tornaram caçadores-coletores pacíficos após alguns séculos de separação (um grupo de maoris navegou até as ilhas e ficou isolado por lá).

O primeiro resultado dessa análise comparativa foi a associação clara entre estratificação social — grosso modo, a presença de "classes" e governantes com poder hereditário — e os sacrifícios humanos. Só 25% das sociedades austronésias consideradas igualitárias tinham a prática. Entre os grupos com estratificação social moderada (ou seja, com status e riqueza hereditários, mas que podiam ser modificados com certa facilidade no intervalo de uma geração), a prevalência de sacrifícios humanos subia para 37%. Por fim, nas sociedades com estratificação social elevada — status e riqueza hereditários, com chance baixa ou inexistente de alguém alterar sua posição na pirâmide social em uma geração —, os sacrifícios humanos estavam presentes em 67% dos casos.

É claro que quem conduzia os sacrifícios era gente de status elevado, chefes e sacerdotes, enquanto as vítimas normalmente eram os pés-rapados. Mais importante ainda, a análise da diversificação das sociedades austronésias ao longo do tempo sugere que a existência de sacrifícios humanos normalmente *precedia* o aparecimento da estratificação social elevada, como se a prática funcionasse como um empurrãozinho ou um esteio para que esse tipo de sociedade ganhasse força e se mantivesse ao longo dos séculos. "O mais comum era que os sacrificados fossem pessoas que não estavam mais nas graças da elite política e religiosa", explica Watts no estudo. "Além de representar uma justificativa sobrenatural para a punição de grupos considerados inferiores, o sacrifício humano também demonstrava a magnitude do poder das elites." Segundo essa lógica, a devoção às divindades, a posição hereditária das elites e o controle da sociedade como um todo caminham lado a lado.

Nos três exemplos que acabamos de abordar, estamos falando de "deuses grandes" no plural, já que tanto antigos hindus quanto moabitas e austronésios eram adeptos do politeísmo, a crença em múltiplas deidades. É perfeitamente possível que uma sociedade estruture suas noções do certo e do errado, a sacralidade de seus líderes e as posições aceitáveis para seus membros a partir de um panteão (um conjunto de deuses/ancestrais/forças cósmicas), embora durante muito tempo os historiadores ocidentais tenham falado em "monoteísmo ético" para designar a crença num deus único que caracteriza o judaísmo, o cristianismo e o islamismo. De fato, é curioso como a linguagem utilizada em documentos antigos para falar do papel dos deuses como supervisores da ordem cósmica e social em sociedades politeístas não é tão diferente assim da que aparece em certos trechos da Bíblia ou do Corão, por mais que os deuses pagãos, enquanto "pessoas físicas", não se comportem como grandes modelos de virtude nas histórias mitológicas. Diante desse dado, faz sentido dizer que algo muda na relação entre as religiões e a Força Bruta quando a fé numa única divindade se torna dominante? É o que vamos examinar a seguir.

SALVAÇÃO — NA MARRA, SE NECESSÁRIO

A maneira mais simples de abordar essa questão espinhosa talvez seja começar ressaltando o seguinte: religiões monoteístas com potencial para acolher em seu seio gente de quaisquer origens étnico--raciais — os exemplos mais claros desse tipo de crença são as muitas variantes do cristianismo e do Islã — alteram a natureza do jogo por introduzir o fenômeno da *conversão* e, claro, a possibilidade de conversões forçadas.

A questão é que não faz muito sentido falar em conversão religiosa, e faz menos sentido ainda falar em conversão forçada, quando estamos analisando sociedades politeístas. Não que não exista violência de cunho religioso nesse tipo de sociedade, como vimos que há, com registros de que ela pode se dar não apenas fisicamente, contra inimigos internos e externos, mas também contra símbolos religiosos. No antigo Oriente Médio, exércitos imperiais como os dos assírios e babilônios costumavam destruir os templos e as imagens sagradas de seus adversários (de novo, a leitura do Antigo Testamento traz dados importantes, ainda que enviesados, sobre esse cenário). Como muitas das divindades dos povos da região eram, em certo sentido, deuses *nacionais*, que tinham entre suas atribuições proteger seus seguidores e a dinastia que zelava por seus templos, era comum que os povos derrotados abandonassem seu culto tradicional e adotassem o panteão dos vencedores.

Apesar desses senões, o politeísmo se caracteriza por ter fronteiras naturalmente elásticas. Em geral, a lista de divindades, espíritos da natureza, semideuses etc. passíveis de serem cultuados é tão extensa — frequentemente na casa dos milhares — que sempre cabe mais algum ente místico dentro dela. Além disso, quase nunca existe algo similar a uma ortodoxia politeísta, com postulados teológicos mais ou menos fixos que o fiel precisa seguir, textos sagrados cujos ditames não podem ser violados ou coisa que o valha. O que importa mais é a *prática* religiosa, o culto do cotidiano, que acontece em casa, nos vilarejos, em pequenos templos ou em áreas naturais sagradas, sem nada que se assemelhe à centralidade de Jerusalém, Roma ou Meca. Quando surgem os contatos culturais de larga escala, o sincretismo se fortalece e não escandaliza ninguém. Assim como estamos habituados a identificar o Zeus dos gregos com o Júpiter dos romanos, os próprios gregos também passaram a dizer que Amon, ou Amun, divindade egípcia, equivalia a Zeus, ou que o deus fenício Melqart, da cidade de Tiro, correspondia a Héracles, ou Hércules, na forma derivada do latim que usamos.

No mundo antigo, esses processos de assimilação e sincretismo religioso ganharam tremendo impulso a partir do fim do século IV a.C., quando o macedônio Alexandre, o Grande conquistou um território que ia da Grécia ao Punjab, na fronteira entre o Paquistão e a Índia, incluindo todo o antigo Império Persa. Alexandre e seus sucessores espalharam influências culturais e religiosas gregas por toda essa área, mas também assimilaram elementos das crenças de boa parte dos povos conquistados. Durante alguns séculos, habitantes de origem grega da Ásia Central se converteram ao budismo, e alguns de seus reis de fala helênica incluíam em suas moedas a expressão indiana *Maharajasa Dharmika* ("Rei do Darma"; o *Bhagavad-gita* manda lembranças). No Egito, também dominado por Alexandre, seus sucessores chegaram a inventar um deus totalmente novo, Serápis, que combinava atributos de duas divindades egípcias preexistentes (Osíris, senhor dos mortos, e o touro sagrado Ápis) com a barba e os cabelos cacheados típicos das estátuas de Zeus. A ascensão de Roma como superpotência do Mediterrâneo antigo não alterou significativamente esse cenário. Deuses do mundo inteiro foram acolhidos na cidade-Estado quando ela se transformou em império, da egípcia Ísis ao persa Mitra (ou Mithras). Nesse cenário, a rigor, ninguém precisava abandonar os deuses da sua etnia para adorar os dos novos governantes — era mais fácil simplesmente acender mais uma ou várias velas no altar de casa.

Bem, quase ninguém, para ser mais exato. Ao longo desses séculos de transformação, um pequeno território do Oriente Médio controlado por uma elite sacerdotal de monoteístas dava trabalho. Estamos falando dos judeus, que criaram problemas diplomáticos complexos tanto para os sucessores de Alexandre quanto para os romanos, por sua aparente recusa a se encaixar na nova ordem sincrética do mundo antigo. Javé, o Senhor Deus único, sozinho e sem-par dos habitantes da Judeia, da Galileia e da diáspora judaica mundo afora, tinha um só templo, em Jerusalém, não tinha imagens e, para a maioria de seus adoradores, jamais poderia ser equiparado às falsas divindades dos "gentios" (termo que designa todos os não judeus). O que amenizava essa separação absoluta entre Javé e os deuses pagãos era o fato de que, para os judeus, apenas o povo de Israel era obrigado a cultuá-lo, e não era demérito algum para os demais povos a adoração a outras entidades. A conversão de gentios ao judaísmo era (e ainda é) possível, mas burocrática, a começar pela obrigatoriedade da circuncisão para os homens, que desencorajava a maioria dos interessados, e não havia um esforço missionário por parte dos adoradores do Senhor. Diante desses atenuantes, durante centenas de anos foi possível estabelecer uma convivência relativamente tranquila entre os judeus e seus senhores imperiais (primeiro os persas, depois os macedônios de língua grega e seus descendentes).

A paz entre pagãos e monoteístas se tornou temporariamente inviável quando a dinastia dos Selêucidas (sucessores de Alexandre sediados na Síria) tentou impor o sincretismo e transformar o Templo de Jerusalém num santuário de Zeus, provavelmente com apoio de uma facção "modernizante" da elite judaica. Contrários a essa medida, os Macabeus, ou Asmoneus, membros de uma família sacerdotal de um povoado da Judeia, lideraram uma revolta que acabou levando a um breve período de independência política para a região — com os Asmoneus no comando, no papel de reis-sacerdotes. Esse estado de coisas durou até o ano 63 a.C., quando forças romanas capturaram Jerusalém e incorporaram a área aos seus domínios. Estabeleceu-se, então, com o passar de algumas décadas, um novo armistício religioso. Além de zelar pela obediência política ao Império Romano, os sumos-sacerdotes judaicos passaram a oferecer orações e sacrifícios a Deus *em favor* dos imperadores, enquanto as regiões pagãs do império frequentemente eram obrigadas a fazer esses rituais *para* o próprio imperador, divinizando-o. Do ponto de vista de Roma, aquilo parecia o suficiente, em parte porque a tradição religiosa romana tendia a respeitar quaisquer ritos suficientemente antigos e veneráveis, o que parecia ser o caso do culto a Javé.

Havia, porém, vários problemas nesse arranjo. Tudo indica que as décadas de conflitos religiosos, somadas às tradições preexistentes na religião judaica, tenham levado ao surgimento de grupos sectários e dissidentes que enxergavam a ocupação estrangeira da "terra de Israel" como uma afronta direta à soberania do Deus único. Afinal, ele não prometera o domínio perpétuo daquele chão a seu povo escolhido, conforme dizia a Bíblia? Não seria dever de todo judeu expulsar os gentios da Terra Santa? E, complicando ainda mais a situação, outros grupos dentro do judaísmo viam a presença romana em Jerusalém como apenas mais um elemento num cenário literalmente apocalíptico. Para eles, Javé estava prestes a intervir de forma definitiva na história do Cosmos, libertando miraculosamente não apenas o povo de Israel, mas também o mundo inteiro do mal e da injustiça. O Messias/Cristo ("ungido" em hebraico/grego, ou seja, o rei da descendência do antigo monarca David, consagrado por Deus) reinaria para sempre à frente do Povo Escolhido, regendo ainda todas as nações. E até os pagãos iriam aderir ao culto do verdadeiro Deus na Cidade Santa, conforme haviam dito, séculos antes, profetas como o célebre Isaías.

Tais sonhos de independência política e glória cósmica da pequena nação monoteísta naufragaram horrendamente quando a chamada Grande Revolta Judaica foi sufocada pelos romanos com a destruição de Jerusalém e seu Templo, em 70 d.C. Algumas décadas antes desse desastre, porém, um profeta apocalíptico, que previa justamente o fim dos tempos e o Reino de Deus sobre a Terra, tinha sido crucificado a mando do governador romano da Judeia por perturbar a paz pública. Jesus de Nazaré, disseram ao menos alguns de seus seguidores depois que ele morreu, tinha ressuscitado e agora estava sentado à direita do Senhor Deus. A ressurreição dos mortos era um dos sinais previstos para o início do fim dos tempos em alguns dos textos do Antigo Testamento. Isso significava que Jesus Cristo, o Filho ungido de Deus, retornaria muito em breve em sua glória. E qual era o outro pré-requisito para a consumação da história do Cosmos, diziam esses seguidores de Jesus? Era preciso que os pagãos passassem a adorar o Deus de Israel, como tinham previsto alguns dos profetas. Convertê-los à fé em Javé e Jesus era, portanto, a coisa mais urgente do mundo.

Esse, em suma, é o raciocínio teológico por trás do impulso missionário dos primeiros cristãos — inicialmente, nada mais que membros de uma seita judaica apocalíptica, assim como outras existentes na época, mas que se diferenciavam de outros subgrupos do judaísmo por seu desejo de conquistar adeptos não judeus o mais rápido possível (além da crença no papel especial de Jesus como Salvador). A documentação sobre as primeiras décadas cristãs que chegou até nós, em especial a que está preservada no Novo Testamento bíblico, indica que o formulador das estratégias mais agressivas de conversão (no sentido de obter o máximo de seguidores "para ontem", não no de violência física) era um judeu chamado Paulo, nascido fora da Palestina, talvez em Tarso, na atual Turquia, e cujo idioma nativo era o grego. Ironicamente, os séculos de contato cultural entre o judaísmo e a cultura helênica tinham produzido figuras como o apóstolo Paulo, "prontas" para explicar e espalhar o legado religioso de Israel em termos que politeístas de uma ponta à outra do Mediterrâneo seriam capazes de entender. Eis o que ele diz na Epístola aos Gálatas (capítulo 3, versículos de 26 a 29):

Vós todos sois filhos de Deus pela fé em Cristo Jesus, pois todos vós, que fostes batizados em Cristo, vos vestistes de Cristo. Não há judeu nem grego, não há escravo nem livre, não há homem nem mulher; pois todos vós sois um só em Cristo Jesus. E se vós sois de Cristo, então sois descendência de Abraão, herdeiros segundo a promessa.

É particularmente fascinante, aliás, que Paulo esteja dirigindo essas palavras aos tais gálatas, exemplos extremos do caldeirão étnico que era o Império Romano em seu auge. Muitos dos destinatários da epístola eram de origem celta. Séculos antes da época do apóstolo, seus ancestrais tinham vindo da Gália (daí o nome) e da Europa Central, invadindo diversas regiões de língua grega do Mediterrâneo oriental até se fixar no centro da atual Turquia, misturando-se, é claro, com a população nativa. Recorde agora o que vimos sobre a construção imaginativa de *ingroups* de grande escala no capítulo 5 e perceba o brilhantismo do que Paulo está propondo nessa passagem (independentemente da verdade teológica ou não do texto). Em essência, o missionário judaico-cristão diz aos seus conversos gálatas que o batismo e a fé em Cristo dissolvem a identidade anterior que eles e todos os demais batizados, em qualquer lugar do mundo, poderiam ter. Eles adquiriram uma filiação espiritual nova, arrebentaram as barreiras étnicas que separavam judeus de "gregos" (no contexto, um termo que designa quaisquer pagãos em sentido amplo), as fronteiras sociais entre escravizados e livres e até as distinções entre homens e mulheres (ainda que Paulo relativize esse último ponto em outras epístolas). E, embora seus antepassados fossem louros barbudos e belicosos da distante Gália, feito versões de Asterix do mundo real, agora eles também são "descendência de Abraão" — espiritualmente, é como se tivessem se tornado tão judeus quanto o sumo-sacerdote em Jerusalém.

Essa pequena revolução conceitual trazida pela ação missionária cristã teve princípios essencialmente não violentos. É claro que a ênfase em "oferecer a outra face" e "amar vossos inimigos" na mensagem original de Jesus contribuiu um bocado para isso, assim como a intenção de mostrar às autoridades romanas que o novo movimento não era simplesmente mais um braço das rebeliões judaicas contra o império. Paradoxalmente, porém, a retórica de alguns dos textos do Novo Testamento contra o judaísmo não cristão muitas vezes é duríssima, como vemos no Evangelho de João, no qual o termo "os judeus" vira sinônimo quase permanente de "os inimigos de Jesus", ainda que, obviamente, tanto o Nazareno quanto toda a sua família e os Doze, seus principais seguidores em vida, tivessem nascido, vivido e morrido como membros do povo de Israel. Neste texto, Jesus ataca "os judeus" que se opõem a ele:

> *Se Deus fosse vosso pai, vós me amaríeis [...]. Por que não reconheceis minha linguagem? É porque não podeis escutar minha palavra. Vós sois do diabo, vosso pai, e quereis realizar os desejos de vosso pai. Ele foi homicida desde o princípio e não permaneceu na verdade, porque nele não há verdade.*

Os que estudam as raízes históricas do Evangelho de João acreditam que o texto muito provavelmente foi escrito por uma comunidade de seguidores de Jesus com raízes judaicas, a julgar por questões como o conhecimento detalhado da geografia de Jerusalém presente em certas passagens. Esse grupo, porém, foi desenvolvendo uma animosidade cada vez mais exacerbada contra seus antigos companheiros de fé por causa de eventos como a expulsão dos cristãos das sinagogas onde os judeus se reuniam, trauma que é objeto de uma alusão na narrativa. É praticamente certo que o discurso que (quase literalmente) demoniza os judeus não foi pronunciado pela figura histórica de Jesus, sendo uma criação literária do evangelista. De qualquer maneira, ele é um dos primeiros e mais marcantes exemplos de como a importância da ortodoxia — a crença numa verdade teológica definida como correta — pode estimular o monoteísmo a cair numa dinâmica de rivalidade fratricida e fragmentação sectária. Quando a crença "certa" é o que importa para definir quem está dentro ou fora do grupo, e quando há desacordos sobre essa ortodoxia, frequentemente são as denominações mais próximas entre si que acabam desenvolvendo as maiores hostilidades mútuas, e isso ocorre até mesmo a partir de desavenças triviais, ao menos para quem enxerga a questão do lado de fora. Nesse caso específico, tanto judeus quanto cristãos eram minorias relativamente insignificantes e sem grande potencial para causar dano sério uns aos outros no século I. Mas a situação mudaria muito de figura quando os cristãos se tornassem a força religiosa dominante do Império Romano algumas centenas de anos mais tarde, e o retrato hostil dos judeus no Evangelho de João (e em outros textos) acabaria sendo uma das inspirações para milênios de antissemitismo.

    O processo que transformou o cristianismo nascente numa das principais religiões do Mediterrâneo antigo é complexo e ainda não foi completamente elucidado. De um lado, a promessa de fraternidade universal da nova fé deve ter atraído as classes populares urbanas e mesmo os escravizados. De outro, acredita-se que, num mundo onde não havia rede de proteção social gerida pelo Estado, as comunidades cristãs tenham se tornado um refúgio para os pobres e os enfermos, que recebiam caridade e cuidados médicos rudimentares mesmo se fossem pagãos. De qualquer maneira, no começo do século IV, a fé em Jesus Cristo tinha se espalhado bastante e já somava milhões de adeptos — estima-se que girava entre 5% e 10% da população nos domínios romanos, com particular peso demográfico em áreas como a atual Turquia e o Egito. Esse processo aconteceu apesar da oposição ferrenha dos imperadores e da elite romana ao novo movimento religioso, embora não se deva imaginar que os primeiros três séculos de cristianismo tenham sido marcados pela perseguição ininterrupta. Ainda que muitos cristãos tenham sido martirizados, torturados e exilados, e que outros tantos tenham perdido seus bens e direitos políticos, isso raramente ocorreu de forma centralizada e focada, dependendo mais dos humores de governantes locais e da população pagã nas diferentes regiões do Império. A perseguição mais impiedosa, generalizada e duradoura ocorreu durante o reinado do imperador Diocleciano, que não apenas ordenou a execução de membros proeminentes da Igreja cristã, como também mandou confiscar cópias da Bíblia para destruí--las, além de eliminar locais de culto.

A virulência de Diocleciano e de outros imperadores romanos não desmentiria a suposta tolerância de Roma (e dos politeístas em geral) diante de todas as crenças? Não exatamente. O paradoxo representado pelo cristianismo nascente decorreu de dois fatores principais. O primeiro é que, embora afirmasse adorar o mesmo Deus único dos judeus, o movimento cristão logo passou a ser predominantemente formado por politeístas convertidos — gente que, portanto, não estava "protegida" pela adesão a um culto ancestral antiquíssimo, elemento que tinha tornado o judaísmo respeitável aos olhos de Roma. O segundo ponto é que, ao se recusarem a participar das cerimônias religiosas pagãs — em especial o sacrifício de animais — em honra das divindades do Império e do próprio imperador divinizado, os cristãos pareciam romper com a sociedade que os circundava não apenas do ponto de vista religioso, mas também, e principalmente, sob o prisma político. Como já vimos, essa distinção entre a esfera "laica" e a do sagrado praticamente não existia no mundo antigo. Era comum a crença de que a paz e a prosperidade dos domínios imperiais dependiam essencialmente da aprovação dos deuses ao que Roma tinha realizado — aliás, a tese de que os romanos eram especialmente benquistos pelo Olimpo e pelas demais divindades, e por isso tinham adquirido territórios tão vastos, era um dos motores ideológicos da propaganda imperial. Ao não participarem dos ritos que garantiriam a continuidade desse êxito, os cristãos podiam acabar atraindo a punição divina contra a sociedade como um todo, afirmavam seus detratores.

Os cristãos, claro, não concordavam, citando seu comportamento supostamente exemplar e sua caridade para com todos, inclusive pagãos necessitados, algo documentado até em fontes históricas não cristãs. Autores cristãos desse período formularam alguns dos primeiros argumentos filosóficos em favor da liberdade religiosa e de consciência numa sociedade pluralista. Infelizmente, quando o imperador Constantino, o Grande por fim acabou com a perseguição à fé em Jesus e concedeu, de início, liberdade para todas as religiões, o discurso dos principais líderes cristãos começou a mudar. O próprio Constantino, que atribuía ao Deus de Jesus a vitória contra seus inimigos (embora só viesse a ser batizado no leito de morte), usou sua influência para impor a ortodoxia teológica entre seus novos aliados religiosos, exilando dissidentes e ordenando a destruição de obras consideradas heréticas, contrárias à fé vista como correta. No final de seu governo, ele promulgou leis para que templos pagãos fossem despojados de seus ricos ornamentos e mesmo destruídos. Seus sucessores se puseram a consolidar cada vez mais o elo entre o cristianismo e o Estado romano, com um pequeno hiato no reinado de Juliano, cognominado "o Apóstata" por ter defendido o retorno a uma espécie de paganismo filosófico. Por fim, em 380 d.C., o cristianismo ortodoxo, na vertente que daria origem tanto à Igreja Ortodoxa Grega quanto à Igreja Católica, foi proclamado a única religião legítima do Império Romano. Os cultos pagãos viraram alvo de perseguição sistemática, frequentemente estimulada pelos bispos cristãos, e, em poucos séculos, desapareceram de quase todos os territórios que tinham estado sob domínio de Roma. A essa altura, na Europa Ocidental, o Império já tinha deixado de existir. Diante da crença de que o destino eterno dos seres humanos estava intimamente ligado à conversão religiosa — a aceitação da fé em Jesus levaria à salvação, enquanto sua recusa conduziria à perdição perpétua —, a imposição da identidade cristã a toda a população passou a ser vista quase como dever do Estado.

O triunfo cristão e a estreita parceria entre Igreja e Estado influenciariam, é claro, grande parte da história do Ocidente pós-romano e do mundo como um todo. Ao mesmo tempo em que passou a ser possível para qualquer sociedade, em tese, tornar-se parte do gigantesco *ingroup* cristão, o que teria potencial para amenizar conflitos violentos, as disputas fratricidas em torno de detalhes da ortodoxia frequentemente explodiam, gerando episódios de perseguição a grupos heréticos e as guerras entre católicos e protestantes que dilaceraram a Europa nos séculos XVI e XVII. Em episódios como a invasão das Américas pelos europeus, quando povos nativos se recusaram a se tornar cristãos e vassalos dos reis da Europa, guerras de conquista — que, no fundo, também eram guerras religiosas — passaram a ser vistas como justas e necessárias. E, ao se enxergar como um conjunto relativamente coeso — a Cristandade com C maiúsculo —, o mundo cristão também pôde atuar de forma relativamente coordenada para enfrentar os rivais monoteístas do Islã durante as Cruzadas, com o objetivo de retomar a Palestina e outros territórios considerados "posse legítima" dos seguidores de Jesus.

Abordaremos em breve como o mundo muçulmano do passado e do presente se encaixa na relação entre monoteísmo e violência, mas antes convém considerar mais alguns aspectos dessa conexão no caso do cristianismo. Outra consequência bem conhecida da crença em deuses grandes — e faz sentido pensar no Deus cristão como um exemplo extremo desse tipo de divindade — é a consolidação de um subtipo de moralidade associada à dimensão do sagrado, que não necessariamente está ligada às relações entre "pessoas físicas", mas ao que é considerado "bom e justo" para a sociedade como um todo e para a relação dessa sociedade com Deus ou os deuses. Trocando em miúdos: refiro-me a crenças sobre o certo e o errado que não regulam a honestidade no trato com os vizinhos ou o cuidado para com os membros mais vulneráveis da sociedade, por exemplo, mas que estão baseadas em noções de "decência" ou "pureza" que continuam valendo mesmo quando violá-las não implica causar mal a nenhuma outra pessoa, objetivamente falando.

O psicólogo Jonathan Haidt, em colaboração com diversos pesquisadores mundo afora, inclusive as brasileiras Silvia Koller e Maria da

Graça Dias, desenvolveu, na década de 1990, uma metodologia dedicada a medir justamente a importância dessas outras formas de "paladar" moral (a analogia com a detecção de gostos é do próprio Haidt). O pesquisador e seus colegas mostraram que, em praticamente qualquer lugar do mundo, a maioria das pessoas reage instintivamente, de maneira negativa, a certos atos considerados imorais, mesmo que não consiga explicar racionalmente o que há de errado com eles ou, para ser mais preciso, que tipo de mal eles causariam. Exemplos extremos disso envolvem, como você talvez já tenha imaginado, a moralidade sexual. Num dos cenários bolados pelo especialista — uma história fictícia que ele conta aos voluntários de seus estudos —, um casal de irmãos resolve fazer sexo para ver como seria a experiência. Os dois usam métodos anticoncepcionais para evitar a possível concepção de bebês com problemas genéticos graves. Não ficam traumatizados com a experiência, mas decidem não a repetir e tocam suas vidas adiante como se nada tivesse acontecido. "O que você acha disso?", costumam perguntar Haidt e seus colaboradores para participantes desses estudos mundo afora: "O que eles fizeram foi errado?".

Pessoas de qualquer cultura quase sempre berram "óbvio que foi errado", mas o curioso é como elas tentam justificar seu absoluto horror diante da ideia. "Imagine, adolescentes fazendo isso", dizem alguns — até o pesquisador ressaltar que o enunciado do cenário afirmava claramente que os irmãos eram maiores de idade, de posse de todas as suas faculdades mentais e agindo voluntariamente. "Meu Deus, vão nascer bebês deformados", reagem outros — esquecendo, de novo, que o casal da história inventada tomou todas as precauções para evitar isso. No fim das contas, os participantes tendem a dizer que esse tipo de comportamento é pura e simplesmente errado, e ponto-final. O mesmo tipo de reação se manifesta em cenários como pessoas fazendo sexo com objetos ou seres inanimados (num dos exemplos, um frango congelado) ou comendo o cachorro da família no almoço depois que o bicho acaba sendo atropelado.

Há algum elemento na construção de valores de diversas culturas que faz com que as pessoas reajam instintivamente a esse tipo de história, num nível muito semelhante ao nojo diante de um alimento estragado ou à raiva frente a um inimigo mortal. E, ao saberem que outras pessoas praticaram atos semelhantes a esses, o nojo e a raiva, antes hipotéticos, podem se voltar contra alvos humanos. Tais pessoas são retratadas como gente que está violando as normas de sacralidade que deveriam caracterizar o comportamento humano normal e decente; portanto, suas ações são vistas como uma ameaça à sociedade como um todo, ainda que as consequências delas sejam, para todos os efeitos, inócuas.

E é aí que mora o problema. Entre esses tipos de condenação e desprezo absolutos em relação a um comportamento visto como "simplesmente errado", o cristianismo herdou do judaísmo a proibição do comportamento homossexual. Não que tabus e preconceitos sobre o relacionamento entre pessoas do mesmo sexo não existam em culturas politeístas antigas ou mais recentes: textos vikings ridicularizam homens "afeminados", e até a tolerância greco-romana em relação à sexualidade gay tinha limites bastante claros, como a ideia de que a relação deveria ser entre um homem mais velho e um adolescente e sem penetração (no caso grego), ou que um homem livre jamais deveria se colocar em posição passiva (no caso romano).

Mas o Antigo Testamento coloca essa aversão nos termos mais radicais que se possa imaginar: "Não te deitarás com um homem como se deita com uma mulher. É uma abominação", diz o livro do Levítico. "O homem que se deitar com outro homem como se fosse uma mulher, ambos cometerão uma abominação; deverão morrer, e o seu sangue cairá sobre eles." O texto bíblico, aliás, associa diretamente a maldição divina trazida por essa e outras transgressões sexuais, como o adultério, o incesto e a zoofilia, com os riscos que ameaçam o destino da coletividade dos israelitas. "Porque todas essas abominações foram cometidas pelos homens que habitaram esta terra antes de vós, a terra se tornou impura. Se vós a tornais impura, não vos vomitará ela como vomitou a nação que vos precedeu?", diz o Levítico antes de o povo de Israel tomar posse de Canaã (a Terra Santa). Ou seja, não se trata de uma questão apenas de "impureza" pessoal, mas principalmente de uma ameaça imaterial coletiva. Ao incorporar esse aspecto da legislação sacra israelita e associar tais transgressões dela com o destino eterno de cada pessoa, a crença cristã influenciaria profundamente o preconceito contra homossexuais e a perseguição a eles em todo o Ocidente. A colaboração entre o poder religioso e o poder político nas sociedades cristãs foi frequentemente usada para perseguir e matar homossexuais, inclusive associando seu comportamento ao de grupos heréticos. E é difícil pensar na maneira como a homofobia funciona ainda hoje sem esse legado, mesmo em sociedades muito secularizadas, ou seja, distantes da influência religiosa.

O *DUCE* E O PAPA

Mesmo quando não ocorre mais perseguição explícita a determinados grupos, o favoritismo que os *ingroups* religiosos dedicam a seus membros, e apenas a seus membros, pode acabar equivalendo à diferença entre a vida e a morte, em especial quando se mistura a formas ainda mais tóxicas de intolerância. Convido o leitor a analisar um exemplo que considero muito significativo, talvez por dizer respeito à minha própria tradição religiosa. Eis o que aconteceu na Itália dos anos 1920 aos anos 1940, quando uma espécie de casamento de conveniência foi se estabelecendo gradualmente entre a hierarquia da Igreja Católica e o regime fascista do ditador Benito Mussolini.

Nos primeiros anos de sua disputa pelo poder, ninguém imaginaria que Mussolini fosse se aproximar do Vaticano. Tanto ele quanto a maioria dos fascistas de primeira hora eram virulentamente anticlericais, por vezes aterrorizando padres em suas paróquias com atos de vandalismo e surras nos próprios sacerdotes. Durante algum tempo, o Partido Popular Italiano, grupo centrista criado por inspiração da hierarquia católica, foi um dos grandes rivais políticos do movimento de extrema-direita. Uma coisa, no entanto, os fascistas e o papado tinham em comum: na época, ambas as forças *não* queriam uma Itália democrática e "liberal nos costumes", como se diz por aí nos últimos anos. Também eram inimigos jurados dos movimentos de esquerda, em especial grupos socialistas e, horror dos horrores (do ponto de vista de fascistas e da Santa Sé), o regime comunista e oficialmente ateu da recém-criada União Soviética, correspondente ao atual território da Rússia e dos países vizinhos na Eurásia.

Mussolini percebeu que seria capaz de atrair o apoio tácito do Papa Pio XI se revertesse as reformas que tinham transformado a Itália num Estado laico. Ao se tornar primeiro-ministro, em 1922, o líder fascista passou a cortejar o apoio do papa com medidas que, aos poucos, foram fazendo da Itália um país oficialmente católico. David Kertzer, historiador da Universidade Brown, escreve:

> *Forçou a aprovação de uma nova lei que permitia à polícia demitir qualquer editor cujo jornal falasse mal do pontífice e da Igreja. Os crucifixos voltaram às salas de aula, e os feriados religiosos foram incorporados ao calendário civil. Mussolini também contribuiu com generosos fundos para reconstruir igrejas arruinadas durante a guerra [a Primeira Guerra Mundial].*

O *Duce* ("líder", em italiano), como era conhecido o chefe supremo dos fascistas, conseguiu ainda costurar o acordo diplomático que criou o atual Estado do Vaticano, devolvendo aos papas um território soberano (ainda que minúsculo) depois de décadas de uma situação precária na qual os pontífices viviam brigados com a Itália unificada, cuja capital, Roma, a própria Igreja reivindicava como sua. Depois do acordo, Pio XI chegava a usar sua representação diplomática junto ao *Duce* para pedir ajuda em coisas aparentemente bobas, como censura a filmes considerados indecentes e ao uso de maiôs mais ousados nas praias do país.

O antissemitismo, porém, estava disseminado pelas mais variadas esferas do catolicismo italiano nos séculos XIX e XX. Não era a forma virulenta e genocida que acabaria se transformando em política de Estado na Alemanha nazista, mas abrangia publicações oficiais de diferentes órgãos da Igreja, bem como membros do clero que iam de simples padres de aldeia a cardeais e enxergavam o judaísmo com desconfiança, temor e até ódio. Parte disso vinha da associação entre os judeus e grupos de esquerda, em especial na União Soviética "ateia" e comunista. A revista *La Civiltà Cattolica*, editada pelos jesuítas e com conteúdo aprovado diretamente pela Santa Sé, informou, em edição do final de 1922, que, entre os cerca de quinhentos dirigentes mais importantes da Rússia soviética, "os da raça judaica totalizam 447. Essa minúscula minoria hoje invadiu todas as avenidas do poder e impõe sua ditadura ao país". A edição seguinte da publicação, no mesmo ano, dizia que o "socialismo judaico-maçônico" (veja que interessante o "combo" de teorias da conspiração, unindo a esquerda, os judeus e os maçons) estava tiranizando a Áustria. Na verdade, só 7% dos dirigentes soviéticos tinham origem judaica nos anos 1920, uma proporção que caiu drasticamente com os expurgos comandados pelo ditador Josef Stalin, responsável por governar o país com mão de ferro até 1953 e defensor de medidas antissemitas.

Nos anos 1930, conforme Mussolini se aproximava cada vez mais do regime de Adolf Hitler — um sujeito que, aliás, usou o *Duce* como inspiração no começo de sua carreira política —, começou a circular nos meios fascistas a ideia de copiar a legislação racista e antissemita da "nova Alemanha". Esse processo foi estimulado pelo fato de que, ao longo da década, o poderio econômico e militar da Alemanha foi crescendo, de modo que a Itália se tornou o parceiro menos poderoso do Eixo, a aliança forjada entre Mussolini e Hitler (que acabaria incluindo o Japão imperial). Os alemães passaram a condicionar o fortalecimento de sua parceria com a Itália ao estabelecimento de leis antijudaicas na península. Comprometidos com o Eixo, os fascistas criaram periódicos como *La Difesa della Razza*, que exaltavam a "raça pura" italiana, atacavam judeus, africanos e outros não europeus como inferiores e publicavam artigos como "Cinquenta anos de polêmica em *La Civiltà Cattolica*", de 1936. Esse texto usava as diatribes antijudaicas do periódico dos jesuítas para afirmar que "não há incompatibilidade entre a doutrina da Igreja e o racismo, tal como tem sido manifestado na Itália". Por fim, em setembro de 1938, o governo de Mussolini tomou as primeiras medidas destinadas a tirar dos judeus os seus direitos de cidadania, demitindo todos os professores de origem hebraica, impedindo que crianças judias frequentassem escolas públicas e expulsando do país judeus naturalizados italianos depois de 1919. A coisa, é claro, ficaria ainda pior — milhares de judeus italianos acabariam sendo deportados para campos de concentração na década seguinte, após o país ser ocupado pelos alemães.

E o que a Igreja fez diante de tudo isso durante o papado de Pio XI? Oficialmente, a doutrina da Igreja era contra o racismo — toda a humanidade descenderia de uma única família criada por Deus, crença conhecida como monogenismo. O papa chegou a declarar, numa audiência com peregrinos belgas, que "é impossível para um cristão participar do antissemitismo" e que "espiritualmente, somos todos semitas". Mas o preconceito antijudaico de cunho religioso, muito arraigado na hierarquia católica, fez com que os principais protestos contra as leis raciais de Mussolini versassem sobre judeus *convertidos ao catolicismo* ou, no máximo, casados com católicos, que também estavam sendo perseguidos. Afinal, órgãos da Igreja tinham defendido que judeus não tivessem os mesmos direitos que os católicos, argumentavam os fascistas — essa tinha sido a prática do papado durante séculos. A própria fala de Pio XI condenando as crenças nazistas foi abafada pelos meios de comunicação católicos italianos, como a Rádio Vaticano ou o jornal *L'Osservatore Romano*, sendo noticiada apenas na Bélgica (aproveitando o fato de que o pontífice, já idoso, não segurava mais as rédeas da diplomacia da Santa Sé com a mesma firmeza de outrora). Numa época de endurecimento do regime, quando já não era fácil desfazer a aliança com Mussolini, a Igreja preferiu proteger o *ingroup*, mesmo quando seus princípios diziam, em tese, o contrário.

À SOMBRA DO CRESCENTE?

Tanto os papas quanto seus rivais das igrejas ortodoxas orientais passaram séculos tentando conter o que enxergavam como a ameaça existencial do islamismo, articulando alianças entre chefes militares cristãos e levantando fundos para financiar Cruzadas. Em 2006, quando tudo isso parecia ser parte do passado remoto, o papa Bento XVI despertou reações exaltadas do mundo muçulmano ao citar, durante uma palestra, um texto medieval que dizia o seguinte: "Mostre-me o que Maomé trouxe de novo e acharás nisso apenas coisas malignas e desumanas, tais como sua ordem de espalhar pela espada a fé que ele pregava". Mais tarde, o papa tentou esclarecer que a citação não refletia sua própria opinião sobre o tema e buscou expressar seu respeito pelo Islã rezando numa mesquita na Turquia. Para muitos no Ocidente, porém, o texto citado pelo pontífice faz todo o sentido do mundo. Haverá algo de essencialmente violento no Islã capaz de explicar por que, entre as religiões monoteístas do século XXI, ele parece ter importância desproporcionalmente grande nas manifestações da Força Bruta? Não creio que haja resposta simples para essa pergunta, mas a combinação de diferentes linhas de evidência sugere que faz sentido atribuir a predominância dos radicais muçulmanos entre os fundamentalistas religiosos violentos dos últimos tempos a uma "tempestade perfeita" de forças históricas mais do que a uma suposta essência agressiva (ou, ao menos, mais agressiva que a média dos monoteísmos) na religião fundada por Maomé.

Para entender os fatores "climáticos" que desencadearam essa tempestade perfeita, comecemos citando Nicolau Maquiavel. Em seu livro *O príncipe*, publicado pela primeira vez em 1532, Maquiavel observa, com o cinismo e o realismo político que lhe são peculiares: "Todos os Profetas armados venceram, e os desarmados se arruinaram". Bem, a questão é que Maomé pode ser colocado firmemente ao lado dos "Profetas armados", ainda que a classificação não corresponda aos primeiros anos de sua carreira como líder religioso.

As narrativas mais antigas sobre a vida do fundador do Islã dizem que suas tentativas frustradas de converter pacificamente a população de Meca, sua cidade natal, foram respondidas com entreveros, ameaças e agressões por parte da elite de mercadores politeístas da região (uma vez que Meca era um centro de peregrinação pagão, defender a existência de um único Deus era ruim para os negócios). Maomé, portanto, decidiu se unir a algumas dezenas de seus seguidores da localidade de Yathrib (atual Medina) num processo conhecido como Hégira ("partida" ou "migração"), em maio de 622 a.C., deixando a antiga pátria para trás e levando consigo um grupo pequeno de convertidos. O profeta acabou se tornando tanto líder espiritual quanto secular em Medina, de início conquistando essa posição por consenso, ao unir numa só comunidade os pagãos convertidos ao Islã e tribos judaicas da área — sim, existiam grupos tribais de judeus na Arábia do século VII, por mais que a ideia soe esquisita hoje.

Mas aquele era só o começo. Os seguidores de Maomé começaram a organizar ataques às caravanas comerciais vindas de Meca, uma prática comum no território árabe de então, cujo objetivo era obter produtos valiosos e resgates pagos pela família dos viajantes capturados. As incursões muçulmanas logo levaram a elite de Meca a transformar as escaramuças numa situação de guerra aberta, na qual, depois de alguns reveses, as forças de Medina levaram a melhor. Após suprimir brutalmente tentativas de rebelião contra o seu comando em Yathrib, Maomé fez um acordo de paz com seus antigos compatriotas e entrou triunfalmente (e desarmado) em Meca, transformando as antigas peregrinações pagãs num ritual islâmico, o que continua valendo até hoje. Quando morreu, o profeta tinha sob seu comando toda a Arábia, e seus guerreiros já começavam a realizar incursões para fora da península.

O triunfo militar de Maomé e de seus sucessores imediatos, os califas, fez com que a separação entre liderança religiosa e liderança secular nunca ficasse clara nos impérios e reinos muçulmanos que se espalharam por vastas regiões de três continentes do começo da Idade Média em diante. É tentador afirmar que os califas equivaliam a uma mistura de imperador com papa, embora a analogia seja imperfeita: eles não eram propriamente responsáveis pela formulação da ortodoxia islâmica, por exemplo, processo que estava mais a cargo da coletividade de especialistas na lei religiosa do Islã, os chamados *ulemás*. Em última instância, porém, não havia nada claramente comparável à dicotomia entre a autoridade dos papas e a dos reis, que gerou tantos conflitos na Idade Média cristã e acabaria sendo uma das causas da separação do Ocidente entre católicos e protestantes. Tampouco houve um esforço deliberado para transformar toda a população dos domínios do Islã em seguidora de Maomé. Por reconhecer a importância dos "Povos do Livro" (principalmente judeus e cristãos, mas depois também religiões da Pérsia e da Índia) como portadores de uma revelação divina válida, ainda que incompleta ou distorcida, os invasores muçulmanos se contentaram em conceder a eles o status de *dhimmi*, ou "protegidos". Isso significava que esses não muçulmanos podiam continuar a praticar sua fé de origem desde que aceitassem o status subalterno, com uma série de restrições sociais, e pagassem uma taxa anual por pessoa, a *jizya*. Grupos cristãos considerados heréticos pelo Império Romano do

Oriente, conhecido hoje como Império Bizantino, chegaram a considerar vantajosa a conquista muçulmana, nos primeiros séculos, porque os califas obviamente não se davam ao trabalho de impor nenhum tipo de ortodoxia cristã em seus domínios, ao contrário do que acontecia com os imperadores bizantinos.

Conforme transcorria um milênio inteiro, essa situação pouco mudou no norte da África, no Oriente Médio, na Ásia Central e no subcontinente indiano. Enquanto monarcas da Europa invadiam as Américas e a sociedade europeia se tornava paulatinamente mais secularizada, o modelo muçulmano continuava mais ou menos estável. Durante muito tempo, isso fez pouca diferença, porque a longevidade era sinal de sucesso. Até o fim do século XVII, o Império Otomano, sediado em Constantinopla (atual Istambul), a capital do Império Bizantino, ainda representava uma ameaça militar séria para os europeus. Nos duzentos anos seguintes, porém, mudanças tecnológicas, econômicas e sociais finalmente deram aos ocidentais vantagens competitivas diante de seus velhos adversários islâmicos, o que culminou com a transformação de quase todo o mundo islâmico (com exceção de uma enfraquecida Turquia) num conjunto de colônias ou protetorados da Europa.

A resposta de boa parte das elites muçulmanas foi promover um programa agressivo, porém superficial, de modernização, secularização e ocidentalização. "Agressivo" porque as mudanças foram enfiadas goela abaixo da maior parte da população, sem o menor respeito por direitos tradicionais de acesso à terra ou a bens comuns, por exemplo; superficial porque enormes parcelas da população continuaram alijadas dos direitos políticos e da prosperidade que deveriam acompanhar "naturalmente" as reformas ocidentalizantes. Em vez de autocratas abençoados por Alá, surgiam autocratas abençoados pelas baionetas e metralhadoras de exércitos treinados por mercenários franceses, alemães ou britânicos.

O produto tóxico desse cenário, argumentam especialistas como a historiadora das religiões Karen Armstrong, foi o surgimento de movimentos islâmicos militantes que tinham relativamente pouco a ver com as tradições teológicas muçulmanas mais complexas e antigas, e muito mais com uma reação virulenta ao colonialismo. Essa situação seria agravada, na era pós-colonial (quando os europeus abandonaram suas possessões em países muçulmanos), pela migração de trabalhadores islâmicos de baixa renda para a Europa. Muitos deles, sobrevivendo com subempregos, em áreas urbanas com pouca infraestrutura e baixa integração com a sociedade europeia mais ampla, passaram a alimentar ainda mais o ressentimento contra os antigos colonizadores. Com efeito, é significativo que até os responsáveis pelos atentados de 11 de setembro de 2001 sejam pessoas de famílias que *não* eram muçulmanas devotas, que "descobriram" o Corão apenas perto da idade adulta e tinham conhecimento apenas superficial das tradições islâmicas. O mesmo perfil vale para diversos outros grupos responsáveis por ataques terroristas na esteira do Onze de Setembro em cidades europeias, como Madri. Esses grupos, em geral, são formados por amigos de infância e parentes que vão se "radicalizando" paulatinamente de maneira conjunta, assistindo a vídeos de atrocidades cometidas por supostos "inimigos do Islã" contra civis em locais como o Iraque, o Afeganistão e, claro, a Palestina, ocupada há várias décadas. Imagens divulgadas em redes sociais cada vez mais funcionam como ferramenta para atrair esse tipo de jovem. Esses terroristas podem sonhar com a "recriação do califado" glorioso da Idade Média, mas são tão modernos, no fundo, quanto os soldados americanos que os combatem.

E os homens-bomba? Trata-se de uma tecnologia inventada, é claro, pelos... Tigres do Tâmil. Um grupo militante do *Sri Lanka*, de orientação *secular*, não religiosa. Demorou décadas para que a ideia passasse a ser usada em larga escala por grupos islâmicos.

CONCLUSÃO: A RELIGIÃO É A RAIZ DE TODOS OS MALES?

Não — nem de longe. Ao menos do ponto de vista da Força Bruta, não faz sentido jogar esse peso imenso nas costas das religiões, mesmo quando enxergadas em conjunto. Um jeito relativamente simples de medir isso é estimar a proporção de guerras motivadas pela religião ao longo dos milênios. Existem poucas contagens desse tipo, mas uma delas chegou à conclusão de que apenas 10% dos conflitos ao longo dos últimos 1.800 anos tiveram um componente religioso. Outra, mais detalhada, tentou atribuir "notas" numa escala de 0 (nenhum envolvimento da religião, como a Guerra do Peloponeso, entre os gregos de 2.400 anos atrás) a 5 (papel central da religião, como as conquistas islâmicas do século VII e as Cruzadas). Essa escala foi aplicada a conflitos registrados ao longo dos últimos 3.500 anos (ou seja, na prática, desde o começo da história registrada). Resultado: algum componente religioso esteve presente em 40% dos conflitos, mas raramente foi o principal motivador deles.

Por fim, eis mais um paradoxo num capítulo cheio deles. Em países muçulmanos com histórico de ações terroristas, a frequência com que as pessoas *rezam* (uma boa medida da fé *pessoal*) tem associação *negativa* com o apoio a essas ações. Ou seja, muçulmanos que *rezam muito* tendem a ser *contrários* ao terrorismo. Mas a maior frequência de *idas às mesquitas* tem associação *positiva* com o apoio à agressão de cunho religioso. Por fim, os muçulmanos que conseguem fazer o *Hajj* — a peregrinação solene ao santuário de Meca, obrigatória para todos os seguidores do Islã que puderem encarar a viagem ao menos uma vez na vida — *aumentam sua tolerância* tanto em relação a muçulmanos de outras origens étnicas quanto em relação a *não muçulmanos*. Esses dados sugerem que o crucial na potencialização da Força Bruta não é a *experiência religiosa*, que pode até amenizar tendências violentas, mas o contexto de grupo impulsionado pela ida frequente a um lugar de culto, reforçando a indefectível dicotomia *ingroup* versus *outgroup*, "nós" contra "eles".

REFERÊNCIAS

O romance de fantasia urbana de onde tirei a epígrafe deste capítulo (publicado originalmente, aliás, no ano fatídico de 2001) GAIMAN, Neil. *Deuses americanos*. Rio de Janeiro: Intrínseca, 2016.

Este livro é o clássico incontornável quando se trata de examinar o quadro geral das descobertas sobre a interação entre religião — em especial o monoteísmo —, identidades de grupo, organização social, competição e violência NORENZAYAN, Ara. *Big gods*: how religion transformed cooperation and conflict. Princeton: Princeton University Press, 2013.

Da mesma equipe, estudo pontual mostrando os deuses grandes aumentando o comportamento honesto
PURZYCKI, Benjamin Grant et al. Moralistic gods, supernatural punishment and the expansion of human sociality. *Nature*, v. 530, n. 7590, p. 327-330, 2016.

Sobre sacrifícios humanos e sociedades complexas na Polinésia
WATTS, Joseph et al. Ritual human sacrifice promoted and sustained the evolution of stratified societies. *Nature*, v. 532, n. 7598, p. 228-231, 2016.

Outra importante introdução ao estudo científico das religiões, escrita com grande verve
DENNETT, Daniel C. *Quebrando o encanto*: a religião como fenômeno natural. São Paulo: Globo, 2012.

Mais uma vez, os livros de Jonathan Haidt e Joshua Greene são altamente recomendáveis
GREENE, Joshua. *Tribos morais*: a tragédia da moralidade do senso comum. Rio de Janeiro, Record, 2018.

HAIDT, Jonathan. *The righteous mind*: why good people are divided by politics and religion. Nova York: Vintage, 2012.

Com enfoque mais antropológico, este audiobook em inglês examina as facetas da violência religiosa em diferentes contextos, da Índia antiga ao fundamentalismo evangélico e islâmico, passando pelos Estados Unidos coloniais
BIVINS, Jason C. Thinking about religion and violence [audiolivro]. The Great Courses, 2018.

Dois livros da historiadora e ex-freira britânica Karen Armstrong são histórias monumentais da violência religiosa e do fundamentalismo
ARMSTRONG, Karen. *Campos de sangue*: religião e a história da violência. São Paulo: Companhia das Letras, 2016.
ARMSTRONG, Karen. *Em nome de Deus*: o fundamentalismo no judaísmo, no cristianismo e no islamismo. São Paulo: Companhia das Letras, 2009.

A tradução para o inglês da narrativa da Estela de Mesha/Mesa está nesta obra do século XIX
KING, James. *Moab's Patriarchal Stone*: being an account of the Moabite stone, its story and teaching. Londres: Bickers and Son, 1878.

Aspectos da descrença religiosa no mundo da Antiguidade greco-romana são discutidos com maestria aqui
WHITMARSH, Tim. *Battling the gods*: atheism in the ancient world. Londres: Faber & Faber, 2016.

Para quem deseja conhecer os detalhes da atuação da Igreja Católica durante o domínio fascista na Itália, bem como a tolerância do Vaticano diante da legislação antissemita promulgada por Mussolini, o livro a seguir é indispensável
KERTZER, David I. *O papa e Mussolini*: a conexão secreta entre Pio XI e a ascensão do fascismo na Europa. Rio de Janeiro: Intrínseca, 2017.

Esta é a edição do Bhagavad-gita citada no texto
Bhagavad-gita. Trad. de Laurie L. Patton. Londres: Penguin, 2014.

Um de meus livros anteriores é uma boa introdução ao estudo científico das origens do monoteísmo
LOPES, Reinaldo José. *Deus:* como ele nasceu. São Paulo: Abril, 2015.

Obras importantes para entender as rivalidades judaico-cristãs nos primeiros séculos após o nascimento de Jesus
BROWN, Raymond E. *A comunidade do discípulo amado.* São Paulo: Paulus, 1999.
LEVINE, Amy-Jill; BRETTLER, Marc Zvi (org.). *The Jewish annotated New Testament.* Nova York: Oxford University Press, 2017.

Boa introdução aos mecanismos sociais que levaram à adoção do cristianismo como religião oficial de Roma
EHRMAN, Bart D. *The triumph of Christianity:* how a forbidden religion swept the world. Nova York: Simon & Schuster, 2018.

Uma boa biografia de Maomé, que evita as tentações gêmeas da canonização e da demonização
HAZLETON, Lesley. *The first Muslim:* the story of Muhammad. Londres: Atlantic Books, 2014.

Obra com enfoque mais acadêmico que ajuda a entender as principais controvérsias sobre os primeiros séculos do islamismo
BERKEY, Jonathan P. *The formation of Islam:* religion and society in the near east, 600-1800. Cambridge: Cambridge University Press, 2003.

Importante livro escrito por um antropólogo que fez uma análise etnológica dos extremistas islâmicos e de seus parentes e amigos, visitando jihadistas na Indonésia, no Paquistão, no norte da África e na Palestina
ATRAN, Scott. *Talking to the enemy:* faith, brotherhood and the (un)making of terrorists. Nova York: HarperCollins, 2010.

Bíblia consultada
Bíblia de Jerusalém: nova edição revista e ampliada. São Paulo: Paulus Editora: 2013.

7 CORDIAIS?

A história da violência no Brasil, das guerras pré-históricas na Amazônia ao apartheid informal do século XXI

> *Quem ordena, julga e pune?*
> *Quem é culpado e inocente?*
> *Na mesma cova do tempo*
> *cai o castigo e o perdão.*
> *Morre a tinta das sentenças*
> *e o sangue dos enforcados...*
> *– liras, espadas e cruzes*
> *pura cinza agora são.*
>
> Cecília Meireles, *Romanceiro da Inconfidência*

As duas cenas a seguir aconteceram no Brasil. Do ponto de vista da duração da história humana, há pouquíssimo tempo, o proverbial piscar de olhos, ou bem menos que isso.

CENA 1: RIO DE JANEIRO, ENTÃO CAPITAL DA REPÚBLICA, NOVEMBRO DE 1904

O governo do presidente Rodrigues Alves acabara de aprovar uma lei que estabelecia a vacinação obrigatória contra a varíola para toda a população. No papel, a ideia era ótima, claro. No entanto, pouco antes da aprovação da lei, o presidente e seus aliados tinham implantado uma política truculenta de urbanização e higienização na capital, demolindo (às vezes com gente dentro) os cortiços que abrigavam boa parte do povo pobre da cidade e expulsando moradores sem lhes dar nem 24 horas para recolher seus pertences. Os responsáveis pela vacinação estavam autorizados a invadir residências e erguer as saias de mulheres casadas e moças, se necessário, para lhes aplicar a injeção imunizante, o que se tornou mais um motivo de revolta. Boatos sobre mortes supostamente causadas pela vacina começaram a circular, e políticos de oposição, interessados em derrubar o governo por uma combinação de levante popular e golpe militar, logo criaram organizações antivacinação e começaram a fazer comícios lotados de gente.

Por fim, a insatisfação do povo carioca explodiu e deflagrou batalhas campais contra a polícia e o Exército em diversos bairros tradicionais da cidade. Grupos da Cavalaria atacaram os revoltosos de lança em riste, como se o Rio tivesse virado um campo de batalha da Guerra do Paraguai, que havia terminado em 1870. As pedras do calçamento foram transformadas em armas, bondes foram revirados e incendiados, linhas telefônicas foram cortadas, revólveres começaram a ser disparados de ambos os lados. Com o preconceito racial escancarado típico da época, o *Jornal do Comércio* retratou assim a ação de um *sniper* entre os revoltosos: "Do alto de uma casa da esquina da rua do Hospício com a do Regente [atual rua Regente Feijó], a figura sinistra de um preto ceifava os soldados a tiros certeiros, até que dali o derribou uma bala de carabina que lhe varou o crânio".

Lima Barreto, em seu *Diário íntimo*, publicado postumamente em 1953, conta que a rebelião juntara todo tipo de morador do Rio de Janeiro. "Havia a poeira de garotos e moleques; havia o vagabundo, o desordeiro profissional, o pequeno-burguês, empregado, caixeiro e estudante; havia emissários de políticos descontentes. Todos se misturavam, afrontavam as balas". Para o chefe de polícia, porém, as ruas estavam infestadas "dos elementos vivos de destruição e de morte, dominando-as com as armas homicidas". No fim das contas, os protestos foram debelados a ferro e fogo:

> Eis a narrativa do que se fez no sítio de 1904. A polícia arrepanhava a torto e a direito pessoas que encontrava na rua. Recolhia-as às delegacias, depois juntava na Polícia Central. Aí, violentamente, humilhantemente, arrebatava-lhes os cós das calças e as empurrava num grande pátio. Juntadas que fossem algumas dezenas, remetia-as à ilha das Cobras [na baía de Guanabara], onde eram surradas desapiedadamente. Eis o que foi o Terror do Alves [...] de tronco e bacalhau [chicote].

Depois dessa primeira passagem pela ilha, muitas das pessoas detidas foram enfiadas em "presigangas", navios-prisões, continuando a apanhar regularmente enquanto aguardavam a deportação para o Acre (que tinha acabado de virar território brasileiro, depois de ser comprado da Bolívia). O senador Barata Ribeiro, em discurso no Congresso logo após a revolta, criticou duramente a prática por gerar a "onda de desgraçados que entulham as cadeias desta capital, muitos culpados, outros tantos inocentes, atirados em multidão ao fundo dos vasos que os deveriam transportar às terras de destino, com tal selvageria e desumanidade que a imaginação recua espantada, como se diante das cenas do navio negreiro que inspiraram Castro Alves".

Saldo oficial da tragédia: cerca de mil prisões, quase quinhentas pessoas deportadas, trinta mortos. E a vacinação obrigatória? Bem, essa acabou sendo revogada, ao menos naquele momento.

CENA 2: BAIRRO COIM, ZONA RURAL DE TUPÃ, NO INTERIOR PAULISTA, 1º DE JANEIRO DE 1946

Edmundo Vieira Sá, cabo da Força Pública paulista (ancestral da Polícia Militar de hoje) e comandante do destacamento de Tupã, invade uma festa de Ano-Novo celebrada pelos colonos japoneses da região na casa do lavrador Shigueo Koketsu.

Um vizinho que não ia com a cara dos nipônicos tinha denunciado a presença de uma bandeira do Japão na propriedade de Koketsu — um crime contra a Segurança Nacional, segundo a legislação implantada desde que o Brasil entrara na Segunda Guerra Mundial a favor dos Aliados e contra o Eixo, o grupo de países que incluía a monarquia asiática. Embora o conflito tivesse acabado no ano anterior, a legislação ainda vigorava.

Pouco antes, o vizinho que fizera a denúncia tinha ouvido no rádio uma declaração do imperador do Japão, derrotado na guerra, renunciando à sua suposta condição divina, uma tradição que durara milênios no país. O pronunciamento do monarca tinha sido uma das exigências dos Estados Unidos, vitoriosos no conflito, ao governo de seu país. O delator então berrara, triunfante, para o grupo de colonos: "Olha aqui, cambada de bodes: acabou de dar no rádio que o rei de vocês não é Deus merda nenhuma" (não sei se com essas exatas palavras, mas é assim que Fernando Morais conta a história em seu livro-reportagem *Corações sujos*).

"É gente que nem eu, caga e mija que nem eu. O Japão perdeu a guerra, vocês agora vão ver quem é que vai botar canga em quem."

O cabo Vieira Sá, acompanhado de meia dúzia de soldados, entrou na propriedade de Koketsu dando voz de prisão a todos, gritando e distribuindo tapas a torto e a direito. Mandou apreender todos os objetos que remetessem à cultura japonesa: cadernos de crianças e livros escolares na língua asiática, oratórios xintoístas, o diabo a quatro. Quando o policial foi pegar a bandeira, o dono da casa protestou: "A *Hinomaru* ['círculo do Sol', apelido tradicional do pavilhão do país] é sagrada, não pode ser desonrada!". Depois de assestar dois golpes de cassetete nos ombros de Koketsu, o que levou o japonês a desabar no chão, contorcendo-se de dor, Vieira Sá gritou: "A bandeira é sagrada, é? Pois olhe o que eu faço com a sua bandeira, seu bode fedorento: limpo merda de vaca da minha bota!". Depois de terminar esse ato de profanação, mandou enfiar os convivas num caminhão e levá-los para a delegacia de Tupã, aproveitando para cobrar dez cruzeiros de cada um pelo transporte, só pelo desaforo.

Operações repressivas como essa, somadas à crença, entre os colonos japoneses, de que seu país de origem não teria realmente perdido a guerra, sendo vítima de uma conspiração internacional, produziram uma onda de atentados e mortes no território paulista, conduzida por uma sociedade secreta chamada Shindo Renmei e visando principalmente aos nipônicos que colaboravam com o governo brasileiro.

****

Somos um povo cordial, gentil, franco e risonho, sempre aberto a todos, não é mesmo? Tá. Agora conta aquela do português e do papagaio.

UM MICROCOSMO DA FORÇA BRUTA

É hora de usar o que descobrimos até agora para tentar entender a história da violência em território brasileiro. Assim como se dá em qualquer outro lugar do mundo, esta terra pode ser compreendida, com desoladora facilidade, como um microcosmo da trajetória da Força Bruta nas últimas dezenas de milhares de anos, e desemaranhar os fios dessa trama é crucial se quisermos diminuir a influência dela, por mais improvável que esse objetivo pareça. Comecemos, portanto, do começo.

O mundo que os invasores portugueses começaram a destruir em 1500, quando aportaram pela primeira vez no que hoje chamamos de Bahia, nunca tinha sido propriamente um paraíso, é claro. Seres humanos habitavam o que viria a ser o território brasileiro havia pelo menos 12 mil anos[57] no momento do primeiro contato entre os europeus e os indígenas do litoral (no caso de Porto Seguro, estamos falando de um dos subgrupos dos Tupiniquim, falantes do idioma tupi, assim como muitas outras etnias costeiras). O que a arqueologia descobriu sobre esse longo período indica que, no que diz respeito aos temas deste livro, os povos originários do Brasil não diferiam muito de grupos com estilo de vida similar mundo afora.

Pistas disso estão presentes já na antiquíssima população de caçadores-coletores das redondezas dos atuais municípios de Lagoa Santa e Pedro Leopoldo, no interior de Minas Gerais, perto de Belo Horizonte. Os seres humanos que viveram lá entre o fim da Era do Gelo e o começo do Holoceno são conhecidos, com justiça, como os primeiros brasileiros, por causa da antiguidade e da relativa abundância de esqueletos preservados ali, com idades entre 12 mil e 7 mil anos — coisa rara no país e em todo o resto do continente americano. Durante sua pesquisa de doutorado, concluída em 2018, o bioantropólogo Pedro da Glória, hoje professor da Universidade Federal do Pará, analisou 63 crânios do povo de Lagoa Santa em busca de sinais de pancadas na região do nariz e da calota craniana, que poderiam ser indicativos diretos de violência interpessoal. Resultado: um caso de trauma na região nasal e seis de ferimentos na calota craniana (ou 3,33% e 9,52% da amostra). A maioria dessas feridas cicatrizou, mas dois casos de fratura, num adulto e

---

[57] A data real talvez seja dezenas de milhares de anos mais antiga, mas ainda é preciso resolver uma bela quantidade de controvérsias arqueológicas antes que essas idades mais recuadas sejam aceitas pela maior parte da comunidade científica. O número que apresento aqui corresponde à idade dos mais antigos esqueletos humanos achados no Brasil, entre os quais se destaca a célebre mulher apelidada de Luzia, jovem que viveu em Minas Gerais e cujos restos sobreviveram quase milagrosamente à destruição do Museu Nacional da UFRJ, no Rio de Janeiro.

numa criança com idade entre 2 e 3 anos, parecem ter acontecido no momento da morte. Tudo indica que os golpes foram dados com instrumentos rombudos, como paus e pedras, e os números não fogem muito do que se vê, numa amostra mais ampla de outras populações pré-históricas, entre outros grupos antigos de caçadores-coletores.

Quando avançamos para fases mais recentes do Holoceno, entre 4.500 e 2.200 anos atrás, e viajamos para o litoral brasileiro, nos atuais territórios de Santa Catarina e Rio de Janeiro, as pistas disponíveis revelam um cenário relativamente tranquilo. Dois estudos publicados na década de 2010 analisaram os restos mortais de dezenas de pessoas sepultadas nos chamados sambaquis, grandes estruturas artificiais (alcançando, por vezes, dezenas de metros de altura) montadas com conchas e oferendas funerárias, em geral nas zonas litorâneas em que havia abundância de recursos pesqueiros. Em dois dos três sambaquis estudados, não foram encontradas marcas de violência interpessoal, mas no terceiro esses traços foram identificados em 4,8% dos esqueletos.

Por fim, outro estudo na costa catarinense, no sítio conhecido como Praia da Tapera, analisou algumas dezenas de esqueletos de uma época posterior ao tempo dos sambaquis — cerca de um milênio antes do presente. Nesse momento, em que já havia grupos que fabricavam cerâmica e adotavam a agricultura de maneira mais intensa, os indícios de violência, inclusive do tipo letal, são mais numerosos: 13,9% dos homens e 2,8% das mulheres apresentavam lesões, como fraturas no crânio e, o que é mais impressionante, pontas de flecha (feitas com ossos de animais) alojadas no corpo, em locais como as vértebras dorsais.

"A violência interpessoal em populações antigas é um assunto que não foi muito bem explorado do ponto de vista teórico no Brasil", diz a bioarqueóloga Maria Mercedes Martinez Okumura, pesquisadora do Laboratório de Estudos Evolutivos Humanos da USP e coautora de um dos estudos que acabei de citar, sobre o sambaqui catarinense Jabuticabeira II. Ela pondera:

> Mas é possível resumir a situação da seguinte forma: os caçadores-coletores do litoral, construtores de sambaquis, apresentam poucas

evidências de trauma violento. Isso é interpretado como sinal de abundância de recursos e pouca competição entre grupos, apesar de a densidade populacional ser relativamente alta. Quando chegam os ceramistas [grupos que usam cerâmica, em geral agricultores de pequena escala], não é de surpreender que o cenário pareça mudar. No entanto, não há muita evidência de traumas violentos, a não ser uma ou outra ponta de osso encontrada. Claro que devemos levar em conta que nem toda violência deixa sinais nos ossos.

A exemplo do que aconteceu no passado remoto de outros locais mundo afora, os agricultores e ceramistas provavelmente tinham densidade populacional ainda maior que os habitantes dos sambaquis, um processo que tendia a causar mais conflitos e disputas por recursos, bem como aumento da desigualdade social e o aparecimento de chefes que podiam tentar se beneficiar do resultado dos confrontos.

Enquanto alguns combates aconteciam no litoral, há indícios indiretos de que a Amazônia também seguia uma trajetória que não era exatamente pacífica. Nos dois milênios anteriores ao contato com os europeus, a maior floresta tropical do mundo passou a abrigar aldeias cada vez mais extensas e populosas, em áreas tão distantes quanto o norte do Mato Grosso, a ilha de Marajó e a região das atuais cidades de Manaus e Santarém. Abrigando até alguns milhares de habitantes, essas povoações modificavam significativamente o seu entorno, construindo grandes estradas (algumas com dezenas de quilômetros de extensão), lagoas artificiais para a criação de peixes e tartarugas e, o que é crucial para a nossa narrativa, muralhas de madeira e grandes trincheiras. Isso parece pressupor o medo de ataques de grupos inimigos, bem como a vontade de demonstrar seu poderio. Nos séculos imediatamente posteriores ao ano 1000 da Era Cristã, mudanças nos estilos de cerâmica ao longo da calha principal do Amazonas são acompanhadas de novos esforços defensivos — aldeias antes extensas encolhem um pouco e são cercadas por novas valas e paliçadas, por exemplo, enquanto outras, localizadas em penínsulas, são separadas do resto da margem do rio por escavações, ficando mais protegidas de ataques por terra. São os sinais que esperaríamos ver caso a região estivesse atravessando um processo de conquistas e mudanças étnicas por meios violentos, embora seja difícil bater o martelo a respeito do que realmente aconteceu. Até hoje, ninguém encontrou por ali os restos de uma aldeia destruída pelo fogo e repleta de esqueletos de gente chacinada, por exemplo. O fato de a matéria orgânica se decompor com muita rapidez na região também não facilita esse tipo de descoberta.

Por fim, as primeiras décadas de contato entre europeus e os Tupiniquim, Tupinambá, Carijó e outros grupos do litoral das regiões Nordeste, Sudeste e Sul estão relativamente bem documentadas. Há relatos escritos por funcionários do governo português e membros de ordens religiosas católicas, como a Companhia de Jesus, sem falar no contato desses povos originários com outros invasores que também escreveram sobre eles, como franceses, ingleses e alemães. Essas primeiras fontes europeias traçam um retrato bastante coerente de como viviam essas etnias no momento do contato entre hemisférios, e todas concordam ao ressaltar a importância das guerras intertribais para as sociedades Tupi e Guarani da costa.

Tais sociedades provavelmente só ocupavam uma faixa tão extensa das terras litorâneas graças a uma onda pré-histórica de conquistas e assimilações étnicas. Isso porque todos os dados linguísticos e arqueológicos de que dispomos indicam fortemente que esses grupos são de origem amazônica, tendo se deslocado para leste em pelo menos duas grandes ondas, uma pela calha principal do Amazonas, outra pelo extremo oeste do Brasil, usando os rios do Pantanal como rota, há pelo menos 2 mil anos. Nesse processo, eles provavelmente desalojaram/exterminaram/assimilaram[58] diversas outras etnias, como os construtores de sambaquis. A bravura em combate e diante da morte era, talvez, o valor central das sociedades Tupi da costa brasileira, e a sua representação simbólica por excelência era a captura de inimigos em batalha para que eles fossem assados e devorados em rituais antropofágicos, dos quais toda a comunidade participava, das crianças de colo às mulheres idosas. Matar e comer um inimigo cheio

---

58 Usei os três termos aqui porque é pouco provável que um único processo, seja ele a expulsão, o extermínio ou a assimilação, explique sozinho o cenário inteiro da expansão desses povos.

de vigor e coragem, de quem se esperava que lançasse insultos e juras de vingança antes de ser sacrificado com um golpe de tacape na nuca, era uma forma de adquirir simbolicamente as qualidades desse adversário — com efeito, o responsável pelo golpe de misericórdia ganhava um novo nome, correspondente ao guerreiro abatido, a cada execução. Pelo que sabemos, as rivalidades que desembocavam em canibalismo ritualizado eram muito intensas, mesmo entre grupos que tinham idioma e cultura muito próximos entre si, como os Tupinambá e os Tupiniquim.

Não depreenda, a partir das informações dos últimos parágrafos, que os indígenas brasileiros, de alguma maneira, "mereceram" a avalanche de expedições de conquista, escravidão, epidemias e desagregação social e cultural que desabou sobre eles nos séculos que se seguiram a 1500. Em primeiro lugar, recordemos que essa espiral de guerra, vingança e antropofagia, ainda que típica das etnias Tupi litorâneas, era predominante numa fração muito pequena dos grupos ameríndios que então habitavam o nosso território. Basta dizer que cerca de mil idiomas diferentes eram falados no Brasil de então, muitos dos quais tão distintos do chamado tupi antigo ou clássico quanto o português difere do chinês. Portanto, a diversidade era a regra, e a maioria dos povos do interior tinha pouco ou nada a ver, em língua, costumes e organização social, com guerreiros devoradores de gente, como o temido Cunhambebe, chefe dos Tamoio que desafiava os lusos nos litorais paulista e fluminense por volta de 1550.

Mais importante ainda é o fato de que, desde a fundação dos primeiros assentamentos lusitanos permanentes no Brasil, o objetivo primordial sempre foi explorar a dinâmica interna das sociedades Tupi de maneira a transformá-las numa máquina de produzir índios escravizados, os quais tocariam as lavouras dos colonos — em especial, como todos aprendemos na escola, as de cana-de-açúcar. Habituados a usar mão de obra escrava havia quase meio século em suas possessões na costa da África, não passava pela cabeça dos portugueses se transformarem em meros agricultores de subsistência do lado de cá do Atlântico, e menos ainda tocar com seus próprios braços o intenso e ingrato trabalho, quase industrial em sua natureza, que caracterizava a monocultura do açúcar. Do lado indígena, havia, de início, o interesse de também usar os recém-chegados como aliados nos conflitos intertribais de sempre, o que acabou opondo, por exemplo, os Tupiniquim e os portugueses de São Vicente (SP) e do planalto de Piratininga (região da atual capital paulista) aos Tamoio do litoral ao norte e seus aliados franceses.

Depois de algum tempo, porém, ficou claro que a maior parte dos povos do litoral não percebera onde tinha se metido. A voracidade da agricultura da colônia por mão de obra era muito superior ao ritmo com que os Tupi conseguiriam obter cativos em batalhas realizadas da maneira tradicional, e muitos deles, de qualquer modo, não viam muito sentido em vender os capturados como escravos, em vez de honrá-los (e devorá-los) nos ritos ancestrais, o que se tornou fonte de conflitos cada vez mais frequentes. E é preciso ainda incluir na equação os religiosos jesuítas. De um lado, seguindo uma série de determinações sobre os nativos das Américas emitidas em documentos oficiais da Igreja Católica e chanceladas pela Coroa portuguesa, os membros da Companhia de Jesus se opunham à escravidão indígena, principalmente quando os critérios mais estritos das chamadas "guerras justas" não eram seguidos pelos colonos — ou seja, quando os índios eram capturados em incursões não provocadas, e não apenas depois de terem atacado os europeus. De outro, porém, jesuítas também propunham reunir os grupos ameríndios em novos aldeamentos administrados pelos próprios religiosos, as chamadas reduções ou missões. O objetivo era instruir essas etnias na fé católica e, ao mesmo tempo, administrar sua mão de obra, cedendo-a de forma controlada aos colonos que precisassem dela e, ao menos em tese, remunerando os índios pelo trabalho. Esse modelo resultava em conflito de interesses entre jesuítas e colonizadores leigos: os dois lados, na prática, estavam em pontas opostas de um cabo de guerra, disputando a presença física e a força de trabalho dos nativos.

No longo prazo, a combinação dessas forças teve impacto desastroso sobre boa parte dos indígenas brasileiros. A maior catástrofe provavelmente foi a epidemiológica: os primeiros habitantes do continente não tinham defesas naturais contra as doenças infecciosas do Velho

Mundo, e moléstias como a varíola, o sarampo, a coqueluche, a catapora e a gripe dizimaram os grupos que viviam perto das povoações portuguesas ou tinham se reunido nos aldeamentos jesuíticos, numa densidade populacional bem mais alta e em condições sanitárias bem mais precárias do que as que prevaleciam em suas tabas ancestrais (o que facilitava a transmissão de vírus e bactérias recém-chegados ao Brasil). Além disso, os religiosos juntavam em um mesmo aldeamento pessoas de etnias com costumes e idiomas diferentes, o que exacerbava conflitos e acelerava a desagregação política e cultural de tais grupos, já muito afetados pelas mortes em massa.

Até aí, é difícil atribuir muita culpa aos jesuítas e demais invasores, que tampouco faziam ideia do que era um micróbio ou de como uma doença infecciosa era transmitida. Mas as lavouras europeias no litoral e no planalto paulista, insaciáveis por mais e mais braços de cativos, rapidamente esgotaram o fornecimento de mão de obra que era possível conseguir por meio das guerras "justas" ou dos conflitos tradicionais dos Tupi, e boa parte dos colonos, de seus filhos mestiços gerados com índias e das tribos que eles tinham subjugado se transformou em caçadores de escravos, buscando "o remédio para sua pobreza no sertão", como se dizia na época — porque, afinal, pobre era todo homem que não tivesse escravizados que trabalhassem para ele.

Esse fenômeno está na raiz dos que chamamos hoje de "bandeirantes". Com efeito, as primeiras gerações de moradores de São Paulo eram, acima de tudo, especialistas em capturar e escravizar gente. Sua ação predatória visou, em primeiro lugar, grupos de agricultores Guarani da bacia do rio Paraná, em regiões como o interior dos atuais Mato Grosso do Sul, Paraná e Rio Grande do Sul, muitos dos quais tinham sido aldeados pelos jesuítas e estavam sob proteção da Igreja. Em parte, os bandeirantes os adotavam preferencialmente como alvos porque era mais fácil adaptar essa gente já "amansada", na linguagem do século XVII, para o trabalho agrícola de larga escala. De fato, a documentação da época mostra que milhares de indígenas Guarani, transformados em mão de obra servil, fizeram da atual área da Grande São Paulo uma espécie de celeiro da colônia portuguesa, produzindo boas quantidades de trigo para o mercado interno da região e para os engenhos de açúcar, que se tornavam cada vez mais comuns no Nordeste. Com clima ligeiramente mais frio naquela época, as terras paulistas produziam o cereal europeu sem muita dificuldade.

As atrocidades dos sertanistas de São Paulo chegaram a provocar a ira das autoridades coloniais diversas vezes, em especial durante o período da chamada União Ibérica (de 1580 a 1640), no qual os tronos português e espanhol foram unificados pelos soberanos da Espanha, por causa das alianças matrimoniais que caracterizavam as monarquias europeias e da morte do jovem rei português dom Sebastião num ataque aos muçulmanos do Marrocos. Avançando para territórios originalmente dominados pela Espanha antes da União Ibérica, os bandeirantes se tornaram sinônimo de crueldade. É o que mostra esta carta escrita em 1640 pelo rei espanhol Felipe IV ao nobre português Jorge de Mascarenhas, o Marquês de Montalvão, nomeado vice-rei do Brasil:

Eles [os paulistas] hão cometido tanta infinidade de delitos, atrocidades e abominações que necessitam de remédio pronto. Não se contentando com destruir os povos e reduções, em muitas puseram fogo às casas cheias de seus moradores, queimando nelas as famílias inteiras, para que o rigor de umas facilitasse o rendimento das outras. E quando os trazem presos em colares e cadeias, mais de 300 e 400 léguas os carregam sem lhes dar mais sustento que o que eles podem alcançar dos frutos das árvores, caça e pescarias dos montes, e assim de fome e cansaço vão deixando tantos corpos mortos por ondem passam que pelo rastro se pode ver donde os trazem, usando de tanta crueldade que, ao que adoece, o matam por que não embaraçasse e ficando-se atrás não torne outros parentes ou amigos a acompanhá-lo, e a mulher que por trazer seu filho às costas não pode com a carga que lhe repartem lho tiram e o matam, privando assim os pais dos filhos e os maridos das mulheres, e se alguns casados vêm sem suas consortes, os fazem casar segunda vez para que o amor do que deixou os não torne às suas terras.

Às vezes, a ficha caía até para os próprios bandeirantes — em especial quando o antigo sertanista se aproximava da hora da morte e sentia que não seria interessante acertar as contas com o Criador com o peso desse tipo de ação nas costas. Quem estuda a documentação colonial de São Paulo volta e meia depara com uma espécie de subgênero literário que poderíamos chamar de testamento arrependido: bandeirantes que finalmente reconhecem não ter seguido a legislação da Coroa nem o que a Igreja pregava e buscam se desculpar por esses erros, de alguma maneira, antes de morrer. O exemplo a seguir é extremamente instrutivo a esse respeito:

Declaro que eu tenho algumas peças do gentio do Brasil [ou seja, indígenas escravizados] as quais, por lei de Sua Majestade, são forras e livres e eu por tais as deixo e declaro, e lhes peço perdão de alguma força ou injustiça que lhes haja feito, e de lhes não ter pago seu serviço como era obrigado e lhes peço por amor de Deus e pelo que lhes tenho queiram todos ficar e servir a minha mulher, a qual lhes pagará seu serviço na maneira que se costuma na terra nem poderá alienar nem vender pessoa alguma destas que digo, e peço às justiças de Sua Majestade que façam para desencargo de minha consciência guardar esta última vontade e disposição.

Esse pedido de perdão está no testamento de um sujeito chamado Lourenço de Siqueira e foi escrito em São Paulo no ano de 1633. Ele fala em "algumas peças do gentio", mas não era incomum que as incursões paulistas levassem à criação de um plantel com dezenas, ou mesmo mais de uma centena, de indígenas escravizados para cada bandeirante. E, se as relativas delicadeza e dor de consciência de figuras como Siqueira ficaram registradas em certos testamentos, o mais provável é que o cinismo do texto a seguir, escrito em 1694 pelo sertanista, mercenário e latifundiário Domingos Jorge Velho, nascido em Santana do Parnaíba (SP), fosse a visão predominante:

Se ao depois [de capturar os indígenas] nos servimos deles para as nossas lavouras, nenhuma injustiça lhes fazemos, pois tanto é para os sustentarmos a eles e a seus filhos como a nós e aos nossos; e isto bem longe de os cativar, antes se lhes faz um irremunerável serviço em os ensinar a saberem lavrar, plantar, colher e trabalhar para seu sustento, coisa que, antes que os brancos lho ensinem, eles não sabem fazer.

Nunca consigo me decidir se essa carta, escrita por Jorge Velho ao rei dom Pedro II de Portugal,[59] caracteriza-se mais pela absoluta cara de pau ou pela ignorância abissal acerca dos índios que ele passou a vida combatendo. Caso esses povos supostamente ignorantes a respeito da agricultura não tivessem domesticado por conta própria a mandioca, o milho e dezenas de outras espécies vegetais milhares de anos antes, os ancestrais europeus do bandeirante muito provavelmente teriam morrido de fome na nova terra.

Seja como for, em última instância, os paulistas se mostraram muito mais eficientes em exterminar os nativos do que em fazê-los trabalhar e mantê-los vivos no longo prazo. Conforme o século XVII avançava, a elevada mortalidade de cativos levou os bandeirantes a procurar novas fontes de escravos cada vez mais longe de sua terra natal, capturando membros de etnias que tinham pouco a ver com os Guarani, que até então tinham sido seus alvos preferenciais. Além disso, alguns dos grupos Guarani, treinados e armados pelos jesuítas, chegaram a infligir pesadas derrotas aos atacantes, inclusive durante batalhas fluviais na bacia do Paraná. Esse processo acabou levando os caçadores de gente a locais tão distantes quanto Goiás, Mato Grosso e a própria Amazônia, mas tão imensa abertura de seu leque de predação não tinha como ser economicamente sustentável por muito tempo, e os membros de etnias do Brasil Central ou do norte do continente muitas vezes não se encaixavam com facilidade no regime de produção agrícola do planalto paulista. Por volta de 1700, as lavouras de larga escala tocadas por indígenas escravizados tinham praticamente desaparecido de São Paulo, e alguns sertanistas experientes, a exemplo do próprio Jorge Velho, passaram a vender seus serviços de açougueiros para os governos coloniais do Nordeste, às voltas com seus próprios "índios bravos", na terminologia da época, e outras ameaças ao poderio português.

---

[59] Não confundir com o *nosso* dom Pedro II, imperador do Brasil, que está separado do dom Pedro II português, seu ancestral, por cinco gerações.

Antes de falar sobre como essas ameaças surgiram, no entanto, convém chamar a atenção para o fato de que, mesmo nos locais onde o impacto das expedições paulistas não se fez sentir, outros colonos não hesitaram em se aproveitar da mão de obra indígena por todos os meios que achassem necessário. Eis o que escreve um jesuíta, o padre Antônio Vieira, em uma carta sobre o que acontecera e ainda acontecia na fronteira entre a costa nordestina e a Amazônia em 1662:

> *No Estado do Maranhão, Senhor, não há outro ouro nem prata mais que o sangue e o suor dos índios: o sangue se vende nos que cativam e o suor se converte no tabaco, no açúcar e demais drogas que com os ditos índios se lavram e fabricam. Com este sangue e suor se medeia a necessidade dos moradores; e com este sangue e com este suor se enche e enriquece a cobiça insaciável dos que lá vão governar desde o princípio do Mundo, entrando o tempo dos Neros e Diocleanos, se não o executarem em toda a Europa tantas injustiças, crueldades e tiranias como executou a cobiça e a impiedade dos chamados conquistadores do Maranhão nos bens, no suor, no sangue, na liberdade, nas mulheres, nos filhos, nas vidas e sobretudo nas almas dos miseráveis índios.*

Para alguém com a erudição e a cultura literária do padre Vieira, cheia de referências à Antiguidade clássica e à história primeva do cristianismo, não deixa de ser profundamente significativo que os opressores dos indígenas sejam comparados aos imperadores romanos Nero (segundo a tradição, responsável por mandar executar os apóstolos Pedro e Paulo) e Diocleciano, o último e maior perseguidor dos cristãos antes de Constantino. Para ele, os "conquistadores do Maranhão" tinham se igualado aos piores inimigos da fé, ou talvez até os tivessem superado.

Se os ataques incessantes dos paulistas e de outros invasores às comunidades indígenas não foram suficientes para transformar a escravização desses povos num motor sustentável da economia colonial, suas depredações acabaram servindo a um propósito bastante útil do ponto de vista dos europeus: abrir caminho. A verdade perversa por trás do mito dos bandeirantes como os dilatadores do nosso território, brilhantes artífices da grandeza geográfica do Brasil unificado, é que eles criaram um vazio demográfico gigantesco no interior de um continente que, antes dos primeiros contatos com a Europa, tinha população bastante respeitável. Calcula-se que apenas a Amazônia contasse, em 1500, com 8 milhões de habitantes, mais que o dobro das populações atuais somadas de Manaus e Belém, cidades que hoje abrigam cerca de 3,5 milhões de pessoas cada. A estimativa inclui as regiões amazônicas fora do atual mapa do Brasil, mas tudo indica que a fatia demográfica do nosso lado da fronteira fosse substancial. O mais provável é que a população do território brasileiro só tenha recobrado os números vigentes antes da invasão europeia no fim do século xix. A maioria dos grupos nativos sobreviventes recuou para regiões cada vez mais remotas do sertão e adotou um estilo de vida simplificado, mais móvel e em menor escala, que não caracterizava muitos desses povos antes do descobrimento.

A mortandade ameríndia — principalmente pelas doenças infecciosas do Velho Mundo, mas também pela violência e pela espoliação — forneceu aos colonizadores um colosso de terras praticamente de graça, e os indígenas escravizados de início também serviram como um empurrão econômico para que, nos locais de lavoura mais lucrativa, como Bahia e Pernambuco, fosse possível investir pesado na participação brasileira no tráfico de escravizados Atlântico afora.

DOCE INFERNO

Com efeito, o Brasil foi o lugar onde a "start-up" da escravização de africanos para a lavoura de produtos de exportação, iniciada pelos portugueses em ilhas atlânticas como Cabo Verde ainda no século xv, transformou-se em gigantesca multinacional.

Os navegadores de Portugal e, mais tarde, os de diversas outras monarquias europeias se aproveitaram das rotas de comércio de cativos que já existiam havia séculos ou milênios no interior africano e fizeram delas uma engrenagem-chave da economia global que estavam montando. Do lado brasileiro, uma série de fatores criou um sistema que reforçava a si mesmo, amarrando cada vez mais a sociedade e a economia das possessões lusitanas à escravidão global. As rotas já estabelecidas do tráfico transatlântico foram trazendo, ao longo do século XVII e nos séculos seguintes, uma considerável previsibilidade no fornecimento de mão de obra cativa, diferente da empresa cada vez mais trabalhosa e incerta de capturar índios nos cafundós do sertão. Boa parte dessa previsibilidade tinha a ver com o controle português de áreas importantes da costa africana, em especial na atual Angola. A amarração entre as duas margens do oceano era tão estreita que, quando os ibéricos perderam esse controle por conta de disputas coloniais com os holandeses (as mesmas que transformaram Pernambuco, por algum tempo, em colônia dos Países Baixos), tropas brasileiras foram essenciais para a chamada reconquista de Angola, em 1648. Aliás, o líder desse triunfo lusitano na África, um sujeito chamado Salvador Correia de Sá e Benevides, era um carioca da gema e membro da família de Estácio e Mem de Sá, fundadores do Rio de Janeiro.

Por que eu disse que o sistema de carregar gente escravizada entre as duas margens do Atlântico Sul reforçava a si mesmo? Em primeiro lugar, porque a produção açucareira (e, em menor escala, a de outros produtos, como o tabaco citado pelo padre Vieira), além de fornecer aos colonos recursos financeiros para navegar até a costa africana, também criava, por conta própria, uma valiosa moeda de troca que alimentava o tráfico de escravizados: a cachaça, cobiçada pelo mercado de traficantes de pessoas na África. Com efeito, há textos do Brasil colonial afirmando que, muitas vezes, valia mais a pena investir na produção de aguardente do que na de açúcar. Enquanto esse último estava sujeito a frequentes flutuações do mercado internacional, como a provocada quando a Inglaterra parou de comprar o produto de Portugal para adquiri-lo de suas colônias na Jamaica e em outras ilhas caribenhas, sempre havia mercado para a cachaça, fosse para consumo interno, fosse para comprar escravos, e algo parecido valia para o fumo.

Outro elemento que transformava o sistema numa espécie de bola de neve era o fato de que os cativos africanos não sofriam da mesma fragilidade biológica que os indígenas diante das doenças infecciosas do Velho Mundo. Em parte porque, no fim das contas, Europa, Ásia e África eram uma única massa de terra, e o contato das sociedades africanas com o resto dessa região nunca foi totalmente cortado ao longo da história, o que permitia o surgimento paulatino da resistência do sistema imune aos patógenos entre os nativos do continente, por meio da boa e velha seleção natural. Além disso, é provável que os africanos tenham tornado o Brasil mais perigoso até para os europeus, do ponto de vista epidemiológico, ao trazerem em seu organismo os causadores de moléstias como a malária e a febre amarela, antes inexistentes aqui e muito menos prevalentes na Europa (embora regiões consideráveis desse continente, em especial no Mediterrâneo, também sofressem com formas de malária havia séculos). Por ambos os caminhos, as forças biológicas atuavam em favor de um aumento cada vez maior da presença de africanos escravizados e de uma diminuição constante do número de cativos ameríndios, pelo menos nas regiões que podiam pagar pela importação dos negros.

Não há maneira melhor de resumir o resultado dessas engrenagens imbricadas da geopolítica, da economia e da biologia que classificá-lo como uma "máquina de moer gente". Mais uma vez, passo a palavra ao padre Vieira, capaz de descrever o que era um engenho de açúcar — o chamado "doce Inferno" — com mais propriedade que qualquer outra pessoa que tenha falado português em século algum, passado, presente ou vindouro. O trecho a seguir é do *Sermão décimo-quarto do Rosário, pregado na Bahia, à irmandade dos pretos de um engenho em dia de São João Evangelista, no ano de 1633*:

> *E que cousa há na confusão deste mundo mais semelhante ao Inferno, que qualquer destes vossos engenhos, e tanto mais, quanto de maior fábrica? Por isso foi tão bem recebida aquela breve e discreta definição de quem chamou a um engenho de açúcar doce Inferno. E verdadeiramente quem vir na escuridade da noite aquelas fornalhas tremendas perpetuamente ardentes: as labaredas que estão saindo a borbotões de cada uma pelas duas bocas, ou ventas, por onde respiram o incêndio: os etíopes, ou ciclopes banhados em suor tão negros como robustos que subministram a grossa e dura matéria ao fogo, e os forcados com que o revolvem e atiçam; as caldeiras ou lagos ferventes com os cachões sempre batidos e rebatidos, já vomitando escumas, exalando nuvens de vapores mais de calor, que de fumo, e tornando-os a chover para outra vez os exalar: o ruído das rodas, das cadeias, da gente toda da cor da mesma noite, trabalhando vivamente, e gemendo tudo ao mesmo tempo sem momento de tréguas,*

nem de descanso: quem vir enfim toda a máquina e aparato confuso e estrondoso daquela babilônia, não poderá duvidar, ainda que tenha visto Etnas e Vesúvios, que é uma semelhança de Inferno.

Estamos falando de um sistema em que os níveis de mortalidade eram altíssimos em todas as etapas. Da travessia desumana nos porões dos navios negreiros — também chamados de tumbeiros, por razões óbvias —, na qual muitos pereciam de fome, sede e diarreia, passando pelas (várias) marcações a ferro que cada cativo recebia ao ser trocado de mão em mão até chegar ao senhor de engenho, seu "consumidor final", culminando nas condições de trabalho que vigoravam em cada fazenda e na maneira como os cativos que nasciam em cada propriedade eram tratados desde bebês, não deveria surpreender a ninguém o fato de que o Brasil dependia de importações frequentes e maciças de africanos para que sua economia não parasse. Na melhor das hipóteses, a população de negros escravizados na nova terra crescia a duras penas ou ficava estagnada, porque era quase impossível que um grupo tratado com esse rigor conseguisse se reproduzir por meios naturais. Cálculos feitos a partir de dados do século xix indicam uma expectativa de vida de 19 anos para os cativos nascidos no Brasil (contra quase 30 anos da população livre), que pode ser creditada, em grande parte, a uma mortalidade infantil de 40% (lembre-se de que a expectativa de vida é calculada com base na idade média de mortes da população — o número não significa que os escravizados morriam quase sempre no fim da adolescência).

Além da força econômica e do chicote dos feitores, outra grande arma era empregada para manter esse estado de coisas: as justificativas ideológicas (de início, quase sempre religiosas; mais tarde, seculares e até dotadas de um verniz supostamente científico) para que os africanos e seus descendentes se acomodassem a tais condições, e para que seus senhores e o restante da população não questionassem o que se passava dentro de um engenho. O texto de Vieira que citei faz parte desse arcabouço ideológico escravagista: a prédica do jesuíta foi composta como parte da instrução religiosa dos escravizados, e seu objetivo era ensiná-los que seus trabalhos e sofrimentos podiam aproximá-los de Deus, em especial se pudessem rezar o Rosário durante a faina. Diz Vieira aos "pretos" (o termo normalmente designa os escravizados nascidos na África, e não no Brasil) do engenho baiano:

> *Mas se entre todo esse ruído, as vozes que se ouvirem forem as do Rosário, orando e meditando os mistérios dolorosos, todo esse inferno se converterá em paraíso; o ruído, em harmonia celestial; e os homens, posto que pretos, em anjos [...]. Mais inveja devem ter vossos senhores às vossas penas, do que vós aos seus gostos, a que servis com tanto trabalho. Imitai pois ao Filho e à Mãe de Deus, e acompanhai-Os com São João nos seus mistérios dolorosos, como próprios da vossa condição, e da vossa fortuna, baixa e penosa nesta vida, mas alta e gloriosa na outra.*

Peço desculpas ao leitor se estiver chovendo no molhado no que direi a seguir, mas é profundamente instrutivo (e estarrecedor) ver os mecanismos de racionalização (e, nesse caso, de *teologização*) do papel subalterno imposto a um *outgroup* em plena atividade até mesmo na cabeça de um sujeito brilhante e perfeitamente capaz de enxergar a injustiça e a violência da escravidão — ao menos no caso de outro *outgroup*, o dos indígenas. "Apesar" de serem negros, os cativos um dia seriam anjos; seus senhores deveriam ter *inveja* de seus padecimentos no engenho, porque faziam com que os "pretos" chegassem mais perto da salvação eterna. Com toda a sua eloquência, a passagem talvez seja o exemplo mais acabado da arquitetura mental que manteve a máquina de moer gente da escravidão funcionando a todo vapor no Brasil colonial.

As marcas desse processo se estenderam muito além do auge da produção açucareira, caracterizando também a exploração de ouro e diamantes em Minas Gerais e em outras regiões no século XVIII, a lavoura cafeeira que transformou o interior paulista (e São Paulo como um todo) em potência econômica no século XIX e praticamente todas as atividades econômicas do país durante a maior parte de sua história. Quando o tráfico negreiro finalmente foi abolido, em setembro de 1850, mais de 5 milhões de africanos tinham cruzado o Atlântico à força rumo ao Brasil desde o Descobrimento. Isso corresponde a pouco menos da metade de todos os escravizados trazidos para as Américas durante três séculos e meio, e dois portos brasileiros — Rio de Janeiro e Salvador, nessa ordem — foram os que mais receberam cativos da África em todo o continente. No mesmo período, a imigração europeia não deve ter superado muito a cifra de 1 milhão de pessoas, embora tenha aumentado significativamente a partir da segunda metade do século XIX. Os braços de africanos escravizados *fizeram* o Brasil — literalmente.

É óbvio, porém, que o processo não aconteceu sem que uma parcela significativa dessa gente se opusesse a todo tipo de resistência, sutil ou ferrenha, à sua desumanização. Recordemos nosso malvado favorito, o bandeirante Domingos Jorge Velho. Depois de enfrentarem rebeliões indígenas no interior nordestino, o paulista e seus capangas foram convocados pelas autoridades coloniais para atacar o que, na época, se costumava designar, com alguma grandiloquência, como a "República dos Palmares", localizada na serra da Barriga, no atual sertão de Alagoas. Sabemos relativamente pouco sobre Palmares, em especial porque apenas os inimigos jurados do lugar escreveram sobre ele quando a cidadela negra ainda estava de pé. Mas o que sabemos é suficiente para deixar claro que a "república" foi um fenômeno de longo prazo, que durou pelo menos quase todo o século XVII e aglutinou em torno de si uma parcela considerável dos escravizados fugitivos de uma das principais regiões açucareiras da colônia.

Os relatos falam de uma coleção de "mocambos" (o termo "quilombo" ainda não era o mais usado) espalhados num raio de dezenas, ou até centenas, de quilômetros pelas áreas íngremes e densamente cobertas por palmeiras-da-serra (daí o nome). No auge, a população desse conjunto de assentamentos de fugitivos pode ter chegado a algumas dezenas de milhares de pessoas, que praticavam a agricultura, a pesca, a coleta, o artesanato em cerâmica e até a metalurgia, já que muitos de seus habitantes vinham de reinos e chefaturas africanas com considerável conhecimento tecnológico. Os textos coloniais falam em "reis", seus "ministros" e "capitães", artífices de leis severas, mas justas; de fortificações e palácios rudimentares espalhados pelo território; de um culto sincrético, no qual os santos católicos continuavam a ser venerados em capelas improvisadas, ainda que sem a presença de padres ou conhecimento teológico. Os documentos escritos e a arqueologia sugerem a formação de uma sociedade que interagia com os grupos indígenas ainda existentes na região e com os colonos europeus e mestiços por meio do comércio e de incursões armadas. Palmarinos às vezes libertavam ou capturavam escravizados nas propriedades rurais, enquanto os colonizadores destruíam mocambos ou apresavam escravizados fugidos na serra, sem conseguir vencer os obstáculos naturais da região montanhosa por tempo suficiente para esmagar a resistência africana de vez. Armados até os dentes, enrijecidos pelas décadas de guerra implacável contra os índios do sertão e com milhares de combatentes a seu dispor, Jorge Velho e seus homens finalmente conseguiram tomar e destruir o principal mocambo da "república" e matar seu líder, Zumbi, em 1694-1695. Mesmo assim, combates esporádicos na região continuaram durante os primeiros anos do século XVIII.

A atração que os quilombos representavam para os escravizados rurais duraria até as últimas décadas da instituição no Brasil, mas rebeliões escravas em ambientes urbanos eram igualmente comuns. O funcionamento das cidades coloniais e, mais tarde, do Império brasileiro estava totalmente atrelado à economia e à logística escravistas. Cativos carregavam desde pessoas — em cadeiras cobertas, os "táxis" movidos a gente da época — a recipientes com fezes e urina para descarte; eram vendedores ambulantes, artesãos, pescadores, padeiros. Os chamados "escravos de ganho" (ou "ganhadores" e "ganhadeiras") eram postos a trabalhar na rua por seus donos, frequentemente morando em acomodações separadas de quem os comprara e enviando parte do dinheiro que conseguiam para o senhor. Tinham ainda de arcar com os custos de alimentação, vestuário e moradia e, caso sobrasse algum trocado, podiam guardá-lo para tentar pagar sua própria alforria no futuro.

Com relativa liberdade de movimentos, tais escravizados conseguiam conviver entre si longe dos olhos dos patrões e passaram a organizar revoltas como a dos malês, deflagrada em janeiro de 1835. A rebelião envolveu centenas de escravizados de etnia nagô ou iorubá, de fé muçulmana (*imale* quer dizer "islâmico" em iorubá), oriundos da Nigéria, muitos dos quais alfabetizados em árabe. Em uma improvável *jihad* baiana, eles atacaram cadeias de Salvador tentando libertar alguns de seus líderes, como um sujeito conhecido como Pacífico Licutan. O objetivo do grupo era partir para o Recôncavo Baiano e sublevar outros cativos por lá, talvez implantando o domínio dos nascidos da África contra todos os brasileiros, negros ou brancos. Cerca de 70 rebeldes morreram no levante, e 34 chegaram a ser deportados de volta à África. Em 1857, africanos, tanto os escravizados quanto os alforriados, de cujos braços dependia o funcionamento da capital baiana, organizaram uma greve de dez dias de duração para protestar em oposição a medidas da Câmara Municipal contra eles, que incluíam o pagamento de um imposto específico e um registro oficial para cada trabalhador. Esses africanos tinham razão para temer o controle das autoridades. Se fossem flagrados à noite na rua, por exemplo, podiam ser simplesmente recolhidos à cadeia e levar dezenas de chibatadas por lá até que seus donos os procurassem.

INDEPENDÊNCIA PARA QUEM?

O leitor talvez tenha reparado que, ao narrar (com tremenda brevidade) a Revolta dos Malês e a greve dos africanos de Salvador, deixamos para trás o período colonial e chegamos ao Brasil independente dos imperadores dom Pedro I e dom Pedro II. Ambas as majestades imperiais, diga-se de passagem, só conseguiram herdar a quase totalidade dos domínios portugueses no continente americano[60] reprimindo no campo de batalha as tentativas de separatismo e/ou tendências republicanas regionais, como as de Pernambuco, em 1824, e do Rio Grande do Sul, de 1835 a 1845.

Tais revoltas, e a maneira como foram enfrentadas, eram sintomas de muito do que havia de disfuncional no Império brasileiro, em especial suas profundas desigualdades regionais, sociais e raciais. De um lado, o governo imperial tentava se mostrar ao mundo como uma monarquia constitucional "séria" nos trópicos, principalmente a partir do reinado de dom Pedro II: deputados eram eleitos, havia liberdade de expressão para a imprensa, faziam-se investimentos (um bocado incipientes) em educação. A Constituição do Império assegurava a cidadania brasileira a todos os que tivessem nascido no país, mesmo se fossem escravos alforriados. No caso desses últimos, a primeira geração de libertos não po-

---

[60] A Banda Oriental, ou Província Cisplatina, escapuliu das mãos de dom Pedro i e se tornou o Uruguai independente em 1828.

deria se candidatar a cargos políticos, mas seus filhos já teriam o direito de fazê-lo. Por outro lado, as prerrogativas de votar e atuar na política dependiam da renda. Calcula-se, por exemplo, que cerca de 13% das pessoas que responderam ao primeiro grande Censo do país, o de 1872, eram cidadãos votantes (e todos homens; mulheres não votavam nem se candidatavam). Nesse ponto, de qualquer modo, o Império não estava tão distante de outros regimes constitucionais de seu tempo, como o Reino Unido, que manteve restrições de renda à participação em eleições ao longo do século xix.

Nenhum outro país independente nas Américas, porém, lutou por tanto tempo e com tanta ferocidade para manter a escravidão na base de seu sistema econômico e social. Embora a restrição do tráfico negreiro fosse discutida desde o reinado de dom João vi no Rio, antes que a Independência brasileira fosse proclamada, a imensa maioria dos membros da elite política da nação fez de tudo para retardar, atrapalhar ou ridicularizar tais planos. Trazer cativos da África se tornara questão de soberania e identidade nacional. Um texto anônimo publicado em 1826 já deixava isso claro desde seu interminável título (aqui apresentado na ortografia de então): *Discurso no qual se manifesta a necessidade da continuação do commercio da escravatura: que este trafico não tem a barbaridade, horror, e deshumanidade que se lhe quer attribuir; e que só ao Iluminado Ministerio Brasileiro pertence marcar, e accelerar a epocha de o proscrever em seos estados.* A obra nos dá uma das primeiras justificativas "científicas" para o tal "commercio da escravatura" no país:

> *Só o negro, pela sua estrutura orgânica de pele, pode resistir à ação forte da impressão do Sol; que este mesmo ente, pela sua particular ação do bofe [pulmão], entranha muito diversa dos brancos no ser da[s] suas funções, que só ele pode estar exposto à ação de um ar muito rarefeito, o qual imediatamente mata o branco; e que só ele, pela sua respiração particular, pode descer às cavas das minas, para avançar os efeitos da mineração, os quais sustentam e dão vida ao Estado.*

Paradoxalmente, numa época em que a contribuição migratória da Europa era muito pequena, teóricos como o autor do texto acima acabavam louvando, de certa forma, a mestiçagem brasileira e as "qualidades" dos africanos. Num malabarismo retórico de entortar os olhos, chegavam a sugerir que o tráfico negreiro era apenas uma maneira relativamente prática e econômica de produzir mais cidadãos brasileiros que povoariam o país, considerando que muitos dos escravizados sobreviventes ou seus filhos acabavam sendo alforriados e incorporados à população livre. Esse último ponto era verdade, ainda que tal incorporação, em geral, fosse em situação miserável. Ademais, eles tentavam explicar, o tráfico os "salvava" da "barbárie" então predominante na África ao sul do Saara (argumento que políticos brasileiros da segunda década do século XXI têm voltado a usar com frequência um tanto espantosa). Em um discurso do deputado Raimundo José da Cunha Matos, em 1827:

> *Nós sabemos que os pretos e os pardos em todos os tempos prestaram relevantes serviços ao Brasil. Henrique Dias [herói da luta dos portugueses contra os holandeses em Pernambuco no século XVII] era um preto: na nossa Marinha e no nosso Exército há muitos pretos e pardos dignos de todo o louvor [...]. Os holandeses sabem quanto sofreram dos pretos de Henrique Dias. As castas melhoram: venham para cá, pretos; logo teremos pardos e, finalmente, brancos, todos descendentes do mesmo Adão, do mesmo pai!*

Aparece aqui de forma bastante direta a meta do *branqueamento* da população, depois intensificada com a abertura cada vez maior do país a imigrantes europeus a partir da segunda metade do século XIX. Segundo os teóricos da ideia, o casamento de africanos com descendentes de europeus e mestiços paulatinamente "clarearia" as características raciais predominantes no Brasil. O curioso é que não ocorria a Cunha Matos convocar os africanos "dignos de todo o louvor" a vir para o Brasil voluntariamente, na condição de trabalhadores livres.

Nas décadas que se seguiram às declarações do deputado, a maior parte da elite imperial fez de tudo para impedir que as pressões do Reino Unido, nação que arrogara a si o papel de acabar com o tráfico escravista no Atlântico, levassem o Brasil a parar de importar africanos à força. Em 1826, por meio de um tratado com os britânicos, e em 1831, mediante a chamada Lei Feijó, o país supostamente proibia a vinda de escravizados da África; nas décadas de 1830 e 1840, porém, o tráfico ilegal pode ter trazido até 900 mil novos escravizados para esta margem do Atlântico. Por fim, uma campanha patrocinada pelos ingleses, que incluiu a destruição de quase quatrocentas embarcações negreiras do Brasil pela Marinha britânica e o apoio a publicações antiescravistas no país, enfim encerrou o comércio transatlântico de pessoas — o governo de dom Pedro II não queria mais bancar a dor de cabeça internacional associada à prática.

Mesmo assim, ainda foram necessárias quase quatro décadas e uma série de medidas graduais para que a escravatura enfim deixasse de existir formalmente no Brasil. Políticos conservadores temiam uma guerra civil como a que dilacerara os Estados Unidos e levara ao fim da escravidão por lá em 1865. A pressão dos movimentos abolicionistas nos jornais, nas ruas e na política eleitoral, muitas vezes liderada por intelectuais negros como André Rebouças e José do Patrocínio, conseguiu a aprovação da Lei Áurea quando o Brasil estava sozinho ao ser o único país escravista do continente americano. Nesse processo, realizado aos 45 do segundo tempo, não faz muito sentido pensar em dom Pedro II e na princesa Isabel como libertadores: eles apenas se renderam à tendência inevitável da economia e das relações geopolíticas do fim do século XIX.

LEGADO DE SANGUE

Os dados genômicos da população brasileira deixam muito claro que a escravidão e a desigualdade racial dos séculos de colonização e Império marcaram o DNA dos que vivem aqui até hoje.

Em termos numéricos, não há diferença tão grande entre as principais "fontes" populacionais do Brasil. Além dos cerca de 5 milhões de africanos, recebemos algo como 6 milhões de europeus nestas plagas, de 1500 até o fim do século XX. O número original de ameríndios no nosso território é mais difícil de determinar, mas dificilmente havia menos de 5 milhões deles, e uma estimativa mais elevada de 10 milhões tampouco é absurda. De qualquer maneira, as ordens de grandeza dos três componentes muito provavelmente eram parecidas. Quando analisamos as contribuições genéticas que normalmente acontecem apenas pelo lado materno ou paterno, porém, o desequilíbrio salta aos olhos.

Os dados exatos variam um pouco de estudo para estudo, o que faz sentido levando-se em conta a amostragem usada, mas a participação de variantes do cromossomo Y tipicamente europeias é sempre muito elevada, ficando entre 75% e 90%. Portanto, o predomínio de linhagens *paternas* europeias por aqui é esmagador. Por outro lado, o mtDNA — como você deve estar lembrado, um pedaço de material genético que é passado apenas das mães para seus filhos e filhas, exclusivo da linhagem *materna* — tem distribuição muito mais equilibrada. Num estudo recente feito por pesquisadores da USP, os números são de 36% para ancestrais africanas, 34% para as indígenas, 28% para as europeias e do Oriente Médio e 2% para as asiáticas (japonesas, chinesas etc.). E quanto às linhagens paternas africanas e indígenas? Nesse estudo que acabo de citar, correspondem a apenas 14,5% e 0,5% das variantes do cromossomo Y.

Pense no que isso significa. Apenas um em cada duzentos ameríndios sexualmente maduros em 1500 conseguiu legar seu cromossomo Y a um homem vivo no Brasil de hoje. Isso não significa que apenas um em cada duzentos desses indígenas tem descendentes em 2020: afinal, para que o cromossomo Y seja transmitido, é preciso gerar pelo menos um filho homem que deixe seus próprios rebentos masculinos a cada geração. Tais índios podem ter tataranetos hoje por parte de suas filhas, netas e bisnetas, por exemplo. Ainda assim, trata-se de um viés esmagador na capacidade reprodutiva pelo lado masculino. E o dado acerca dos africanos, ainda que menos extremo, também tem algo de atordoante, principalmente quando levamos em conta que havia uma preferência por *homens jovens* — a mão de obra ideal para a lavoura e outros tipos de trabalho pesado — no tráfico negreiro. Em ambos os grupos, a imensa maioria dos homens simplesmente perdeu as chances de ser pai.

Uma resposta muito comum a esse paradoxo (equivocada) é a seguinte: "Durante muito tempo, só vieram homens da Europa para cá, é claro que eles teriam de se unir às índias e as africanas." Tal afirmação frequentemente é complementada com outra: "Os índios muitas vezes ofereciam uma ou mais de suas filhas para cada europeu, como forma de cimentar alianças." Ambas correspondem aos fatos, até certo ponto, mas têm limitações sérias. No primeiro caso, seria de esperar que as filhas das primeiras uniões entre europeus e índias ou europeus e africanas pudessem se casar com seus primos (homens) indígenas ou negros na geração seguinte, isso num cenário em que o acesso a parceiras fosse livre para membros dos três grupos étnicos. Em tal situação hipotética, linhagens "não brancas" do Y rapidamente voltariam a circular em quantidades apreciáveis pela população mestiça. Mas não foi o que aconteceu. Quanto à segunda afirmação, é verdade que alguns dos primeiros portugueses em solo brasileiro, bem como parte de seus filhos mestiços, tornaram-se polígamos (aliás, adeptos da poliginia, lembra?) no sistema de alianças matrimoniais adotado pelos Tupi do litoral. A documentação colonial, porém, indica que isso é um fenômeno que favoreceu só parte dos primeiros invasores, e apenas nas primeiras décadas da presença lusa por aqui, quando as alianças estratégicas entre indígenas e europeus ainda não tinham sido destroçadas pelos ciclos de guerras e apresamento de escravos. É muito difícil, portanto, que esses fatores expliquem, sozinhos, o tamanho do enviesamento genômico que aparece nos dados.

Existem outros elementos que podem levar a algum desequilíbrio nas diferentes proporções de variantes do cromossomo Y e do mtDNA em populações que passaram por processos de mestiçagem. Um deles tem a ver com o fato de que essas linhagens dependem de processos mais ou menos aleatórios para continuar a ser transmitidas ao longo do tempo. É fácil explicar isso usando um exemplo familiar. Minha mãe teve dois filhos do sexo masculino (ambos gerados pelo mesmo marido) e nenhuma menina. Isso significa que a variante do cromossomo Y específica do genoma do meu pai foi legada a mim e a meu irmão, enquanto o mtDNA carregado pela minha mãe já era. Tanto eu quanto meu irmão temos filhas, mas elas carregam as variantes de mtDNA passadas adiante por nossas respectivas esposas. Quando multiplicamos esse processo milhões de vezes ao longo de várias gerações, não é difícil perceber que muitas linhagens de mtDNA e outras tantas do cromossomo Y acabam desaparecendo. Na média, meninos são gerados em cerca de metade das gestações, meninas na outra metade, e, como somos uma espécie que produz poucos filhotes por casal, é relativamente comum que algumas famílias fiquem sem meninos ou sem meninas.

Tudo isso é fato, mas a questão é que o mtDNA "extinto" da minha mãe é um bocado parecido com o da minha avó materna (que também só teve uma filha), com o das irmãs da finada vó Wanda (que Deus a tenha na sua santa glória) e com o carregado por boa parte das primas da minha mãe, filhas dessas irmãs. Ou seja, essa linhagem ligeiramente mais ampla do mtDNA ainda está longe de ter sumido por completo. E a mesma coisa vale para formas proximamente aparentadas do cromossomo Y do outro lado da família. Pensando, mais uma vez, em termos *populacionais*, que é o que nos interessa aqui, é tremendamente difícil que apenas as flutuações aleatórias produzidas pelo sumiço de certas linhagens e pela expansão de outras produzam a balança totalmente fora de prumo que são as linhagens paternas e maternas dos brasileiros.

Uma última hipótese a ser analisada: fatores ligados à seleção natural. Seria possível que os filhos de europeus e mulheres indígenas, por exemplo, herdassem de seus pais genes mais adequados para resistir às doenças infecciosas trazidas pelos próprios europeus, de modo que teriam chance maior de sobreviver até a idade reprodutiva que seus primos não mestiços? Talvez, mas isso não explica a parcela do fenômeno relativa à mistura racial entre europeus e africanos, os quais, como vimos, não tinham a mesma fragilidade dos ameríndios em relação a doenças infecciosas do Velho Mundo. E a magnitude do efeito é bem maior do que a mera resistência genética a doenças explicaria. No século XVI, a taxa de mortalidade entre quem pegava varíola na Europa, por exemplo, ainda chegava a 30%. Nas Américas, entre indígenas, é possível que esse número ficasse entre 50% e 80%. A diferença é considerável, mas não o suficiente para desembocar em apenas 0,5% de linhagens ameríndias do cromossomo Y entre nós sem que outras coisas mais importantes estivessem acontecendo durante o contato.

Quando colocamos todos os fatores na balança, é muito mais fácil e lógico considerar que o desequilíbrio que estamos examinando derive, em larga medida, de um fato comum a absolutamente todas as sociedades escravistas que existiram ao longo da história: os senhores sempre têm acesso sexual privilegiado às escravizadas. Trata-se de algo presente nas fontes gregas e do Império Romano, nas conquistas árabes, mongóis e otomanas e na própria África ao sul do Saara antes do contato direto com a Europa. Esse acesso corresponde exatamente à definição moderna de estupro? Em muitos casos, sim. Mas existem formas mais sutis de coerção sexual, como também vimos neste livro. Muitas vezes, bastaria que homens indígenas e africanos sofressem restrições sérias na sua capacidade de constituir família, ou morressem em taxas tão elevadas devido às condições de trabalho — como este capítulo mostrou, essa era uma possibilidade muito real — para que as mulheres de seus grupos étnicos, em especial as responsáveis por tarefas domésticas um tanto menos pesadas, ficassem vulneráveis ao assédio dos europeus. Ademais, mesmo quanto à genômica, o Brasil não é um caso único, ainda que seja um extremo. Os descendentes de africanos dos Estados Unidos e do Caribe de língua inglesa carregam cromossomos Y europeus com frequência que varia de 30% a 40% — mesmo considerando que o tabu relativo às uniões inter-raciais era bem maior por lá.

A dinâmica da Força Bruta no Brasil foi profundamente moldada pelo legado da escravidão e da conquista europeia, e não dá para fugir dele. A falta de respeito a direitos humanos básicos, a ação errática, violenta, preguiçosa e seletiva do Estado brasileiro, a concentração de riqueza e mobilidade social numa fatia relativamente pequena da população, tudo isso é a mão pesada da história nos anos que vão de 1500 a 1888. Anos que, convém recordar o tempo todo, correspondem a três quartos da história brasileira. Domingos Jorge Velho vive.

DEMOCRACIA COMO EXCEÇÃO

Um jeito de demonstrar o que acabei de dizer é fazer algumas contas simples. Esqueça a colonização e o Império, se quiser. Já temos 131 anos de história republicana. Quantos desses anos podem ser considerados como de regime democrático adotando a definição mínima do que seria isso? Estou me referindo aqui a coisas bobas, como, digamos, direito de voto para pelo menos todos os cidadãos adultos, em eleições nacionais livres e com poucas fraudes.

Bem, descarte os 41 anos que vão de 1889 a 1930, a chamada República Velha, com seu voto de cabresto e fraudes monumentais em todas as esferas eletivas, sem falar na proporção mínima de cidadãos que realmente podiam votar. Jogue fora o período de quinze anos que vai de 1930 a 1945, que corresponde à semiditadura meio envergonhada de Getúlio Vargas (1930-1937), que aceitou criar uma Constituição e logo depois a descartou, e o Estado Novo varguista (1937-1945), com seus porões de tortura, partidos políticos banidos e uma mulher judia grávida sendo enviada para os nazistas, a militante comunista Olga Gutmann Benário Prestes. De 1945 a 1964, tivemos um período de dezenove anos de democracia propriamente dita, ao que parece. Depois disso, por mais 21 anos, entre 1964 e 1985, a ditadura militar desencadeou um novo genocídio indígena ao abrir estradas a torto e a direito na Amazônia (mais uma vez, quem puxou o gatilho quase sempre foram as doenças infecciosas), censurou os meios de comunicação, torturou e executou sumariamente guerrilheiros, militantes políticos, jornalistas e até padres e freiras, exilou desafetos. Por fim, temos o período de 36 anos de 1985 até os dias de hoje, considerando a data de lançamento deste livro, 2021. Agradeça aos céus por estar vivo hoje: você está entre os sortudos que experimentaram o mais longo período de democracia mais ou menos decente da história brasileira. Ou seja, 55 anos democráticos contra 77 não democráticos, dos quais 36 foram francamente ditatoriais.

Este é um excelente lugar para dispor a carroça na frente dos bois um pouquinho e antecipar alguns dos temas do próximo e derradeiro capítulo. É por causa deles que a conta sobre regimes democráticos e não democráticos no Brasil não tem nada de casual ou panfletário. Como veremos de novo em breve, esse tipo de regime tem uma vantagem tremenda em relação a todos os outros no que diz respeito à saga da Força Bruta. Em democracias, os conflitos políticos são resolvidos em debates públicos e entre os representantes eleitos pela população, e não na base da pancadaria. É impensável que haja uma mudança de mandatários por meio de guerras civis que matam ou exilam o presidente e colocam o chefe dos rebeldes no lugar, por exemplo (o velho Getúlio manda um abraço). E democracias também quase nunca iniciam guerras contra outras democracias — nada mau, certo? Quanto aos conflitos entre cidadãos, sua resolução está atrelada a um sistema legislativo que segue regras claras e impessoais, criadas com o objetivo de dar proteção igual a todos os membros daquela sociedade. Fazer justiça com as próprias mãos, molhar a mão do juiz para obter um resultado favorável no tribunal, torturar suspeitos ou plantar provas para dar aquela agilizada nas confissões, tudo isso é carta fora do baralho, ao menos em tese.

Regimes desse tipo têm ainda outra vantagem, mesmo que não propriamente exclusiva deles. Do ponto de vista da totalidade da história humana, trata-se de sua vantagem decisiva: eles são capazes de construir um consenso em torno do seu direito de usar legitimamente a Força Bruta, e de fazê-lo com relativa *imparcialidade*, ao menos na maior parte das vezes. O processo que criou esse fenômeno é bem mais antigo que o Brasil ou que as próprias monarquias europeias, e será explicado em detalhes no próximo capítulo. Mas, para nossos propósitos neste momento, o mais importante é considerar que essa legitimidade — e a capacidade de exercê-la em qualquer situação — provavelmente é o mecanismo mais bem-sucedido para fazer com que uma sociedade funcione e prospere de modo mais ou menos decente. Aliás, esse é o motivo pelo qual podemos considerar coisa de lunático a ideia de que uma sociedade com milhões de habitantes e economia complexa como a nossa de alguma maneira seria capaz de sobreviver sem um Estado forte, por mais que isso esteja se tornando popular nos cantos mais sujinhos da internet ultimamente. Bandos de caçadores-coletores se viram relativamente bem sem Estado, mas unidades sociais mais numerosas e complicadas que isso imediatamente se deparam com o problema de como monitorar os que querem tirar vantagem dos demais e como arbitrar disputas sem que todo mundo se mate num ciclo infindável de vendetas. É para isso que serve o monopólio legítimo e relativamente imparcial da Força Bruta, embora outras forças imateriais (ainda que não sobrenaturais) também sejam importantes, como as crenças que constroem a autoimagem e a solidariedade interna dos grandes *ingroups*.

Talvez o leitor tenha intuído onde estou querendo chegar com essa conversa. O fato é que, no Brasil, as condições que acabei de descrever nunca (ou "ainda não", diria alguém mais esperançoso do que eu no momento em que escrevo isto aqui) se encaixaram de maneira adequada ou similar à que vemos em países desenvolvidos. Não é nem que o nosso Estado não consiga empregar certo tipo de monopólio da Força Bruta quando lhe interessa ou quando sobram recursos para isso. A questão é que frequentemente ele o faz de maneira seletiva, numa mistura de ignorância, burrice (são duas coisas diferentes, repare) e cálculo econômico e político que deixa vastas parcelas da população de fora da sombra protetora de seu escudo e debaixo da sombra de sua clava forte. Não deveria surpreender a ninguém o fato de que essas parcelas desprovidas de escudo e levando golpes de clava forte no lombo são, em larga medida, descendentes dos mesmos indígenas, africanos e brancos pobres cuja vida valia pouco ou nada nos séculos XVII e XVIII.

QUANTO MATAMOS?

Não há jeito mais simples e direto de mostrar quantitativamente o quanto isso é verdade do que folhear as quase cem páginas de uma publicação chamada *Atlas da violência 2020*, produzida por pesquisadores ligados ao Instituto de Pesquisa Econômica Aplicada (Ipea), do governo federal. As informações sobre violência letal no Brasil que constam do documento são exatamente o que a gente esperaria de uma população humana que, em grande medida, foi deixada ao léu pelo Estado e praticamente em "estado de natureza", como diriam os filósofos do século XVIII. Mais da metade dos homicídios no país (segundo dados de 2018, quase 31 mil mortos de um total de 58 mil) afetou adolescentes e jovens com idades de 15 a 29 anos; no sexo masculino, o assassinato foi a principal causa de morte nessa faixa etária (cerca de 50% dos falecimentos), enquanto para as meninas e moças da mesma idade, o homicídio causou menos de 15% das mortes. Somando todas as idades, 91,8% das vítimas de homicídios são homens.

Entre os homens vítimas de homicídio, 75,7% são negros (a soma das categorias "preto" e "pardo" segundo o IBGE, que correspondem a 56,2% da população brasileira), enquanto 68% das mulheres assassinadas são negras. Quem é negro corre mais risco de ser assassinado em todos os estados brasileiros, exceto o Paraná, onde a proporção de pessoas negras na população é uma das mais baixas. Para cada branco morto no país em 2018, 2,7 negros foram vítimas de homicídio. Em Alagoas, antigo lar de Palmares, o risco para quem tem pele escura é dezessete vezes maior. Três quartos dos homens assassinados tinham feito apenas o Ensino Fundamental (completo ou incompleto), e o mesmo vale para dois terços das mulheres mortas. Além de jovens, negros e com pouca educação formal, os homens que morrem normalmente são solteiros (80% dos casos), assim como as mulheres (71% das assassinadas). Outra publicação crucial sobre o tema, o *Anuário Brasileiro de Segurança Pública*, revela que 13,3% das mortes provocadas intencionalmente em 2019 (6.357, em números absolutos) foram causadas por policiais. Quase 80% dessas mortes foram de negros jovens. Nesse mesmo ano, 172 membros da polícia foram assassinados, 65,1% dos quais eram negros. Entre crianças e adolescentes assassinados, 91% eram meninos e 75% eram negros.

O dado sobre Alagoas que acabo de citar é uma pista sobre o abismo de desigualdades regionais que os números somados do país todo escondem. A taxa de homicídios no Brasil inteiro é de 27,8 mortes por 100 mil habitantes, mas o número pode variar de 11,9, em Santa Catarina, até 52,5, no Rio Grande do Norte, e 71,8, em Roraima. Há, ainda, as profundas desigualdades de gênero. Segundo o *Atlas*, quase 40% das mulheres assassinadas entre 2008 e 2018 morreram em casa, contra 14,4% dos homens. Trata-se de um indicativo importante, ainda que indireto, de como a violência doméstica ceifa vidas de mulheres no Brasil. Mais de 66 mil estupros foram registrados no Brasil em 2019, 85,7% dos quais com vítimas do sexo feminino e, em sua maioria (57,9%), com 13 anos de idade ou menos.

Por que as pessoas são mortas no Brasil? Bem, a resposta, na maioria dos casos, é um sonoro "não sabemos". Só 25% dos homicídios no país são devidamente elucidados pela Justiça,[61] aponta o *Atlas*, o que, por si só, é significativo. Mas algo que está claro é que relativamente pouca gente é morta por assaltantes (1.577 latrocínios registrados em 2019). A maior parte das mortes provavelmente está associada a altercações e disputas pessoais ou às disputas de facções nas periferias, muitas vezes relacionadas ao tráfico de drogas. "Outro fenômeno muito comum é o seguinte: o sujeito é traficante e está armado, alguém mexe com a namorada dele e ele atira. A polícia pode colocar essa morte na conta do tráfico de drogas, mas

---

[61] Vale ressaltar que essa porcentagem inclui os homicídios dolosos (quando há intenção de matar) e os culposos (quando não há a intenção de matar). Se formos olhar somente para os homicídios dolosos, a taxa de resolução cai para 6%.

BREVE RETRATO DA VIOLÊNCIA LETAL NO BRASIL
Quem mata e quem morre no país, em dados de 2019

- **47.773** mortes violentas intencionais

- Taxa de **22,7 por 100 mil** habitantes (na grande maioria dos países da Europa, a taxa é igual ou inferior a 1)

Homicídios: **39.561**
Latrocínios: **1.577**
Policiais assassinados: **172**
Mortes por intervenção policial: **6.357** (13,3% das mortes violentas)

AS VÍTIMAS

 74,4% negros **8,8%** mulheres / **91,2%** homens

 25,3% brancos **51,6%** jovens até 29 anos

 0,4 asiáticos e indígenas **72,5%** dos crimes foram cometidos com arma de fogo

PERFIL MUDA COM O TIPO DE SITUAÇÃO

LATROCÍNIO
43,9% das vítimas são brancas

25,7% tinham mais de 60 anos

89% eram homens

POLICIAIS MORTOS
65,1% negros

VÍTIMAS DE POLICIAIS
79,1% negros

74,3% jovens

99,2% homens

CORDIAIS?

não é exatamente o que aconteceu", exemplifica Renato Sérgio de Lima, professor da Fundação Getúlio Vargas (FGV), presidente do Fórum Brasileiro de Segurança Pública e um dos autores do *Atlas da violência*.

"O Brasil nunca interditou a violência em termos políticos e éticos, ela sempre foi aceita. Vivemos numa sociedade que nunca passou por um processo pacificador", diz Lima. Para ele, a capacidade do Estado de empregar a violência funciona "como um cão de guarda poderoso, mas privado".

HORROR AO VÁCUO

Dizem que a natureza tem horror ao vácuo. No buraco deixado pela inépcia e pela brutalidade do cão de guarda chamado Estado brasileiro, as mais diversas formas de crime organizado, turbinadas pelas transformações econômicas e sociais das últimas décadas, pelos dólares do tráfico de drogas e pelos royalties do petróleo, foram montando seus tijolinhos. Não há outra explicação para o surgimento do "partido do crime", o PCC, em São Paulo — depois exportado, via penitenciárias federais, para o resto do Brasil —, nem para o poderio crescente das milícias no Rio de Janeiro. Seguindo a tradicional dinâmica darwinista que caracteriza o confronto entre grupos da nossa espécie, organizações como essas emergem pela competição sem controle externo e vão adquirindo mais poder conforme derrotam adversários. O mais curioso é que mesmo esse tipo peculiar de *ingroup* aparentemente não consegue subsistir sem alguma menção, por mais hipócrita que seja, a uma identidade e um código de conduta comuns. Os "salves" (comunicados "oficiais", até onde isso é possível) emitidos em papel ou enviados em mensagens de WhatsApp pelas lideranças do PCC sempre citam os objetivos de "paz, justiça e liberdade" para os "irmãos do crime", pedem colaborações para pagar advogados e sustentar as famílias dos membros que estão presos, criticam a "covardia" das forças policiais e de seus adversários. Já os milicianos do Rio, tornando-se senhores feudais de favelas e bairros pobres da Cidade Maravilhosa, não acham nada de mais cobrar pequenas taxas pelo gás de cozinha, pela "TV a gato" (ou "gatonet") e pela segurança do comércio de seus minúsculos reinos — afinal de contas, o Estado não é capaz de prover nada disso, certo? —, e muitos se vangloriam de deixar tais comunidades supostamente livres do tráfico de drogas e dos roubos. (Isso vale especialmente para os milicianos das antigas; os que entraram mais recentemente no negócio andam deixando de lado os pruridos contra entorpecentes.) O encarceramento em massa alimenta o PCC, assim como os salários minúsculos e a corrupção policial transformam a Polícia Militar e as empresas de segurança particular do Rio em potenciais celeiros de milicianos.

O segundo grupo, cevado na tradição centenária de truculência policial e militar do Brasil, enxerga-se num papel heroico, assim como os políticos que o apoiam, muitos dos quais filhotes da ditadura militar e de seus grupos de extermínio de "bandidos". O comentário de um jovem miliciano e PM, registrado pelo jornalista Bruno Paes Manso em seu livro *A república das milícias*, resume esse tipo peculiar de moralidade. O rapaz fazia vídeos matando pessoas que "mereciam" e os enviava para um grupo de WhatsApp. Um colega de milícia pediu que ele fosse mais discreto, lembrando que o pai do garoto, policial aposentado, sempre tinha sido muito correto ao longo da carreira. O rapaz respondeu: "Meu pai é bravo pra caralho, mas ele não esquenta a cabeça se eu matar. Só se eu roubar".

Se existe o proverbial fio de esperança nesse cenário, é o fato de que, aos trancos e barrancos, esse tipo de atitude se tornou menos aceitável no Brasil e, principalmente, mundo afora. Apesar de tudo, as coisas melhoraram. A tarefa do último capítulo será explicar como isso foi possível.

REFERÊNCIAS

A cena que abre o capítulo vem deste surpreendente livro-reportagem
MORAIS, Fernando. *Corações sujos*: a história da Shindo Renmei. São Paulo: Companhia das Letras, 2011.

Sobre a política higienista da República Velha no Rio de Janeiro do começo do século XX e as reações a ela
SEVCENKO, Nicolau. *A Revolta da Vacina*. São Paulo: Editora da Unesp, 2018.

Para os interessados num resumo mais simples, mas ainda assim confiável, sobre a chamada Revolta da Vacina, há este texto no portal da Fiocruz
AGÊNCIA FIOCRUZ DE NOTÍCIAS. *A Revolta da Vacina*. Rio de Janeiro: Fiocruz, 2005. Disponível em: https://portal.fiocruz.br/noticia/revolta-da-vacina. Acesso em: 31 maio 2021.

Sobre a história das sociedades deste pedaço da América do Sul antes da invasão europeia, volto a passar óleo de peroba na cara e recomendar meu próprio livro
LOPES, Reinaldo José. *1499*: o Brasil antes de Cabral. Rio de Janeiro: HarperCollins, 2017.

Os artigos publicados em periódicos científicos e a tese a seguir são o mais próximo que chegamos de um resumo das evidências arqueológicas sobre violência interpessoal no Brasil pré-cabralino
DA-GLORIA, Pedro. *Health and lifestyle in the Paleoamericans*: Early Holocene biocultural adaptation at Lagoa Santa, Central Brazil. Columbus, OH: Ohio State University, 2012. Tese (Doutorado).
LESSA, Andrea; MEDEIROS, João Cabral de. Reflexões preliminares sobre a questão da violência em populações construtoras de sambaquis: análise dos sítios Cabeçuda (SC) e Arapuan (RJ). *Revista do Museu de Arqueologia e Etnologia*, São Paulo, v. 11, p. 77-93, 2001.
LESSA, Andrea. Reflexões preliminares sobre paleoepidemiologia da violência em grupos ceramistas litorâneos: (I) Sítio Praia da Tapera — SC. *Revista do Museu de Arqueologia e Etnologia*, São Paulo, v. 15, n. 15-16, p. 199-207, 2005-2006.
OKUMURA, Mercedes; EGGERS, Sabine. The people of Jabuticabeira II: reconstruction of the way of life in a Brazilian shellmound. *HOMO — Journal of Comparative Human Biology*, v. 55, n. 3, p. 263-281, 2005.

Uma das mais completas referências sobre o papel do confronto armado nas sociedades Tupi do litoral brasileiro
FERNANDES, Florestan. *A função social da guerra na sociedade Tupinambá*. Rio de Janeiro: Biblioteca Azul, 2006.

Excelentes apanhados sobre o Brasil colonial, com especial atenção às conexões entre escravidão indígena e africana e a economia, podem ser encontrados gratuitamente no podcast e no canal no YouTube do historiador Thiago Nascimento Krause, da Universidade Federal do Estado do Rio de Janeiro (Unirio)
THIAGO KRAUSE. Disponível em: https://www.youtube.com/user/thiagokrause. Acesso em: 25 maio 2021.
História do Brasil Colonial [podcast]. Disponível em: https://open.spotify.com/show/5YXFuBBxnnxOg39KmvEi7l. Acesso em: 25 maio 2021.

Obra clássica e extremamente bem documentada sobre a escravidão indígena e o impacto dos bandeirantes no Brasil colonial
MONTEIRO, John Manuel. *Negros da terra*: índios e bandeirantes nas origens de São Paulo. São Paulo: Companhia das Letras, 1994.

Todo falante da língua portuguesa precisa conhecer ao menos um pouco da obra do padre Antônio Vieira, maravilhar-se com o esplendor de sua linguagem e ficar boquiaberto com a sua capacidade de racionalizar o absurdo em certos textos
BOSI, Alfredo (org.). *Essencial padre Antônio Vieira*. São Paulo: Penguin Classics Companhia das Letras, 2011.

O mais grandioso apanhado sobre o passado indígena brasileiro
CUNHA, Manuela Carneiro da (org.). *História dos índios no Brasil*. São Paulo: Companhia das Letras, 1992.

Duas obras sobre revoltas de escravizados no Brasil urbano do século XIX
REIS, João José. *Ganhadores*: a greve negra de 1857 na Bahia. São Paulo: Companhia das Letras, 2019.
REIS, João José. *Rebelião escrava no Brasil*: a história do Levante dos Malês em 1835. São Paulo: Companhia das Letras, 2003.

Detalhes da política escravista do Império brasileiro e das reações contra ela podem ser encontrados nestes dois belos trabalhos
MAMIGONIAN, Beatriz. *Africanos livres*: a abolição do tráfico de escravos no Brasil. São Paulo: Companhia das Letras, 2017.
PARRON, Tâmis. *A política da escravidão no Império do Brasil, 1826-1865*. Rio de Janeiro: Civilização Brasileira, 2011.

Sobre a luta pela abolição da escravatura em nosso país
ALONSO, Angela. *Flores, votos e balas*: o movimento abolicionista brasileiro (1868--88). São Paulo: Companhia das Letras, 2015.

Sobre os cromossomos Y europeus nos negros dos Estados Unidos e do Caribe
TORRES, Jada Benn et al. Y chromosome lineages in men of West African descent. *PLoS ONE*, v. 7, n. 1, 2012. Disponível em: https://doi.org/10.1371/journal.pone.0029687. Acesso em: 25 maio 2021.

Um excelente passeio por diferentes aspectos da Força Bruta na história brasileira, da perseguição inquisitorial a homossexuais à criminalidade na TV
DEL PRIORE, Mary; MÜLLER, Angélica (org.). *História dos crimes e da violência no Brasil*. São Paulo: Editora da Unesp, 2017.

Grande trabalho de jornalismo investigativo acerca dos impactos da ditadura militar brasileira sobre os povos nativos da Amazônia
VALENTE, Rubens. *Os fuzis e as flechas*: a história de sangue e resistência indígenas na ditadura. São Paulo: Companhia das Letras, 2017.

Dois livros fundamentais para entender o crime organizado brasileiro nas últimas décadas
MANSO, Bruno Paes; DIAS, Camila Nunes. *A guerra*: a ascensão do PCC e o mundo do crime no Brasil. São Paulo: Todavia, 2018.
MANSO, Bruno Paes. *A república das milícias*: dos esquadrões da morte à Era Bolsonaro. São Paulo: Todavia, 2020.

Bom apanhado sobre a questão das armas no Brasil (spoiler: armar a população só piora o problema)
BANDEIRA, Antônio Rangel. *Armas para quê?* São Paulo: Leya, 2019.

8 RAZÕES PARA TER ESPERANÇA

Como a violência humana diminuiu consideravelmente nos últimos séculos e as medidas que podem fazer com que ela continue diminuindo

Já que ainda não estamos totalmente confortáveis com a ideia de que pessoas do vilarejo vizinho são tão humanas quanto nós mesmos, é presunçoso ao extremo supor que algum dia seríamos capazes de observar criaturas sociáveis e criadoras de ferramentas, que surgiram de outras trajetórias evolutivas, e ver não feras, mas irmãos, não rivais, mas companheiros de peregrinação rumo ao santuário da inteligência. Contudo, é isso que vejo, ou o que anseio por ver. A diferença entre raman [criatura racional] e varelse [animal não racional] não está na criatura julgada, mas na criatura que julga. Quando declaramos que uma espécie diferente é raman, não significa que eles atravessaram um limiar de maturidade moral. Significa que nós o atravessamos.
Orson Scott Card, *Orador dos mortos*

Lembre-se de quem é o verdadeiro inimigo.
Suzanne Collins, *Em chamas*

Por incrível ou mesmo obsceno que pareça, é possível analisar a trajetória histórica da Força Bruta, em especial o que aconteceu com o fenômeno nos últimos séculos, com alguma esperança no peito. Essa é a missão deste capítulo final. Mas, antes de passarmos a ela, cabe tentar responder uma pergunta que pode parecer igualmente indecente, ao menos à primeira vista. Até que ponto a nossa capacidade única para empregar violência de forma coordenada é a responsável por produzir, paradoxalmente, o mundo menos violento de todos os tempos?

Aproveito essa questão para me despedir da cativante saga de T. H. White, que nos deu a deixa para os questionamentos do primeiro capítulo e o próprio título deste livro. O jovem rei Arthur de *The once and future king* criou a Távola Redonda como um projeto deliberadamente paradoxal. Como contei no começo do livro, ele acreditava que seus cavaleiros podiam se valer da força bruta com o objetivo de defender a justiça.

Não consigo resistir à tentação de deixar que o próprio Arthur, às vésperas de sua batalha final, explique em detalhes o que tinha na cabeça ao tentar usar a força bruta como instrumento de justiça. Eis o que o idoso monarca diz numa conversa com um pajem de 12 anos de idade:

Havia um certo rei, chamado Rei Arthur. Sou eu. Quando ele chegou ao trono da Inglaterra, descobriu que todos os reis e barões estavam lutando uns contra os outros feito loucos, e, como podiam se dar ao luxo de lutar usando armaduras caras, não havia praticamente nada que pudesse impedi-los de fazer o que quisessem. Faziam muitas coisas ruins, porque viviam pela força. Ora, esse rei teve uma ideia, e a ideia era que a força devia ser usada, se chegasse mesmo a ser usada, em nome da justiça, e não por conta própria. Acompanhe o raciocínio, meu jovem. Ele achou que, se pudesse fazer com que seus barões lutassem por justiça, e para ajudar as pessoas mais fracas, e para reparar o que estava errado, então a luta deles poderia não ser uma coisa tão ruim quanto costumava ser. Então ele reuniu todas as pessoas verazes e bondosas que conhecia, e as vestiu com armaduras, e fez delas cavaleiros, e lhes ensinou sua ideia, e as estabeleceu numa Távola Redonda. Havia 150 deles em dias mais felizes, e o Rei Arthur amava sua Távola com todo o seu coração. Tinha mais orgulho dela do que de sua querida esposa, e por muitos anos seus novos cavaleiros saíram por aí matando ogros, e resgatando donzelas e salvando pobres prisioneiros, e tentando colocar o mundo nos eixos. Essa era a ideia do Rei.

A ficção tem uma capacidade meio assustadora de enxergar verdades essenciais da natureza humana, e essa passagem aparentemente ingênua é um exemplo disso. É claro que podemos contar nos dedos os generais, reis e imperadores cujas motivações iniciais tenham sido tão puras quanto as do Arthur imaginado por T. H. White. Mas o fato é que o resultado coletivo das ações desses sujeitos na vida real acabou gerando algo parecido com o sonho do pupilo de Merlyn, a um custo altíssimo em vidas e sofrimento, e ao longo de milênios de idas e voltas.

GUERRA E PAZ: O NEGÓCIO DOS ESTADOS E IMPÉRIOS

Para entender como isso aconteceu, precisamos lembrar das páginas finais do capítulo 2, nas quais examinamos a gênese sangrenta dos primeiros Estados e o processo de "bola de neve" que conduziu à formação deles. O que aprendemos sobre as fronteiras entre *ingroups* e *outgroups* no capítulo 5 também há de nos ser bastante útil.

Em primeiro lugar, convém ter em mente, mais uma vez, o quão "antinatural" é viver sob a égide de uma entidade política capaz de regular, de modo (supostamente) legítimo, a vida de milhões de pessoas, julgando e punindo os crimes que algumas delas cometem, fazendo incidir impostos sobre os bens que elas têm e consomem, ordenando que elas enviem seus filhos para a escola e os vacinem — enfim, você entendeu, a lista é grande. Essas e outras atribuições de um Estado moderno (ou antigo/medieval/da Renascença) foram, é claro, *inventadas* em algum momento do passado. O território e as identidades nacionais característicos desses Estados também foram inventados, de maneira coletiva e gradual, ao longo de décadas, séculos e milênios.

A questão é que a escala "normal" de tamanho para grupos de seres humanos fica muito, mas muito abaixo da de qualquer Estado, mesmo os nanicos. Chutando alto, estamos falando de algo que jamais ultrapassaria muito a faixa dos mil indivíduos (e, em condições normais, está mais para algumas centenas de pessoas). Tais conjuntos minúsculos, do nosso ponto de vista, tendem a ser extremamente ciosos da sua própria identidade grupal e, via de regra, opõem uma resistência férrea a qualquer tipo de interferência ou dominação externa — isso para não falar da resistência à dominação *interna*, já que eles costumam ser relativamente igualitários. Isso significa que qualquer processo de consolidação do poder político que englobasse mais de uma dessas unidades independentes nanicas quase sempre envolveria conflitos violentos. Aliás, seria difícil até que a ascendência política de um ou poucos indivíduos se consolidasse *dentro* de um desses grupos. A força centrífuga do igualitarismo normalmente impediria que qualquer pessoa adquirisse poderes que fossem além do prestígio militar e da capacidade de influenciar os rumos do grupo por meio do convencimento, e não pela coerção.

A probabilidade de que esse cenário sofresse uma reviravolta em diferentes lugares do planeta se tornou cada vez maior como consequência da agricultura e da domesticação de animais a partir de uns 10 mil anos antes do presente. Conforme vimos, tais descobertas ou invenções criaram oportunidades até então impensáveis de acúmulo de recursos e crescimento populacional, estimulando indivíduos ou clãs a monopolizar essa nova riqueza e levando grupos mais numerosos a tentar expandir rumo ao território de seus vizinhos. É o tipo do processo que, em larga medida, tende a se autoalimentar conforme vai acontecendo. Os grupos mais bem-sucedidos em engolir os vizinhos ganham mais muque para se assenhorar de adversários ainda maiores, ficando cada vez mais poderosos — daí a analogia com uma bola de neve. Nas palavras do sociólogo e cientista político Charles Tilly, o mecanismo básico que descrevi significa que, ao longo dos milênios desde a Revolução Agrícola do comecinho do Holoceno, "a guerra fez o Estado, e o Estado se pôs a fazer guerras". Parece uma generalização imensa, mas, no fundo, é a única coisa que faz sentido.

Os criadores dos primeiros rudimentos de instituições estatais muito provavelmente não passavam de brutamontes dotados de inteligência maquiavélica e instintos mafiosos, cobrando das populações dominadas tributos que eram pouco mais que uma "taxa de proteção", mais parecida com as extorsões praticadas pelo crime organizado do que com o IPTU ou o IPVA. Enchiam suas fortalezas com espadas finamente decoradas, estábulos para seus animais e joias para suas esposas e concubinas, e ai do súdito que se recusasse a lhes fornecer suas filhas mais bonitas. No entanto, é nesse ponto que um processo curiosamente parecido com a seleção natural biológica começa a exercer sua lógica implacável. No longo prazo, a capacidade de os descendentes desses brutamontes se manterem no poder depende do talento para extrair recursos de seu domínio com eficácia suficiente para: 1) fazer frente a possíveis adversários que reinam sobre outros grupos; e 2) evitar que a população subordinada fique farta de seus achaques e os apeie do trono a pontapés.

Do ponto de vista do governante e/ou das elites de um Estado, portanto, faz sentido promover a redução da violência *interna* e, conforme for, direcioná-la contra inimigos *externos*. Afinal de contas, camponeses que estão usando suas foices para degolar uns aos outros têm menos tempo (e menos braços) para debulhar o trigo e recolher cada bago do trigo, como dizia aquela velha canção. Não dá para armazenar sangue de capiau nos celeiros reais, gentil leitor. Do mesmo modo, mercadores que conseguem carregar com tranquilidade suas bugigangas de lá para cá no território estatal, em vez de ficar gastando tempo e energia com esquemas mirabolantes para assassinar a concorrência ou para se proteger dela (ou de salteadores na estrada), tendem a pagar com mais regularidade as taxas da alfândega.

É claro que nada disso equivale a dizer que muitos governos estatais, no passado remoto ou no presente, não tenham tolerado níveis "aceitáveis", ou mesmo escabrosos, de violência interna, desde que os cofres continuassem se enchendo de dinheiro na periodicidade desejada. Mesmo levando em conta essa possibilidade, o importante é que, *em média e no longo prazo*, a tendência era a redução da violência interna. E mesmo a violência externa, em guerras de defesa ou conquista, passou a ser disciplinada por "razões de Estado" que frequentemente precisam levar em conta considerações de viabilidade política e econômica, em vez do simples reflexo de se vingar da etnia vizinha com uma expedição militar mambembe só porque os sujeitos do outro lado da fronteira roubaram vinte ovelhas e degolaram dois pastores por estarem entediados no final de semana. Ainda que, ao ir à guerra, os Estados fossem capazes de causar estragos bem maiores num período mais curto — graças à sua capacidade de mobilizar mais gente, em condições mais disciplinadas e com tecnologia bélica mais letal —, havia a possibilidade de que a somatória desses estragos, ao longo dos séculos e milênios, fosse menos destrutiva que a pancadaria constante e relativamente indiscriminada das sociedades tribais e das chefias não estatais.

Quando colocamos todos esses fatores na balança, começa a ficar cada vez mais provável que Estados e impérios, em especial os dotados de territórios grandes, exércitos permanentes e disciplinados e burocracia relativamente bem organizada, produzam uma redução líquida da violência letal ou grave, mesmo que dependam do emprego dela em larga escala para se estabelecer. É quase certo que isso tenha acontecido, por exemplo, nos séculos de auge do poder de Roma no Mediterrâneo e nos períodos de estabilidade imperial da China na outra ponta da Eurásia. Estamos falando, é claro, da célebre *Pax Romana*, que tinha como contraparte o que poderíamos chamar de *Pax Sinica*, no Oriente, ainda que nenhum chinês da Antiguidade soubesse uma palavra de latim.

A construção de templos em honra aos imperadores romanos divinizados, como Augusto, pode parecer mera bajulação abjeta para cristãos ou ateus do século XXI, mas muitas cidades da Ásia Menor (atual Turquia) botaram tais templos de pé de bom grado. Afinal de contas, Augusto tinha acabado com décadas de conflitos sangrentos na região e, se isso não era sinal de poder divino, o que mais seria? Provavelmente, não é por acaso que alguns dos termos empregados no Novo Testamento para designar Jesus, coisas como "Filho de Deus", "Salvador" e proclamador da "Boa-Nova" (*euanguêlion* ou "evangelho" em grego), sejam os mesmos utilizados em inscrições desses templos imperiais como forma de louvar o senhor de Roma em seu papel de pacificador do mundo. Ironicamente, cristãos como Paulo só conseguiram espalhar sua mensagem contrária às reivindicações de supremacia religiosa dos imperadores porque nunca tinha sido tão seguro viajar a pé ou de navio pela bacia do Mediterrâneo quanto nos séculos I e II. Depois disso, a instabilidade na sucessão para o trono imperial, entre outros fatores, levou a uma epidemia de guerras civis que bagunçou esse cenário antes plácido.

No caso de impérios da Antiguidade, só conseguimos medir de forma mais ou menos indireta a redução da violência interna. Até onde sabemos, ninguém nunca tentou recolher estatísticas sobre a incidência de assassinatos e roubos nas ruas de Roma no século I ou de Constantinopla no século IV. Entretanto, temos dados mais claros sobre o fenômeno a partir dos últimos séculos da Idade Média, quando vários dos países europeus que conhecemos hoje iniciaram um processo de consolidação do poder estatal (tenha em mente que são *vários*, não todos; basta lembrar que os atuais territórios da Alemanha e da Itália perfaziam uma colcha de retalhos de reinos, principados e cidades-Estado até o fim do século XIX). Tal processo permitiu que se começasse a compilar sistematicamente informações sobre homicídios, as quais, com algum nível de cautela e extrapolação, podem ser comparadas de século a século.

O resultado desse exercício é interessantíssimo. Ao que parece, um índice de homicídios por 100 mil habitantes típico da Idade Média giraria em torno de 45 mortes por 100 mil habitantes — 50%

superior, portanto, ao elevado número de mortes violentas registrado no Brasil em 2017, que foi de 31,6 assassinados por 100 mil habitantes. Na hoje pacata cidade universitária inglesa de Oxford, esse número chegou a 110 mortos/100 mil na década de 1340. Segundo o historiador britânico Ian Mortimer, em seu livro *Séculos de transformações*, esse é o resultado natural de reunir num só lugar "um grande número de homens jovens e ambiciosos armados de facas nos cintos e rodeados de amigos que os incitavam". Entretanto, observa Mortimer, esses números obscenos começaram a cair no século xv e despencaram para a metade da média medieval no século xvi. De 1500 a 1900, as taxas médias de homicídios na Europa — obviamente, existem variações regionais — foram diminuindo mais ou menos 50% a cada cem anos.

A principal explicação por trás desse "milagre da redução da Força Bruta" é bastante simples: entrou em ação um negócio apelidado de Leviatã. A palavra originalmente designa um monstro bíblico que talvez fosse imaginado como uma espécie de serpente marinha, mas seu uso em discussões históricas e sociológicas vem do trabalho homônimo escrito pelo filósofo Thomas Hobbes. Nesse texto clássico, Hobbes propõe que a única maneira de enfrentar a anarquia e a violência que, antes dos Estados, teria dominado a vida humana — uma vida "solitária, pobre, asquerosa, embrutecida e curta", segundo sua definição nem um pouco sutil — seria a criação do tal Leviatã, o "monstro" do Estado forte, cujo superpoder seria monopolizar a violência para que os cidadãos parassem de degolar uns aos outros.

Sim, Hobbes exagerou um bocado ao pintar a vida pré-estatal como um inferno na Terra — e, afinal de contas, ele não fazia a mais vaga ideia de como realmente viviam caçadores-coletores do passado ou do presente dele. Mas estava absolutamente certo quanto às consequências da consolidação monárquica na Europa a partir do fim da Idade Média. Ian Mortimer destaca que esse período se caracteriza não apenas pela disposição, por parte dos governos centralizados, de punir exemplarmente as transgressões contra a lei, mas também pela capacidade de *rastrear* essas transgressões por meio de um mecanismo revolucionário: a papelada.

Graças à invenção da imprensa e à relativa popularização dos livros, pela primeira vez havia uma massa crítica de funcionários alfabetizados nas instâncias governamentais, gerando toneladas de documentos, acompanhando detalhadamente processos judiciais (agora também centralizados sob juízes que respondiam diretamente ao rei) e mandando gente para a cadeia ou o cadafalso. Ao perceber que essa máquina começava a funcionar com alguma eficiência, e querendo evitar o risco de que a Justiça do rei também caísse sobre suas cabeças, os cidadãos cada vez mais abriam mão da vingança pessoal para resolver as pendengas com seus vizinhos e deixavam que soldados, magistrados e juízes tomassem conta da situação.

Como em diversos outros mecanismos que examinamos nestas páginas, tratava-se de um processo que acabava se autoalimentando conforme ia dando certo: cada vez menos violência não sancionada pelo Estado, mais concentração do poder de fogo em mãos estatais, mais eficiência das instituições, mais confiança da população nessas instituições, num circuito mais ou menos fechado. "Não é, pois, totalmente paradoxal o fato de que o século que viu surgir as armas de fogo portáteis e exércitos gigantescos tenha sido também o que testemunhou o declínio nos atos de violência individual", escreve Mortimer.

DOS CONQUISTADORES AO ILUMINISMO

Mas seria esperar demais que as ditas armas de fogo portáteis e os exércitos gigantescos que as portavam não causassem estrago. A capacidade sem precedentes de infligir dano aos inimigos externos do Estado foi posta em prática sem mais delongas durante as guerras religiosas entre católicos e protestantes que dilaceraram a Europa nos séculos XVI e XVII e nos campos de batalha ultramarinos depois que o navegante genovês Cristóvão Colombo chegou ao que hoje chamamos de continente americano, em 1492.

Dezenas de milhões de pessoas perderam a vida nesses conflitos, em especial do lado de cá do Atlântico. Condições brutais de escravidão e as doenças infecciosas trazidas pelos europeus, e não o combate direto, foram os principais responsáveis por dizimar os nativos das Américas. A grande ironia, porém, é que ambas essas situações repletas de horror empurraram as sociedades do Ocidente para uma organização interna menos violenta no longo prazo. A ferro e fogo, a dominação colonial das Américas pôs fim aos conflitos endêmicos entre os habitantes originários do continente, um processo que se repetiria em outras guerras coloniais mundo afora. Do mesmo modo, os vultosos desperdícios de vidas e recursos nos conflitos religiosos forçaram católicos e protestantes a forjar um *modus vivendi* que, com exceção de alguns pontos de confronto, como a Irlanda,[62] acabou se tornando a norma. Os europeus não pararam de guerrear no fim do século XVII, mas o grito de "Morte aos hereges!" (ou "Morte aos papistas!") foi ficando cada vez mais anacrônico e, por fim, mais impensável.

A estabilidade e o controle trazidos pelos Estados favoreceram ainda o fortalecimento do comércio internacional, o aumento da complexidade econômica e a capacidade de traduzir a maior difusão do conhecimento (impulsionada por livros cada vez mais baratos) em avanços intelectuais e tecnológicos. Conforme as guerras religiosas se encaminhavam para seu fim, os primeiros cientistas em sentido moderno começavam a lançar as bases do mundo em que vivemos ainda hoje, e um conjunto brilhante de pensadores, tanto na Europa quanto (algumas décadas mais tarde) nos Estados Unidos nascentes, punha-se a questionar as bases da sociedade e da condição humana, o que incluía o papel da Força Bruta.

Conhecemos essa onda questionadora pelo rótulo genérico que recebeu — o de *Iluminismo*, com seu auge em meados do século XVIII. Apesar da imensa diversidade de pensamento por trás desse termo, faz sentido apontar algumas tendências iluministas influentes impulsionando movimentos que acabariam criando um planeta bem menos brutal do que o que existira em quase todos os séculos precedentes. Ao enfatizar a razão como patrimônio comum da nossa espécie, diversos pensadores rejeitavam tradições tribais e crenças religiosas que eram aceitas sem questionamento e produziam opressão e desigualdade. Para muitos deles, o consentimento dos governados e a participação

---

[62] A Irlanda, majoritariamente católica, foi submetida à colonização e a uma espécie de apartheid por parte da Inglaterra e da Escócia protestantes.

popular no poder eram essenciais, o que abriu caminho para a influência deles sobre as primeiras democracias representativas (nas quais os cidadãos elegem seus representantes) e para o fim dos privilégios políticos de nobres e altos funcionários da Igreja. Embora muitos continuassem a defender uma suposta superioridade intelectual e racial dos europeus, eles atacaram as injustiças da escravidão e do colonialismo. Por fim, insurgiram-se contra a tortura, as perseguições por motivos religiosos e políticos, a dominação das mulheres pelos homens e até a crueldade em relação aos animais.

É claro que essas ideias não "pegaram" de vez — sem falar nas teses iluministas que, levando ao extremo a ideia de transformação da sociedade, produziram perseguições e massacres de dissidentes e desafetos, como ocorreu durante o chamado Terror da Revolução Francesa (1793-1794). Mesmo assim, aos solavancos e com retrocessos ocasionais, elas foram se tornando a regra na Europa e nas Américas, ainda que países como Cuba e o Brasil só fossem abolir a escravidão já perto do século xx. Durante todo o século xix, os conflitos internacionais entre nações europeias foram rareando progressivamente, embora as aventuras coloniais desses mesmos países na África e no sudeste asiático ainda repetissem a combinação paradoxal de brutalidade militar e pacificação interna que tinha acontecido nas Américas. Apesar de tudo isso, europeus e americanos (ao menos os da parte norte do continente) estavam vivendo em sociedades cada vez mais prósperas e pacíficas, por volta de 1900.

A ilusão de que esse processo era inexorável se desfez da forma mais horrenda possível quando as disputas pela supremacia colonial mundo afora, bem como as alianças entre potências dentro da Europa, foram chacoalhadas até suas fundações com o início da Primeira Guerra Mundial, em 1914. Nas trincheiras espalhadas pelo território francês ou nas praias dos Bálcãs, os Leviatãs mais poderosos até então sacrificaram 15 milhões de pessoas no altar da supremacia nacional. A morte se transformara em indústria de massa, e quase todos, tanto entre os vencedores quanto entre os vencidos, emergiram do atoleiro mais fracos e mais confusos do que quando tinham entrado nele. Alguns impérios, como o da Alemanha, deram lugar a democracias após o trauma, mas muita gente achava que a troca não tinha valido a pena.

É possível pensar na Segunda Guerra Mundial como um tremendo acerto de contas, a pior forma possível de resolver os negócios pendentes da Primeira Guerra, em especial o revanchismo da Alemanha derrotada, certamente a causa imediata do conflito. Também faz sentido classificar esse revanchismo como a tentativa de vingança das ideologias fundamentalmente irracionais e contrárias ao Iluminismo. De novo, o misticismo assassino do Partido Nazista está no topo da lista, mas ideias de jerico igualmente sanguinolentas também andavam sendo gestadas no Japão imperial, que já cometia atos genocidas na China e na Coreia do Sul quando Hitler ainda estava só começando a colocar as asinhas de fora. A aliança entre as democracias ocidentais e o comunismo da União Soviética — ou, para usar uma fórmula um pouco simplista, mas interessante, o sangue derramado pelos soviéticos, o tempo ganho pelo Reino Unido e os recursos materiais americanos — impediram que o anti-Iluminismo triunfasse. Mais uma vez, a ideia de inevitável progresso contra a violência era devorada por uma montanha de corpos. Mais precisamente, 55 milhões deles. O consolo era que os vencedores, ao menos no papel, tinham se comprometido a reduzir o reinado da Força Bruta.

HERDEIROS DA LONGA PAZ?

Ao menos no que diz respeito à frequência e à intensidade das guerras entre Estados, muita gente argumenta que existe algo de qualitativamente diferente no mundo pós-1945, no qual ainda vivemos. A situação que prevalece desde então no planeta tem sido apelidada de Longa Paz. Por mais perversa que a designação pareça para quem se recorda da Guerra do Vietnã (1955-1975; entre 1 milhão e 3 milhões de mortos) ou de conflitos mais recentes, como a invasão americana do Iraque (2003-2011; entre 150 mil e 1 milhão de vítimas),[63] o fim da Segunda Guerra Mundial de fato mudou significativamente a maneira como a violência entre nações vinha acontecendo.

---

[63] Os dados são imprecisos porque dependem do que é considerado na contagem. Algumas pesquisas computam somente as mortes diretas, provocadas em combate, por exemplo. Outras incluem as mortes indiretas, como fome e doenças, que são consequências da guerra.

Para começo de conversa, as guerras entre grandes potências, em especial as europeias, mas não apenas elas, praticamente desapareceram do mapa-múndi. Ninguém mais consegue imaginar tropas alemãs ocupando o território da França, tomando Paris ou transformando o país vizinho num regime-fantoche, embora cenas desse tipo tenham acontecido mais de uma vez nos séculos xix e xx. Aliás, foi a vitória de uma coalização germânica contra a França que culminou na criação de uma Alemanha imperial unificada em 1871 — no Palácio de Versalhes, *em solo francês*. Essas mesmas potências desmontaram seus impérios coloniais — em vários casos, de muita má vontade, é verdade — e praticamente renunciaram à ideia da conquista de territórios e ao domínio de povos que ficariam sem direitos de cidadão. Se alguém ressuscitasse a rainha Elizabeth i da Inglaterra ou o imperador Carlos v da Espanha, ambos soberanos do século xvi, e contasse essa novidade a eles, ambos iam querer estapear seus sucessores modernos e mandá-los para o hospício (ou a fogueira). Na escala dos últimos milênios, renunciar a essa possibilidade sempre tinha sido politicamente impensável. Nisso, o mundo mudou para melhor, e muito.

Em mais um dos muitos paradoxos da história da Força Bruta, podemos creditar boa parte dessa transformação positiva à ameaça nuclear. Quando os Estados Unidos e a União Soviética desenvolveram suas próprias bombas atômicas e perceberam que tinham adquirido a capacidade bélica conhecida como MAD (sigla inglesa para "destruição mútua assegurada", mas também uma das palavras para "louco" em inglês), a reação racional, no longo prazo, foi baixar a bola das tensões militares, mesmo que a retórica de confronto político por vezes continuasse a todo vapor.

Não que essa ficha tenha caído imediatamente, é bom ressaltar. Ao longo das décadas da Guerra Fria, como ficou conhecido o armistício tenso, e por vezes sanguinolento, entre comunistas e capitalistas de 1947 a 1991, os dois lados nunca pararam de tentar fazer contas que justificassem um ataque preventivo contra seus adversários existenciais. "Não faz sentido ficar estremecendo diante das capacidades do inimigo", declarou em 1953 Dwight Einsenhower, recém-eleito presidente dos Estados Unidos e general veterano da Segunda Guerra Mundial, em fala ao Conselho de Segurança Nacional americano. "No momento, realmente temos de encarar a questão de jogar ou não tudo o que temos de uma vez contra o inimigo" (aqui, "tudo" = todas as armas nucleares americanas).

Um dos estudos encomendados por ele dizia que "virtualmente toda a Rússia vai se transformar em escombros fumegantes e radioativos duas horas após o ataque inicial", mas outro dizia que um contra-ataque feito por bombardeiros suicidas soviéticos seria capaz de matar 11 milhões de americanos. Nos anos 1960, mais um estudo do Departamento de Defesa americano estimava que um ataque nuclear preventivo dos Estados Unidos mataria 100 milhões de pessoas, provavelmente acabando com a União Soviética, mas não sem antes provocar um contra-ataque que eliminaria 75 milhões de americanos e 115 milhões de europeus da face da Terra.

Do lado comunista da Cortina de Ferro, como era conhecida a fronteira entre os campos inimigos, os planos acerca de um possível confronto direto com as potências do Ocidente em território europeu envolviam o uso de 28 a 75 armas nucleares (!) contra alvos da Organização do Tratado do Atlântico Norte (Otan), formada por Estados Unidos, Canadá e países da Europa Ocidental. Depois que essa pancada inicial abrisse rombos nas defesas da Otan, permitindo a passagem de tanques soviéticos, mais uma saraivada de 34 a 100 artefatos nucleares (!!) seria disparada contra o inimigo. As tropas da URSS seriam, então, equipadas para lutar em ambientes banhados em radiação, usando armas convencionais quando as nucleares tivessem sido usadas até o fim. Só o território da então Alemanha Ocidental (o lado capitalista do país) receberia o equivalente a centenas de bombas de Hiroshima.

Fica difícil não duvidar da sanidade mental dos sujeitos que pediam esse tipo de conta a seus subordinados. E, contudo, décadas depois, nós ainda estamos por aqui, e as tentações que podiam ter levado sujeitos de carne e osso como eu e você a decretar o Armageddon foram vencidas repetidas vezes. Há alguns indícios, vindos de documentos históricos dos dois lados, de que isso não foi só pura sorte ou autocontrole racional. A enormidade do que poderia vir a ser um apocalipse nuclear, somada aos resultados profundamente palpáveis e aterradores do único uso dessas armas contra seres humanos nas cidades japonesas de Hiroshima e Nagasaki, teria criado uma mentalidade próxima do tabu religioso quanto ao uso de tais bombas. Em certo sentido, nossa humanidade passou a ser definida pela capacidade de *não* usar armas nucleares. Ainda bem que, ao contrário de Einsenhower, as pessoas aprenderam a estremecer.

Apesar de todos os tropeços e horrores, a Longa Paz também tem uma série de repercussões internas para diversos países. A ideia de glória pessoal obtida por meios militares foi se tornando cada vez menos comum, por exemplo. Apesar de refluxos culturais como os causados pela ascensão da extrema-direita em diversos países de 2010 para cá, preconceitos religiosos, raciais e sexuais nunca foram tão pouco aceitáveis quanto nas últimas décadas — não apenas em diferentes culturas, mas principalmente na trama que permeia as relações entre elas. A preocupação com o fundamentalismo, o extremismo político e o terrorismo é, claro, legítima, mas o dano que essas forças são capazes de causar hoje ainda depende muito mais das reações desproporcionais das forças humanistas e democráticas do que do poder intrínseco dos (relativamente pequenos e fracos) exércitos do terror. Durante a década de 2010, o terrorismo matou uma média de 21 mil pessoas por ano no mundo — ou menos de um décimo das mortes causadas pela pandemia de Covid-19 apenas nos Estados Unidos no ano de 2020.

É verdade que ainda é cedo para se regozijar com a suposta perpetuidade da Longa Paz. Alguns estudos estatísticos sobre a frequência de guerras ao longo dos últimos séculos indicam que as décadas de relativa paz, desde 1945, podem ser apenas um "soluço" aleatório nos dados. Segundo uma das análises, a tranquilidade entre grandes potências precisaria durar mais um século ou um século e meio para que a tendência se tornasse estatisticamente significativa. E, em outro movimento preocupante, enquanto as guerras entre Estados mantêm sua trajetória de queda, os conflitos *civis* estão em relativa ascensão, saltando de menos de cinco por ano na década de 1940 para cerca de vinte guerras anuais nesta década. Diante dessa incerteza, nunca é demais pensar no mundo aparentemente pacífico (ao menos para os ocidentais) antes de 1914 e fazer todo o possível — que o leitor perdoe o clichê — para que a história não se repita como tragédia.

GUERRAS EM DECLÍNIO? SIM, MAS...

Conflitos entre exércitos nacionais estão em trajetória de queda, mas guerras civis aumentaram do fim do século XX para cá

- Mortes em batalha estão no nível mais baixo desde pelo menos o começo do século XIX

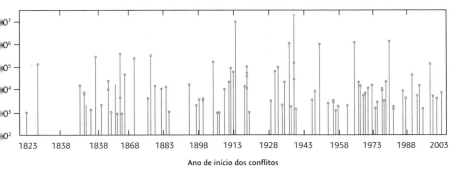

- Por outro lado, as guerras civis estão em trajetória de crescimento, embora muitas vezes elas sejam menos destrutivas, no curto prazo, do que conflitos de larga escala entre países diferentes

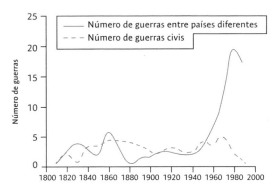

DEZ CAMINHOS PARA ENFRENTAR A FORÇA BRUTA

Conforme seguimos rumo às páginas finais do livro, é hora de olhar para o futuro. Com base nas melhores evidências científicas e históricas disponíveis hoje, e diante dos desafios mais importantes que a humanidade ainda enfrenta como espécie neste ano de 2020 em que escrevo, apresento a seguir uma lista de dez abordagens que podem fazer a diferença no nosso perene combate contra a Força Bruta.

É claro que se trata de uma lista não exaustiva, como o número indica. Ainda assim, ouso apostar que ela captura ao menos alguns aspectos essenciais do (ainda difícil) cenário em que estamos imersos. Os itens vão, grosso modo, de ideias mais concretas a princípios mais gerais.

1) Redução da pobreza e da desigualdade

Sinceramente, não consigo ver o lado ruim desse objetivo, embora já possa imaginar um ou outro resmungo por tê-lo colocado como o item 1 da lista. "Você está querendo dizer que bandido é vítima da sociedade? Pobre naturalmente vira assaltante, é isso?", gritarão algumas dessas vozes rabugentas.

Não, não é o que quero dizer, mas está claramente estabelecido que o autocontrole (ou o livre-arbítrio, se você preferir um termo com bagagem teológica) é uma capacidade sensível aos contextos ambientais. Ou seja, seu funcionamento depende, em larga medida, dos estímulos recebidos por um cérebro e uma biologia que são humanos (portanto, pertencentes a um primata/mamífero), e não divinos, como tivemos ocasião de investigar no capítulo 3. Ocorre que as variáveis ambientais associadas à pobreza e à desigualdade — nutrição de má qualidade, maior risco de sofrer violência e descaso familiar na primeira infância, falta de oportunidades educacionais e outros fatores associados à relativa ausência do Estado — tendem a afetar cérebros em desenvolvimento de maneira a diminuir sua capacidade de autocontrole/livre-arbítrio. Portanto, a presença de tais variáveis ambientais desfavoráveis aumenta a probabilidade de que essas pessoas recorram a estratégias violentas em diferentes aspectos de sua vida adulta. "Ah, mas e quanto a Fulano de Tal, nascido na periferia, que passou fome e foi engraxate dos 5 aos 12 anos de idade e hoje é CEO de multinacional?", perguntarão alguns. Bom, parabéns pra ele, mas claramente se trata de um ponto fora da curva, de alguém dotado de capacidades excepcionais e de um tanto de sorte (fator que nunca pode ser desconsiderado, sem querer tirar o mérito de ninguém) que serviram de contrapeso para os elementos desfavoráveis de sua biografia. Estamos falando da *média* ou da maioria das pessoas submetidas a condições de pobreza e desigualdade. Nosso CEO engraxate é famoso *justamente* por ser a exceção.

Acabei de mencionar a ausência da atuação estatal, e esse é um fator que "aduba" a violência em sentido inverso ao movimento que analisamos desde o começo deste capítulo. Sem um árbitro relativamente imparcial das disputas entre os membros de uma sociedade, cria-se espaço para que as pessoas voltem a se comportar como os membros de grupos tribais do passado: cada um por si e Deus contra todos. Como vimos no capítulo anterior, essa é uma das raízes da violência endêmica em vastas regiões do Brasil — o fato de termos um Estado que é um Leviatã preguiçoso, picareta e ausente para quem vive nas favelas do Rio ou na zona rural da Amazônia, entre outros lugares. Dizem por aí que a natureza abomina o vácuo. Bem, no vácuo deixado pelo nosso Leviatã de mentirinha entram todos os tipos possíveis e imagináveis de organizações criminosas, do tráfico às milícias, atraindo para si jovens ambiciosos e com poucas perspectivas de ascensão social. O mesmo acontece em outras nações pobres e desiguais mundo afora.

Além disso, há bons indícios de que a desigualdade brutal em si, além da pobreza propriamente dita, também é problemática. Em sociedades *menos* desiguais, a confiança que se tem no próprio *ingroup*, a ideia de que você tem oportunidades similares às da maioria das pessoas e será tratado de forma relativamente justa e imparcial, independentemente de sua origem ou riqueza, tende a ser elevada. E isso se reflete numa capacidade maior de atuar coletivamente, em maior respeito às leis e aos direitos dos demais — resumindo, num modelo de cidadania que funciona sem pancadaria de parte a parte. E o inverso tende a ser verdade em sociedades *mais* desiguais.

2) Promoção da democracia

Outro quesito aparentemente óbvio, embora a década de 2010 tenha sido palco de uma espécie de ressaca democrática mundo afora e, claro, dentro do Brasil também. Viúvas de ditadores, quem tem saudade de "ordem e progresso" impostos na base do cassetete, andam bem menos tímidos do que já foram.

Trata-se, é claro, de um despropósito sem tamanho. Regimes democráticos se caracterizam pela primazia da persuasão e do diálogo para resolver disputas políticas. Também têm como princípio aplicar o mínimo possível de coerção sobre seus cidadãos, seja no plano físico, seja no simbólico. Poucas coisas superam a ironia de ver habitantes de países democráticos protestando em favor da instalação de uma ditadura... que jamais deixaria que eles protestassem contra o governo na rua, para começo de conversa.

Mais importante ainda, Estados democráticos têm probabilidade muito menor de iniciar conflitos com outros Estados, em especial se eles também forem democráticos. O princípio da resolução não violenta e negociada de conflitos é transposto para a arena internacional, e, desse modo, as coisas tendem a ser resolvidas — ou, vá lá, ficam se arrastando, na pior das hipóteses — sem derramamento de sangue.

3) Minimização da polarização política

Democracia, no entanto, é um negócio que só funciona se você *não* deseja ver seus oponentes políticos no gulag, no paredão ou debaixo das rodas do primeiro caminhão que dobrar a esquina. Caso o leitor não tenha reparado, esse tipo de desejo, digamos, primevo tem aflorado com frequência cada vez maior em países supostamente democráticos, entre eles dois gigantes das Américas, os Estados Unidos e o Brasil. A ordem é essa mesmo: dá para ver com clareza como o processo, no caso brasileiro, tem sido montado com a lógica, as ferramentas e até os mesmos slogans americanos.

Como este livro deve ter deixado abundantemente claro, *todos nós amamos odiar nossos adversários políticos/religiosos/ideológicos/ esportivos*. Não existe nada mais humano que retratar um oponente como algo *menos que humano*. Justamente por isso, é de uma irresponsabilidade insana permitir que o mecanismo quase automático da desumanização simbólica seja insuflado de propósito porque a estratégia é politicamente útil, porque mobiliza torcidas ao longo do espectro ideológico e ajuda a ganhar eleição.

"Ah, quer dizer então que nazista deve ser tratado com florzinha e convite pra café, é isso?" Não, não é isso, até porque nazistas são uma minoria insignificante em qualquer lugar do mundo. Aliás, nazistas de carteirinha, os malucos que compravam o pacote completo de antissemitismo genocida, pureza racial e eliminação dos mais fracos, eram uma minoria relativamente pequena[64] *na própria Alemanha* quando Hitler assumiu o poder, em 1933. Graças a Deus e a Darwin, as pessoas ao nosso redor raramente são monstros, embora possam *se comportar feito monstros* se os estímulos ambientais forem suficientemente "monstrificadores". E a polarização política extrema está entre esses estímulos.

Um resumo arguto de como isso tem acontecido na política americana foi publicado em novembro de 2020 na revista especializada *Science*. Os autores do texto, liderados por Eli Finkel, da Universidade Northwestern (EUA), afirmam que a polarização no país já assumiu o caráter de sectarismo político, por analogia com os grupos religiosos sectários, ou seitas. A situação, segundo Finkel e seus colegas, tem três grandes ingredientes: 1) o chamado *othering*, ou seja, a tendência a enxergar opositores políticos como "o Outro", essencialmente diferente e alienígena; 2) a aversão e a desconfiança em relação aos adversários; e 3) a moralização, ou seja, a tendência de enxergar o outro lado como iníquo, ímpio ou, para usar um adjetivo menos bíblico, simplesmente malvado.

Isso não é só culpa do bipartidarismo americano, ou seja, a divisão de 85% do eleitorado entre apenas duas agremiações políticas, o Partido Republicano e o Partido Democrata. Embora os dois dominem a vida pública americana desde a segunda metade do século XIX, períodos de relativa convergência entre os grupos políticos e seus eleitores eram comuns até poucas décadas atrás. Também é preciso lembrar, claro, que as posições dos partidos foram mudando bastante em 150 anos; em 1860, o Partido Democrata, hoje ligado às minorias raciais, defendia a supremacia branca, enquanto os republicanos queriam o fim da escravidão.

No entanto, dos anos 1980 para cá, diversos estudos mostraram que os sentimentos dos que votam num partido em relação aos que

---

[64] Dois milhões de membros do Partido Nazista numa população total de 66 milhões.

votam no outro deixaram de ser relativamente neutros para se tornarem agressivamente negativos. Hoje, a raiva contra o partido adversário *supera* a paixão pelo próprio partido e, em alguns casos, pode ser maior que preconceitos raciais e religiosos bem mais antigos. De quebra, os eleitores de cada lado têm uma noção cada vez mais distorcida das características dos adversários. Republicanos, por exemplo, acham que mais de 30% dos democratas pertencem à comunidade LGBTQIA+ (o número real é 6%), enquanto os democratas estimam que uns 40% dos republicanos ganhem mais de 250 mil dólares por ano (número verdadeiro: 2%). Não é de surpreender que os americanos de hoje tenham muito mais receio de se casar com um eleitor do partido oposto — ou mesmo de ser vizinho de um opositor político — do que os de trinta anos ou quarenta anos atrás. Qualquer semelhança entre brasileiros de direita chamando qualquer pessoa ligeiramente à esquerda deles de comunista!, ou de brasileiros de esquerda berrando fascista! para políticos relativamente moderados de direita, não é mera coincidência. Andamos copiando esse modelito desastroso.

Repare, aliás, que muitas vezes a desavença e o ódio mútuos são *sobre coisa nenhuma*. Sim, é isso mesmo que você acabou de ler. É claro que existem discordâncias políticas muito reais entre republicanos e democratas nos Estados Unidos, como ser contra ou a favor do direito ao aborto, mais ou menos impostos para os ricos etc. No entanto, a transformação dessas diferenças de opinião num conjunto inter-relacionado de visões sobre os mais diferentes temas, mesmo que eles não tenham nenhuma conexão verdadeira entre si, é fruto, em larga medida, de uma mentalidade de *ingroup* sob cerco, que se autoalimenta e é alimentada por líderes políticos capazes de manipulá-la. Um experimento recente, citado por Finkel no artigo da *Science* do qual falei algumas linhas atrás, mostrou, por exemplo, que os republicanos tendem a mudar de opinião sobre determinados temas, aproximando sua visão da dos democratas, quando assistem a um vídeo do presidente Donald Trump endossando essa opinião "liberal" (no sentido americano, ou seja, mais para a esquerda). Trata-se de um indicativo muito forte de que o *conteúdo* da opinião importa menos do que a sinalização de *pertencimento* ao grupo representado por Trump. Como o que importa é o sinal transmitido, e não o conteúdo, as coisas mais imbecis e contraproducentes acabam sendo politizadas, com resultados catastróficos. Foi o que vimos durante a pandemia de Covid-19, com a transformação do uso de máscaras, uma das poucas medidas eficazes e baratas contra o vírus Sars-CoV-2, em suposta marca de capitulação à esquerda e perda das liberdades individuais.

Existem maneiras de enfrentar essa tendência, embora nenhuma delas seja muito fácil de implementar. A primeira é, ao mesmo tempo, simples e tremendamente difícil: recordar o tempo todo que pessoas continuam sendo primariamente *pessoas* como eu e você, apesar de suas ideias de jerico sobre política, muitas vezes provocadas mais por ignorância ou comportamento de manada que por falha de caráter. Outro método interessante e aplicável no contato cara a cara — que, no fim, é o que realmente importa — é evitar que conversas sobre políticas públicas se transformem em simples troca de argumentos, na qual cada um "defende o seu lado". Imagine uma discussão em que um opositor político de alguém solte algo como "Bandido bom é bandido morto". Então o colega poderia respirar fundo, contar até dez e responder: "Interessante. E como funcionaria isso? É pra matar quem cometer qualquer crime? Não pagar multa de trânsito tá valendo?". "Não, só quem for assassino", talvez especifique o amigo, dando aquela recuadinha estratégica de quem falou sem pensar. Mas cabe a rebatida: "Legal. E se houver erro de processo, como fica?". A chave é fazer a pessoa entender que *todo mundo sabe muito pouco* sobre as implicações práticas de qualquer decisão política. Com sorte, isso pode recalibrar a conversa e transformar potenciais inimigos em pessoas que estão buscando o bem comum de seu *ingroup* juntas, apesar dos abismos entre elas.

Dica final: não adianta tentar fazer isso batendo boca na internet. O que nos leva ao próximo item.

4) Moderação nos abusos da vida online

Um dos meus sonhos secretos é cunhar uma frase que acabe virando ditado popular ou, no mínimo, adorno de caminhão. Que tal esta, por exemplo? "Atrás de um teclado todo mundo é valente" — eis o que costumo dizer toda vez que um exemplo particularmente egrégio de falta de educação ou canalhice pura aparece diante dos meus olhos nas redes sociais (ou "redes insociáveis", como costuma brincar um colega). Como sou jornalista e escrevo sobre ciência — duas coisas que andaram perdendo popularidade entre certas parcelas da população nos últimos tempos, para dizer o mínimo —, o leitor pode calcular a quantidade diária de chorume online com a qual costumo ser ungido. Mas o chorume é tanto que anda respingando em praticamente todos que tenham a desventura de acessar a gloriosa "rede mundial de computadores" (para usar uma expressão jornalística anacrônica). Precisamos de barragens mais eficazes contra esse tsunami.

Com efeito, os meios virtuais são a fronteira final da violência humana neste momento. Em primeiro lugar, são um espaço péssimo para o debate público, ao contrário do que os sonhos tecnoutópicos da década de 1990 davam a entender. Por sua própria natureza — todo mundo sozinho do seu lado do teclado e da tela, sem acesso ao rosto, ao tom de voz, à linguagem corporal e à presença física de outros seres humanos —, a interação online *remove* as inibições naturais que temos ao lidar com as demais pessoas. É por isso que fica muito mais fácil bancar o valentão e despejar sobre um completo desconhecido uma torrente de xingamentos que o sujeito jamais, em tempo algum, teria coragem de emitir na vida real.

Tais meios de comunicação têm ainda a desvantagem de estar sob o controle de um punhado de empresas ubernacionais (criei o neologismo, acho) cujo modelo de negócios é a chamada economia da atenção. Em outras palavras, quanto mais gente clicando, curtindo, comentando e compartilhando algo, presa ao brinquedinho de Sísifo que é a linha do tempo de plataformas como o Facebook e o Twitter, rolando perpetuamente a barra lateral, mais elas conseguem coletar informações sobre *você*, querido usuário. Se você não paga nada por esses incríveis produtos, é porque *o produto é você*. E qual é o melhor jeito de faturar em cima da economia da atenção? Explorar emoções maravilhosas como raiva, medo, nojo e vergonha. Essas coisas "dão engajamento", como dizem nossos novos gurus do mundo virtual. Trazem mais cliques, mais comentários, mais gente compartilhando, furibunda, o último absurdo que alguém querendo quinze segundos de fama inventou de publicar. Não tem como isso gerar repercussões positivas para a saúde mental e o comportamento da maioria das pessoas.

As redes sociais/antissociais também já se mostraram um terreno fertilíssimo para a formação e a potencialização das famigeradas "bolhas", ou câmaras de ressonância, nas quais as pessoas tendem a se fechar em círculos autorreforçadores e relativamente estanques de gente que pensa como elas. O cenário é fortalecido pelos algoritmos das diferentes redes sociais, sistemas que medem as ações dos usuários para entregar a eles o que, probabilisticamente falando, vai gerar mais engajamento. Pior ainda, em locais como o YouTube, que oferece coisas como "vídeos sugeridos" e pode reproduzi-los automaticamente dependendo da configuração escolhida, a tendência é que a dinâmica de engajamento leve à ascensão de conteúdos cada vez mais extremos, malucos e, no limite, perigosos. O que acontece é que tais conteúdos, pela tendência a gerar mais engajamento — tanto *likes* quanto *dislikes*, comentários, compartilhamentos etc. —, podem ser favorecidos pela plataforma, que, em termos estatísticos, tenderá a exibir o vídeo muito "engajador" a um número maior de pessoas. E o contrário tende a acontecer com vídeos que provocam reações mais brandas no público. Os espectadores talvez comecem clicando naquele vídeo bizarro sobre práticas de zoofilia e satanismo na prefeitura de Pacuera do Norte num impulso do tipo "Não é possível que seja verdade, deixa eu ver esse absurdo" e, após dez vídeos sobre políticos zoófilos e satanistas dominando a mídia mundial, começam a pensar "Taí, não é que esse negócio faz sentido?".

Todos esses mecanismos minam o consenso acerca de fatos básicos, que é uma das chaves do processo democrático. Falo aqui tanto da concordância sobre como o mundo realmente funciona — do tipo "a Terra é redonda", "vacinas salvam vidas" — quanto dos objetivos mínimos de um governo democrático, como liberdade de pensamento, rede de proteção social, ausência de discriminação racial e religiosa (um consenso que, vale ressaltar, já não era uma coisa mais sólida do mundo em países tão desiguais quanto o nosso). Assim, esses mecanismos criam ainda mais barreiras culturais e sociais entre as pessoas. Não vejo muitos caminhos para drenar esse pântano a não ser por meio da regulação pesada, em nível global, do funcionamento das redes sociais, forçando-as a modificar seus algoritmos para reduzir ao máximo a potencialização de conteúdos falsos e extremistas. Falar é muito, muito mais fácil do que fazer, claro. Plataformas supostamente "alternativas", que volta e meia emergem por aí frequentemente, têm como bandeira uma suposta liberdade absoluta de expressão. Balela: na prática, o que elas querem é a liberdade de poder gritar "fogo!" num estádio lotado. Passou da hora de os governos do mundo todo botarem limites nessa turma. Enquanto o sistema não muda, sugiro que você evite bater boca na internet e, principalmente, amarre sua mão toda vez que ela ficar coçando de vontade de compartilhar ou comentar conteúdo enfurecedor, odioso, humilhante etc., mesmo se for para criticá-lo. Não bata palma pra maluco dançar. E, se houver um botão denunciar (por motivos como discurso de ódio, incentivo à violência e outras opções disponíveis nas redes sociais hoje em dia), ele é o único no qual você deve clicar. Quando adotamos essa prática, estamos efetivamente reduzindo o alcance online de tapados, malucos e canalhas, porque os algoritmos vão "entender" que esse tipo de conteúdo não é interessante o suficiente para ser exibido a um número maior de usuários. Lembre-se: na internet, não existe "propaganda ruim" (a velha máxima do "falem mal, mas falem de mim"). A falação acerca das porcarias ou dos absurdos, mesmo que for para xingá-los, acaba fazendo com que eles cheguem a um público maior. Não caia nessa.

5) *Favorecimento do comércio e das interações globais (baixando a bola do nacionalismo)*
"Ganhe dinheiro e ajude a paz mundial": o slogan pode parecer despropositado, mas é a pura verdade. Uma das razões pelas quais as guerras de conquista minguaram mundo afora é que não faz mais tanto sentido obter pelas armas o que se pode obter pelo comércio. As interações comerciais globais estão repletas de problemas, não há dúvida, mas ainda assim as distorções que elas causam são nanicas diante da possibilidade de economizar bilhões de dólares e, principalmente, sangue humano trazida pela capacidade de trocar bens com relativa liberdade em todo o planeta.

Um mundo mais conectado comercialmente não apenas gera mais riqueza para todos como também aumenta a interdependência entre países e regiões — fazendo com que não valha a pena bombardear os sujeitos sem os quais você não conseguiria ter carros/celulares/camisinhas a bom preço. E aumentar as relações comerciais normalmente exige que você tenha uma compreensão no mínimo passável sobre as necessidades e a cultura do pessoal de fora. Começa a valer a pena o estudo da língua, da cultura e até da música pop desse povo esquisito. Portanto, pode ser um passo importante para reconhecer a *humanidade* essencial dos seus parceiros comerciais, e os frutos disso invariavelmente são positivos. O mecanismo ganhou até um apelido de fácil memorização — algo como "teoria McDonald's das relações internacionais": quando dois países têm franquias do McDonald's, eles não vão guerrear entre si. Existem algumas exceções — o bombardeio da antiga Iugoslávia pelos americanos nos anos 1990, o conflito, em 2006, entre Israel e Líbano, mas sem a participação das Forças Armadas libanesas etc. —, porém a lógica geral faz sentido.

Depois de tudo o que vimos ao longo do livro, imagino que explicar — de novo — por que o apego excessivo a identidades nacionais tende a ter o efeito contrário seria até redundante. Num mundo que está organizado em Estados-nações, é natural que as políticas públicas sejam organizadas com base nessas fronteiras. Em alguns casos, identidades culturais e históricas são muito profundas — nenhum ser humano ou comunidade se desenvolve num vácuo de história. Mas não faz o menor sentido impulsionar ainda mais esse tipo de divisão simbólica que vai surgir de qualquer jeito, em especial quando há o risco de ela se fortalecer baseada na agressividade *contra* outras nações. Deixemos esse tipo de coisa para a Copa do Mundo — e olhe lá.

6) *Proteção da laicidade do Estado*
Como vimos no capítulo 6, a existência de religiões oficiais, ou de crenças favorecidas pelo Estado em detrimento de outras, cria algo que fico inclinado a apelidar de "tentação de Constantino", em referência ao primeiro imperador romano a se tornar cristão, conforme o leitor certamente recorda. A "tentação de Constantino" consiste na possibili-

dade de usar o peso da mão estatal para esmagar, lentamente ou de supetão, os direitos e as liberdades dos que aderem a crenças religiosas distintas da privilegiada pelo Estado naquele momento.

Trata-se de uma abordagem que, além do potencial intrínseco para a sanguinolência, ainda por cima é míope. Afinal de contas, regimes políticos não são eternos. Se determinada fé atrela seu destino e sua proeminência a um regime político específico, o que acontece quando tal regime é derrubado ou sofre uma mudança considerável de rumo? Pergunte a Sir Thomas More, intelectual, escritor e conselheiro do rei inglês Henrique VIII de 1529 a 1532, que, antes de cair em desgraça diante do monarca, participou das perseguições contra protestantes, considerados heréticos, e chegou a conduzir pessoalmente surras e açoites em dois desses casos. More acabou sendo executado porque se recusou a reconhecer a supremacia de Henrique VIII sobre a Igreja inglesa (o intelectual manteve sua fidelidade ao papa, com quem o rei tinha rompido).

Estados laicos, convém lembrar, não são hostis à fé, mas sim espaços que dão liberdade à crença e à prática de *todas* as fés — ou nenhuma. Curiosamente, os Estados europeus que tiveram igrejas oficiais por séculos, como o Reino Unido e a Escandinávia, hoje vivem um declínio acentuado da crença religiosa, enquanto os Estados Unidos, que têm a liberdade de fé como um de seus princípios constitucionais mais importantes, ainda são o país desenvolvido com maior proporção de cidadãos religiosos. Não me parece um mau modelo, no fim das contas. E o custo de deixá-lo é tremendamente mais alto que o de conviver com outras crenças e descrenças e saber que aquilo que sua fé dita não pode se sobrepor à lei que vale para todos.

7) Mais debate racional, baseado em evidências

Imagino que este item complemente o anterior. As crenças religiosas são parte importante dos sistemas de valores sagrados que carregamos. Não é possível — e, a rigor, nem é desejável — que tais valores sejam colocados completamente de lado quando uma sociedade ou a comunidade global tenta enfrentar problemas como o da violência. Em muitos casos, eles nos oferecem um "norte" importante para colocar as coisas na balança e indicar em que tipo de sociedade queremos viver.

No entanto, o que não se deve esperar é que esses valores sejam o único ou o principal guia para a ação numa sociedade plural. E não apenas porque não se pode impô-los à população como um todo, mas também porque eles simplesmente não são ferramentas adequadas para investigar *como* o mundo ao nosso redor funciona e *como*, se for o caso, devemos atuar para modificá-lo. "A Bíblia ensina como *se vai* para o Céu, mas não como *vai* o céu", já dizia o velho e sábio Galileu Galilei, num trocadilho que funciona melhor em italiano,[65] mas ainda assim quebra o galho em português.

E não há muita discussão aqui: a única ferramenta que ensina "como vai o céu", como o Universo funciona, chama-se ciência e deriva do debate racional sobre evidências empíricas. Sim, as descobertas feitas com ela são inerentemente mutáveis, ao menos nos detalhes: novas observações, novos arcabouços teóricos podem modificar o que achávamos que sabíamos sobre a realidade. Mas essa não é uma fraqueza, ao contrário do que às vezes dão a entender os ignorantes ou mal-intencionados, e sim uma das grandes forças da ferramenta.

Para nossos propósitos, portanto, é fundamental traçar essa linha acerca do que é aceitável numa discussão pública. Isso vale não apenas para o que fazer para combater a violência — qualquer pessoa com a cara de pau de afirmar que "mais armas = menos crimes", por exemplo, não deveria ser levada a sério —, mas também para outros temas da vida em sociedade que potencializam os diferentes aspectos da Força Bruta, como os preconceitos étnicos, raciais, religiosos e sexuais. É preciso deixar claro, sempre e em todo lugar, que eles brotam da irracionalidade, e que esse tipo de reação não pode ter espaço numa sociedade democrática.

Por fim, nunca se pode menosprezar o seguinte: quanto mais tempo gastamos tentando argumentar racionalmente e com base em fatos verificáveis, menos tempo passamos nos estapeando. Já é alguma coisa.

8) Abertura de espaço para a imaginação

Em *Os anjos bons da nossa natureza*, monumental livro sobre a redução da violência ao longo da história, o psicólogo canadense Steven Pinker

---

[65] *"Come si vadia al cielo, e non come vadia il cielo".*

aponta, entre as forças benfazejas que impulsionaram esse processo, um elemento surpreendente: a ascensão do *romance*: as narrativas de ficção em prosa, que se transformaram em fenômeno de massa no Ocidente a partir do século xviii. Parece um chute gigantesco, certo? Pode ser. De fato, a revolução moral que transformaria o Ocidente, acabando com a escravidão, a perseguição religiosa e uma série de outras iniquidades históricas, coincide, em seus inícios, com a pequena revolução literária do romance. Ok, correlação não é causa — ou seja, não é porque tais eventos mais ou menos coincidem no tempo que podemos afirmar que um influenciou diretamente o outro em determinada direção.

Mas o fato é que o mecanismo do romance e de outras formas de ficção que se tornaram veículos de massa nos últimos séculos se adapta de modo quase perfeito à tarefa de *entrar na vida e na mente de outras pessoas*. Como seria conversar com Alexandre, o Grande, viajar num navio pirata, tentar escapar de uma fazenda de escravizados no sul dos Estados Unidos antes da Guerra Civil Americana? O que aconteceria se dividíssemos o planeta com outras espécies tão inteligentes quanto nós, se aprendêssemos a viajar mais rápido que a luz, se pudéssemos mexer objetos com a força do pensamento?

Essas e outras possibilidades da ficção narrativa escancaram dois grandes portões mentais: a percepção de que outras pessoas possuem mentes, emoções e desejos semelhantes aos nossos, por mais distantes que estejam; e a de que nem tudo é inevitável ao nosso redor. *As coisas podem mudar*, e isso começa com a imaginação da mudança. Provavelmente, não é por acaso que uma das anedotas mais repetidas em livros sobre a história norte-americana é a do encontro entre o presidente Abraham Lincoln e a escritora Harriet Beecher Stowe. Stowe escreveu *A cabana do Pai Tomás*, romance que dramatiza as duras condições de vida dos negros escravizados nos Estados Unidos e se tornou tanto um fenômeno de vendas, com 1,3 milhão de exemplares no ano de seu lançamento, quanto uma poderosa arma de propaganda abolicionista. Quando os Estados do sul e do norte do país entraram em conflito por causa do destino da escravidão nos Estados Unidos, conta-se que Lincoln teria dito a Stowe: "Então esta é a senhorinha que começou essa guerra enorme." Depois que *A cabana do Pai Tomás* e alguns relatos escritos por ex-escravizados tornaram-se fenômenos de massa, ficou cada vez mais insustentável exigir que os escravizados continuassem a ser tratados como menos que humanos. De repente, brancos livres conseguiam ao menos vislumbrar como era ser um deles. Aliás, há evidências experimentais de que isso acontece na vida real: pessoas que leem ficção rotineiramente têm capacidades mais refinadas de empatia, conseguindo inferir melhor os estados mentais de outras pessoas com base em poucos indícios, como a expressão facial em torno dos olhos.

Por essas e outras razões, não existe miopia maior que a dos que condenam a ficção e a imaginação como "mero escapismo". Outra escritora, Ursula K. Le Guin, em seu livro *No time to spare*, colocou os pingos devidamente nos is ao rebater a ideia da seguinte maneira: "Quanto à acusação de escapismo, o que o escape significa? O escape da vida real, da responsabilidade, da ordem, do dever, da reverência — é isso que a acusação implica. Mas ninguém, exceto os mais criminalmente irresponsáveis ou pateticamente incompetentes, escapa para a prisão. A direção do escape é rumo à liberdade".

9) Valorização dos dissidentes e dos rebeldes

Somos a espécie que inventou o sequenciamento de DNA, a viagem espacial e a internet, mas também somos, e com muito mais frequência no espaço e no tempo, a espécie que transformou em lema a frase "As coisas são assim mesmo, fazer o quê?". Nisso, não somos muito diferentes de outros primatas ou mamíferos sociais. O conformismo diante do que parece ser o *business-as-usual*, o que "todo mundo sempre fez", é uma força poderosíssima, em especial quando a identidade do nosso próprio grupo parece ser desafiada de alguma forma. Tal e qual peixes mergulhados na água do nosso aquário social, não conseguimos perceber que existe ar rodeando esse aquário — e muito menos um rio passando, fresco e largo, do outro lado da janela onde o aquário foi ornamentalmente disposto. Além do mais, há o custo de desafiar essas regras totalizantes: preconceito, ostracismo e raiva vindos dos outros moradores do seu aquário simbólico.

Isso tem como resultado, entre outras coisas, a tremenda inércia por trás de diferentes aspectos da Força Bruta, a incapacidade de enxergar maneiras alternativas de viver e deixar viver, que explica ao menos parte da durabilidade de instituições como a escravidão e o colonialismo. E é diante dessa aparente invulnerabilidade histórica da violência que vislumbramos a importância dos dissidentes, dos rebeldes, dos que parecem tomados por alguma forma de maluquice sagrada aos olhos das pessoas equilibradas de seu tempo.

Essas pessoas nos assustam, e assustam ainda mais os poderosos, por sua disposição para romper com as lealdades "naturais" à família, à tribo, às autoridades e à nação e proclamar que tais formas de subserviência grupal podem se transformar facilmente num desprezo à própria consciência. Quer exemplos? Penso em Francisco de Assis, o pregador italiano do final do século XII que, em uma Cruzada, atravessou a terra de ninguém entre cristãos e muçulmanos para tentar converter Al-Kamil, o sultão do Egito, por meio da palavra, e não da espada. Penso em Nelson Mandela, o primeiro presidente negro da África do Sul, conquistando o respeito dos sul-africanos brancos de origem holandesa, antigos senhores do regime racista do apartheid, ao mostrar seu apoio ao time de rúgbi do país (história belamente retratada no filme *Invictus*).

Mas a história que me parece mais significativa vem do Vietnã e começa em 16 de março de 1968, quando soldados americanos deflagraram um massacre de civis desarmados no vilarejo de My Lai supostamente porque eles estariam abrigando guerrilheiros — não há evidências que apoiem essa justificativa, é bom destacar. O mais provável é que o grupo de atacantes, liderados pelo tenente William Calley Jr., simplesmente tenha descontado nos habitantes de My Lai a frustração de meses de marchas e baixas no interior vietnamita. Durante o ataque, até quinhentos civis, entre adultos, idosos e crianças, foram mortos, e mulheres foram estupradas múltiplas vezes.

No entanto, três tripulantes — Hugh Thompson Jr., Glenn Andreotta e Lawrence Colburn — de um helicóptero americano detiveram o massacre. Eles pousaram no vilarejo achando que ocorria um combate entre seus compatriotas e os guerrilheiros e querendo ajudar. Contudo, perceberam o que realmente estava acontecendo e, quando um grupo de soldados se preparava para atacar civis que tinham se refugiado perto de um bunker, Thompson colocou seu helicóptero entre os militares e os vietnamitas. Mandou Andreotta e Colburn mirarem as metralhadoras da aeronave no grupo de americanos e dispararem caso o ataque aos civis continuasse. Por fim, os três ajudaram a resgatar os sobreviventes e fizeram de tudo para que os responsáveis pelo massacre fossem punidos. Eis como Thompson, citado por Robert Sapolsky no livro *Comporte-se*, explicou o que sentiu em relação aos soldados americanos responsáveis pela chacina, décadas mais tarde: "É que... eles eram os inimigos naquela hora, eu acho. Com certeza eles eram o inimigo das pessoas que estavam ali."

"Lembre-se de quem é o verdadeiro inimigo", diz uma das epígrafes deste capítulo. Ou, se o leitor me permitir citar Tolkien novamente, dessa vez em *O Silmarillion*: "Pois há uma só lealdade da qual nenhum homem pode ser absolvido em seu coração por causa alguma." E não é a lealdade a um *ingroup*, qualquer que seja ele.

10) A busca pelo Tao

Como o leitor talvez saiba, Tao, ou Dao — "caminho", "senda", "estrada" —, é um termo que tem pelo menos 2.500 anos de idade e remonta à filosofia e à religião da China antiga. Mas tomo a liberdade de usá-lo aqui no sentido empregado pelo escritor C. S. Lewis — aquele de *As crônicas de Nárnia* — num livro curtinho e severo chamado *A abolição do homem*.

Lewis ainda é conhecido como um dos defensores mais ferrenhos da consistência filosófica da fé cristã, mas um dos elementos curiosos e cativantes de *A abolição do homem* é a natureza absolutamente inter-religiosa e pluralista dos argumentos do autor em relação à existência de inúmeros pontos em comum quanto às noções de certo e errado nas diferentes tradições culturais humanas. Foi por isso que Lewis escolheu de propósito um termo chinês, sem relação alguma com a teologia cristã, para defender sua ideia de que todas as civilizações criadas pela nossa espécie, no fundo, enxergam diversos aspectos básicos do que seria a conduta correta de maneiras muito parecidas. Escreve Lewis:

Alguns dos exemplos citados podem parecer, para muitos, meramente excêntricos ou mesmo mágicos, mas o que é comum a todos e algo que não podemos negligenciar é a doutrina do valor objetivo, a convicção de que certas atitudes são realmente verdadeiras, e outras realmente falsas, em relação ao que é o universo e o que somos.

No fim da obra, usando fontes que vão da Antiguidade greco-romana a relatos sobre aborígines australianos, passando pelos mitos escandinavos (dos quais Lewis era fã) e, claro, pela Bíblia, ele tenta traçar um retrato mínimo do que seria o *Tao*. Os exemplos vão da Lei da Benevolência Geral ("Aquele que maquina a opressão destrói seu lar", texto babilônico) à Lei da Boa-Fé e da Veracidade ("É tão odioso para mim quanto os portões do Hades o homem que diz uma coisa e esconde outra no seu coração", *Ilíada*).[66]

Conforme explica em outros de seus livros, como *Cristianismo puro e simples*, Lewis acreditava que essas similaridades profundas entre a ética das mais diferentes culturas eram uma espécie de marca registrada de Deus no coração humano, mesmo quando essa marca não estava ligada à "verdade religiosa" judaico-cristã. Mas também seriam, segundo ele, resultado de reflexão racional sobre o certo e o errado.

Ainda que mantenhamos nosso agnosticismo (metodológico ou real) em relação ao raciocínio de Lewis, o fato é que as últimas décadas de pesquisa sobre as intuições morais humanas indicam que, em larga medida, ele estava na trilha certa. Apesar da imensa diversidade de culturas espalhadas pela Terra no presente e no passado, os temas comuns frequentemente são mais importantes que as diferenças. Não existem culturas inteiras que achem que roubar é preferível a respeitar os bens dos outros, que considerem a covardia mais honrosa que a coragem ou transformem o assassinato de gente indefesa em esporte.

Boa parte dessas similaridades provavelmente resulta da nossa história evolutiva compartilhada, até porque vemos "sementes" de comportamento moral em outros grandes símios ou mesmo outras espécies sociais de cérebro grande e vida longa. São soluções que emergiram por

---

[66] Tradução de Gabriele Greggersen em *A abolição do homem*, de C.S. LEWIS.

tentativa e erro, conforme os desafios da vida social eram enfrentados por pequenos grupos de pessoas que dependiam profundamente umas das outras para sobreviver. Outras semelhanças, no entanto, são resultado de milênios de embates e reflexão racional, conforme os desafios de sempre se tornavam progressivamente mais complexos, durante a jornada que nos levou dos grupos de caçadores-coletores do Pleistoceno aos Estados, impérios e negociações internacionais multilaterais dos últimos milênios. Em lugares tão diferentes quanto a Galileia sob domínio de Roma e a China imperial, figuras como Jesus de Nazaré e Confúcio "descobriram" independentemente a chamada Regra de Ouro: "Não façais aos outros o que não quereis que vos façam" (Mt 7, 12).

É claro que ainda existe uma gigantesca pedra de tropeço no caminho do *Tao*. Com uma frequência desanimadora ao longo da história, as verdades supostamente eternas subjacentes a ele acabaram sendo subordinadas aos interesses tribais dos *ingroups*. As palavras de Jesus, de Confúcio, de Maomé e de tantos outros foram lidas e relidas, reinterpretadas, colocadas em camisas de força e em instrumentos de tortura, espancadas e esbofeteadas para justificar a superioridade de uma tribo, igreja ou nação sobre todas as outras.

Na prática, é impossível nos desfazermos completamente da força gravitacional dos nossos muitos *ingroups*. Talvez nem seja desejável alcançar esse tipo de nirvana: é muito difícil imaginar uma vida humana sadia sem o amor mais estreito que nos prende a pais, filhos, irmãos e amigos, à terra em que nascemos e à língua que falamos. Entretanto, isso não apaga o fato de que não compartilhamos apenas nosso DNA, mas também parcelas imensas do que *significa* ser humano, com bilhões de pessoas vivas hoje ou que viveram no passado. E isso pode abrir caminhos — e destrancar portas — de maneiras que não dependam da Força Bruta.

Gostaria de me despedir dos que me leem honrando a memória de um dos primeiros a tentar elucidar o(s) sentido(s) da história humana. Já o mencionei nestas páginas antes: trata-se de Heródoto de Halicarnasso. Esse grego da Ásia Menor foi o principal responsável por transformar o termo helênico *historía* (o significado é algo como "pesquisa, investigação de fatos"; o *h* é aspirado, como o do inglês, e a sílaba tônica é o segundo *i*) em sinônimo de estudo do passado. Chamam-no de "Pai da História" — e também de "Pai das Mentiras", por sua paixão às vezes desbragada por uma boa história (com *h* minúsculo), mesmo quando ela é boa demais para ser verdade. Calúnia pura, na maior parte do tempo. Embora fosse um grego escrevendo para gregos, numa época em que o poderio naval e as realizações artísticas de Atenas pareciam justificar a divisão absoluta do mundo entre "helenos" superiores e "bárbaros" inferiores, Heródoto não se deixou capturar pela armadilha do etnocentrismo e da xenofobia. Seu interesse e, com frequência, seu respeito pela cultura e pela integridade dos povos que não faziam parte das cidades-Estado gregas, inclusive os arqui-inimigos do Império Persa, fazem com que ele possa ser considerado também o Pai da Etnologia.

Acima de tudo, porém, o velho Heródoto é um mestre em tratar seus personagens (reais ou, de vez em quando, um tanto exagerados) como *seres humanos* — nem mais nem menos que isso. Uma das primeiras figuras marcantes de sua *História* é Creso, o ambicioso rei da Lídia que levou a pior ao confrontar os persas depois de interpretar de maneira desastrada um conselho dado pelo oráculo do deus Apolo em Delfos. Creso, ao perguntar ao oráculo o que aconteceria se ele atacasse os persas, recebeu como resposta que "destruiria um grande império" — mas se esqueceu de perguntar *qual* império. No caso, o reino destruído foi o dele. Vencido por Ciro, o Grande, fundador do Império Persa, em 546 a.C., o rei da Lídia ficou à mercê do conquistador iraniano. Segundo Heródoto, Ciro, "por ter ouvido dizer que Creso cultuava os deuses, mandou pô-lo numa pira, querendo ver se alguma divindade o salvaria de ser queimado vivo."

Conta o Pai da História que Creso, colocado sobre a pira, suspirou, soluçou e gritou três vezes o nome de Sólon, um sábio ateniense que, muito antes, quando Creso ainda era um monarca poderoso, havia advertido o rei da Lídia sobre a inconstância e a imprevisibilidade da vida humana e sobre os perigos da arrogância. Não se deve chamar homem algum de bem-aventurado, dizia Sólon, antes que chegue ao fim de sua vida. Curioso a respeito dos gritos de seu inimigo derrotado, o rei persa quis saber o que significavam. Por fim, reagiu do seguinte modo (o grifo é meu):

Ciro, após ouvir dos intérpretes as palavras de Creso, mudou bruscamente de ideia: pensou que, sendo também um homem, estava mandando queimar vivo outro homem, cuja felicidade passada não havia sido menor que a sua; ele teve medo de pagar por isso um dia, e lhe veio à mente que nenhuma das coisas humanas é estável; diante disso, ele mandou apagar o mais depressa possível o fogo, já alastrado, e tirar da pira Creso e seus acompanhantes.

Ninguém sabe se tudo isso aconteceu mesmo. O relato de Heródoto menciona uma chuva milagrosa que teria apagado a pira — cujo fogo já estava muito alastrado e difícil de abafar —, permitindo que Creso se tornasse um importante conselheiro dos persas até o fim de sua vida. Um poema de outro escritor grego, Baquílides, diz que o próprio deus Apolo teria resgatado o rei de sua pira, enquanto as fontes do Império Persa não esclarecem diretamente o mistério. Seja como for, o centro de gravidade ético dessa pequena narrativa — o tripé formado por curiosidade, consciência a respeito das incertezas da vida humana e compaixão — oferece-nos um caminho possível. E esse é um pensamento encorajador.

REFERÊNCIAS

Os livros das epígrafes — duas ficções científicas, uma delas o segundo volume da trilogia Jogos vorazes, *obra distópica, como convém ao tema*
CARD, Orson Scott. *Orador dos mortos*. São Paulo: Devir, 2007.
COLLINS, Suzanne. *Em chamas*. Rio de Janeiro: Rocco, 2012.

Excelente guia sobre como as sociedades do Ocidente se modificaram nos últimos mil anos, com bons dados sobre a trajetória da violência
MORTIMER, Ian. *Séculos de transformações*. Rio de Janeiro: Difel, 2018.

Mais uma vez indico aqui o livro já clássico sobre a redução da violência
PINKER, Steven. *Os anjos bons da nossa natureza: por que a violência diminuiu*. São Paulo: Companhia das Letras, 2013.

Sobre o "lado bom" da guerra, poucas leituras são mais esclarecedoras do que esta, também já indicada anteriormente por aqui
MORRIS, Ian. *Guerra: o horror da guerra e seu legado para a humanidade*. São Paulo: Leya, 2015.

O genial Robert Sapolsky também discute os temas deste capítulo, com uma interessante crítica a algumas das conclusões de Pinker,

em seu maior livro até agora, publicado no Brasil com o título Comporte-se
SAPOLSKY, Robert M. *Behave*: the biology of humans at our best and worst. Nova York: Penguin Press, 2017.

Como sempre, as análises do historiador israelense Azar Gat merecem ser conhecidas
GAT, Azar. *The causes of war and the spread of peace*: but will war rebound? Londres: Oxford University Press, 2017.

A análise que relativiza a tendência de diminuição das guerras
CLAUSET, Aaron. Trends and fluctuations in the severity of interstate wars. *Science Advances*, v. 4, n. 2, 2018. Disponível em: https://doi.org/10.1126/sciadv.aao3580. Acesso em: 25 maio 2021.

Interessante discussão sobre o declínio das guerras entre Estados e o aumento das guerras civis e outras formas de violência não estatais
LOPEZ, Anthony C.; JOHNSON, Dominic D. P. The determinants of war in international relations. *Journal of Economic Behavior & Organization*, v. 178(C), p. 983-997, 2020.

Ainda na seara que combina presente e futurologia, recomendo aquele que, para este escritor, é o melhor livro do historiador israelense pop star Yuval Noah Harari (se é que alguém ainda não o leu)
HARARI, Yuval Noah. *21 lições para o século 21*. São Paulo: Companhia das Letras, 2018.

Livro importantíssimo — e controverso — sobre violência e desigualdade social
DALY, Martin. *Killing the competition*: economic inequality and homicide. Londres: Routledge, 2016.

Análise recentíssima e muito importante sobre os riscos da polarização política na sociedade americana
FINKEL, Eli et al. Political sectarianism in America. *Science*, v. 370, n. 6516, p. 533-536, 2020.

Sobre o potencial transformador da capacidade humana de contar histórias, recomendo a leitura destes livros (o terceiro, traduzido por mim)
GOTTSCHALL, Jonathan. *The storytelling animal*: how stories make us human. Nova York: Mariner Books, 2012.
LE GUIN, Ursula K. *No time to spare*: thinking about what matters. Boston: Houghton Mifflin Harcourt, 2017.
TOLKIEN, J.R.R. *Árvore e folha*. Rio de Janeiro: HarperCollins, 2020.

As ideias de C. S. Lewis sobre o Tao estão neste breve e importante livro
LEWIS, C. S. *A abolição do homem*. Rio de Janeiro: Thomas Nelson Brasil, 2017.

Este livro, escrito por um dos principais primatólogos do mundo, explica alguns dos elementos básicos por trás das emoções morais em humanos e suas precursoras em outros animais
DE WAAL, Frans. *The bonobo and the atheist*: in search of humanism among the primates. Nova York: W. W. Norton, 2013.

Minha citação de Heródoto vem desta clássica edição brasileira
HERÔDOTOS. *História*. Trad. de Mário da Gama Kury. Brasília: Editora da UnB, 1988.

Bíblia consultada
Bíblia de Jerusalém: nova edição revista e ampliada. São Paulo: Paulus Editora: 2013.

AGRADECIMENTOS

Este livro só existe graças à trindade de chefas da HarperCollins Brasil com as quais tive o privilégio de trabalhar: Renata Sturm Faggion, Diana Szylit e Raquel Cozer. Faltam-me palavras para expressar a dívida de gratidão que tenho para com essa tríade, pela fé em meu trabalho, pelo encorajamento e pelo discreto e necessário bullying quando este escritor se enrolava em projetos paralelos ou perdia o foco. Espero que não me caiba o mesmo destino do troiano Páris ao ceder o pomo dourado a apenas uma das integrantes da trindade, mas é preciso dizer que, das três, a Renata merece ser ainda mais louvada por ter sido a primeira editora de livros a apostar sem reservas no que eu poderia fazer como escritor. Além disso, ela resolveu partir para novos desafios profissionais (como se diz por aí) um pouco antes da linha de chegada, o que me foi especialmente doído. Saudades, chefa — o livro também é seu!

Outro imenso privilégio foi contar com a revisão técnica minuciosa e instigante do amigo Marco Antonio Correa Varella, pesquisador de pós-doutorado em etologia cognitiva e psicologia evolucionista no Instituto de Psicologia da Universidade de São Paulo. Já dividimos apartamento, já trabalhamos juntos como jornalistas de ciência na *Folha de S.Paulo* — mas só o Marco pode dizer que venceu o IgNobel, o prêmio para as pesquisas que "primeiro nos fazem rir e depois nos fazem pensar". Obrigado pela parceria, Marcão.

Nas fases finais da escrita destas páginas, quando eu buscava a melhor abordagem para relacionar a história do Brasil com a trajetória global da Força Bruta, tive a alegria e o prazer de acompanhar os podcasts produzidos por dois historiadores e amigos, Thiago Nascimento Krause e Icles Rodrigues. Os trabalhos de ambos me forneceram o fio da meada de que eu estava precisando, pelo que sou muito grato a eles.

Agradeço ainda a toda a turma querida do Science Vlogs Brasil (svbr), a aliança/condomínio/sindicato/gangue de canais brasileiros de ciência no YouTube, à qual pertenço (como um dos membros mais obscuros da trupe). Enfrentamos juntos uma pandemia e o ataque incessante ao conhecimento científico e aos fatos que, infelizmente, têm caracterizado o Brasil nos últimos anos, e eu não sei o que teria sido de mim se não pudesse contar com a criatividade, a coragem e os momentos hilários do grupo toda vez que desbloqueava o celular.

Eu não seria nada sem os amores da minha vida: minha esposa Tania e meus filhotes, Miguel e Laura. A meus pais, Nádia e Reinaldo, devo desculpas pelos constantes sumiços e um obrigado amoroso por sempre me incentivarem a aprender e entender o mundo. E os companheiros da editoria de Ciência da *Folha de S.Paulo*, o melhor lugar do país para trabalhar na nossa área, foram fonte constante de estímulo intelectual, força de vontade e bom humor.

Por fim, devo dizer que este livro é dedicado ao grande amigo Salvador Nogueira Leite Ceglia, que me ensinou demais sobre duas coisas: escrever sobre ciência e, principalmente, usar o cérebro com coragem e honestidade intelectual. E o que mais se pode pedir de um amigo de verdade?

São Carlos, 30 de novembro de 2020

Este livro foi impresso em 2021, pela Lisgráfica, para a HarperCollins Brasil. A fonte usada no miolo é a Expo Serif, corpo 10. O papel do miolo é o pólen soft 70 g/m².